गोष्ट माणसाची

प्रा. बी. यू. गोरे

#AnyoneCanPublish with
सकाळ प्रकाशन

#AnyoneCanPublish with
सकाळ प्रकाशन

Goshta Manasachi

गोष्ट माणसाची

प्रथम आवृत्ती	: जानेवारी २०२६
प्रकाशक	: सकाळ मीडिया प्रा. लि. ५९५, बुधवार पेठ, पुणे ४११ ००२
मुखपृष्ठ, मांडणी आणि मुद्रितशोधन	: सारद मजकूर, पुणे
मुद्रणस्थळ	: विकास प्रिंटिंग अँण्ड कॅरिअर्स प्रा. लि. प्लॉट नं. ३२, एमआयडीसी, सातपूर, नाशिक
ISBN	: 978-93-47138-84-3
संपर्क	: ९८८१५ ९८८१५ / ८८८८८ ४९०५० sakalprakashan@esakal.com

माझी आई देऊबाई व वडील उमाजी भुजंगराव गोरे यांना
आम्ही भावंडे माय व दादा म्हणत असू.
घरात कोणताही शिक्षणाचा वारसा नसताना,
स्वत: निरक्षर असून देखील अत्यंत प्रतिकूल परिस्थितीत त्यांनी
आम्हाला १९६०च्या दशकात शाळेत प्रवेश दिला.
शेतात अहोरात्र काबाडकष्ट करून आम्हाला पदव्युत्तर शिक्षण दिले,
चांगले संस्कार करून आमचे जीवन घडविले.
कष्ट आणि त्यागाचे मूर्तिमंत उदाहरण असलेल्या
या माझ्या भोळ्या, भाबड्या माय व दादांच्या
पावन स्मृतीस अर्पण...

प्रस्तावना

प्रा. बी. यू. गोरे लिखित 'गोष्ट माणसाची' हे एक अनोखे पुस्तक आहे. विश्वाची निर्मिती,पृथ्वीची निर्मिती आणि माणूस कसा तयार झाला; तसेच कसा विकसित झाला, याचे विज्ञानाधिष्ठित तथा तर्कसंगत विवेचन या पुस्तकात केले आहे. ज्याला वरील विषयांविषयी कुतूहल आहे, त्याची जिज्ञासा हे पुस्तक निर्विवादपणे पूर्ण करील. हे पुस्तक अतिशय अभ्यासपूर्ण आणि परिश्रम घेऊन लिहिले आहे, हे पदोपदी जाणवते. हे पुस्तक विश्वविद्यालयात अभ्यासक्रमाला ठेवावे, इतकायातील वस्तुनिष्ठ मजकूरपुस्तकाला दर्जेदार बनवतो.

'गोष्ट माणसाची' डार्विनच्या जगप्रसिद्ध जलप्रवासापासून व त्यातले विस्मयकारक निरीक्षण आणि त्याने लिहिलेल्या उत्क्रांतीवादापासून सुरू होते. नंतर त्याला पूरक ठरणारा मेंडेलचा प्रयोग व त्यातील निष्कर्षांविषयी विस्ताराने लिहिले आहे. त्यानंतर विश्वाच्या निर्मितीची, 'विश्वबीज'या संज्ञेवर आधारित अतिशय अचंबित करणारी 'बिग बँग थिअरी' (Big Bang Theory)येते. त्यानंतर पृथ्वी व वातावरणाची निर्मिती कशी झाली, हे चित्तवेधकपणे लिहिले आहे. पृथ्वीवरील पहिल्या सजीवाच्या निर्मितीचा तर्क व त्या तर्कावर आधारित आणि तो तर्क सिद्ध करणारा प्रयोग हे दाखवून देतात, की विज्ञान हे वस्तुनिष्ठ मांडणीवर आधारित आहे. त्यानंतर विविध जीवांची निर्मिती, प्राण्यांची निर्मिती व माकडापासून जेनेटिक म्युटेशन होत होत प्राचीन माणूस ते आधुनिक माणूस हा लक्षावधी वर्षांचा प्रवास या पुस्तकात अगदी मुद्देसूद आणि शास्त्रोक्त पद्धतीने मांडला आहे. अग्नीचा शोध लागला व नंतर माणूस शिजलेले अन्न खायला लागला. त्यानंतर झपाट्याने त्याच्या मेंदूचा विकास कसा झाला, हे यात अतिशय चांगल्या व विस्तृत पद्धतीने समजावून सांगितले आहे.

भटका शिकारीमाणूस स्थिर कसा झाला, शेती व पशुपालन त्याने कसे सुरू केले, कुटुंब व समाजव्यवस्था कशा निर्माण झाल्या व विविध संस्कृती कशा उगम पावल्यायाची रंजक मांडणी या पुस्तकात दिसून येते.

जेनेटिक इंजिनीअरिंगवर आधारित माणसाच्या पुढील वाटचालीच्या शक्यता, जसे की'रिजनरेशन'(Regeneration) नवचैतन्य प्राप्ती... ज्यात नामशेष झालेले प्राणी आणि प्राचीन मानव पुनर्जीवित करू शकण्याची आपली क्षमता... हे सर्व विस्मयकारक आहे. हे तंत्र अतिशय जबाबदारीने वापरले गेले पाहिजे.

प्रश्न पडणे गरजेचे आहे आणि त्याप्रश्नांची तर्कसंगत उत्तरे शोधणे, या प्रक्रियेतूनच नवे शोध लागतात. अचूक निरीक्षण आणि त्याची शास्त्रोक्त मांडणी ही डार्विनच्या उत्कांतीवादाची मूळ प्रेरणा आहे. त्याकाळी ब्रिटन आणि युरोपमध्ये संशोधनाला तिथल्या शासनाचे किती प्रोत्साहन व पाठिंबा होता हे पुस्तकात पदोपदी येणाऱ्या विविध संदर्भांवरून सहज लक्षात येते. कुठल्याही राष्ट्राच्या प्रगतीचे मोजमाप त्या राष्ट्रात किती संशोधन होते व सरकार त्यासाठी किती अर्थिक पाठबळ देतेयावरूनच होते. संशोधन आणि न सापडणाऱ्या प्रश्नांची अविरतपणे उत्तरे शोधण्याची जिज्ञासू वृत्ती हाच माणसाच्या प्रगतीचा पाया आहे. युरोपीय देश मानव विकासामध्ये पुढे का राहिले आहेत, हे इथे प्रकर्षाने जाणवते. अधिकाधिक लोकांनी आपापल्या क्षेत्रात अधिकाधिक संशोधनाकडे वळले पाहिजे.

प्राचीन मानवापासून आजच्या आधुनिक मानवापर्यंतचा प्रवास आणि त्याची झालेली प्रगती थक्क करायला लावणारी आहे. गुहेतील राहणाऱ्या माणसाची प्रतिकूल परिस्थितीला तोंड देण्याची व त्यावर मात करून अस्तित्व जपण्याची दुर्दम्य इच्छाशक्ती आणि आशावाद हेच प्राचीन माणसाचे बलस्थान राहिले आहे. त्याचबरोबर बुद्धिप्रामाण्यवाद आणि शास्त्रीय दृष्टिकोन हे आधुनिक माणसाच्या वेगवान प्रगतीचे गमक आहे; पण त्याच बरोबरीने स्वतःच्या प्रगतीबरोबर माणसाने निसर्गाचा जो अपरिमितऱ्हास केलेला आहे, ते वाचून मनाला वेदना होतात व वाटते,'अरे माणसा, माणसा कधी होशील रे माणूस...'

म्हणून मला वाटते हे पुस्तक माणसाच्या केवळ उत्क्रांतीवरच नाही, तर माणसाच्या चांगल्या आणि वाईट दोन्ही गुणांवर अतिशय तटस्थपणे प्रकाश टाकते. पर्यावरणाचे संवर्धन आणि आजघडीला सर्व मानवांमध्ये समता आणि समानता आणणेयादोन गोष्टी माणूस करू शकला, तरच मला वाटेल, की माणसाने सर्वार्थाने खरी प्रगती केली. हेच या पुस्तकात देखील उद्धृत केलेले आहे.

असे विज्ञानाधिष्ठित पुस्तक लिहिल्याबद्दल प्रा. बी. यू. गोरे यांचे आणि हे

पुस्तक प्रकाशित करण्यासाठी 'सकाळ प्रकाशना'चे मनःपूर्वक अभिनंदन. प्रा. बी. यू. गोरे यांनी असेच लेखनकार्य भविष्यातही सुरू ठेवावे,यासाठी त्यांना शुभेच्छा. हे पुस्तक निसर्गातील घडामोडीकडे तर्कशुद्ध पद्धतीने पाहण्याचा वैज्ञानिक दृष्टिकोन वाचकांमध्ये निर्माण करील, असा विश्वास मी व्यक्त करतो. शेवटी 'वाचाल तर वाचाल'हेच सत्य आहे. वाचनसंस्कृती टिकावी व उत्तरोत्तर वृद्धिंगत व्हावी अशी अपेक्षा व्यक्त करतो.

धन्यवाद!

पद्मश्री डॉ. हिंमतराव बावस्कर, महाड

दिनांक - ३० डिसेंबर २०२५

मनोगत

माणूस ज्ञानाचा भुकेला आहे. त्याला अज्ञाताची ओढ असते. तो सतत सभोवतालच्या परिस्थितीचे ज्ञान मिळवण्याचा प्रयत्न करत असतो. त्याची बुद्धिमत्ता आणि आकलनक्षमता अलौकिक आहे. सजीव सृष्टी, पृथ्वी, विश्व व स्वत:च्या अस्तित्वाबद्दल अनेक गूढ प्रश्न त्याच्या मनात निर्माण होतात. त्याने सातत्याने या प्रश्नांची उकल करण्याचा प्रयत्न केलेला आहे. चराचर सृष्टी म्हणजे काय? विश्व केव्हा व कसे निर्माण झाले? ते स्थिर आहे का अस्थिर? सजीवांची उत्पत्ती कशी झाली? माणूस पृथ्वीवर कुठून आला? तो काय आहे, प्राणी आहे का विशेष देवदूत? मानवाच्या उत्पत्तीचे रहस्य काय आहे? असे नाना प्रकारचे प्रश्न त्याच्या मनात निर्माण होतात. या व अशा अनेक प्रश्नांची उत्तरे शोधण्याचा त्याने सातत्याने प्रयत्न केलेला आहे.

मानवाला ज्ञानेंद्रियांच्या साह्याने सभोवतालच्या परिस्थितीचे ज्ञान मिळते; परंतु त्यांच्या ज्ञानेंद्रियांच्या क्षमता मर्यादित आहेत. उदाहरणार्थ, प्रचंड कंपनसंख्या असलेल्या ध्वनिलहरी (अल्ट्रा साउंड) वटवाघुळांना ऐकू येतात; पण मानवाला ऐकू येत नाहीत. म्हणून सर्व प्रकारच्या आवाजांची तो नोंद घेऊ शकत नाही. गरूड पक्षाच्या नजरेएवढी तीक्ष्ण नजर त्याच्याकडे नाही, कुत्र्याच्या घ्राणेंद्रियाएवढे तीव्र घ्राणेंद्रिय नाही. म्हणून निसर्गातील सर्व ज्ञान तो आपल्या ज्ञानेंद्रियाच्या साह्याने प्राप्त करू शकत नाही; परंतु मानवाकडे असलेल्या प्रचंड बुद्धिमत्तेच्या क्षमतेवर त्याने विज्ञान आणि तंत्रज्ञानाचा विकास करून वेगवेगळ्या उपकरणांचा शोध लावला व ज्ञानेंद्रियांच्या मर्यादांवर मात केली. त्यामुळे तो दुर्बिणीच्या साह्याने अतिदूरचे ग्रह, तारे पाहू शकतो. साध्या डोळ्यांनी न दिसणारे सूक्ष्म जीवाणू सूक्ष्मदर्शक यंत्राखाली पाहू शकतो. विमानाच्या साह्याने गरूडापेक्षाही आकाशात

उंच भरारी घेऊ शकतो. जहाजांच्या साह्याने माशापेक्षाही अधिक गतीने पाण्यात पोहू शकतो, बंदुकीच्या साह्याने वाघसिंहांसारख्या हिंस्र व शक्तीशाली प्राण्यांना दुरूनच जायबंदी करू शकतो.

सजीवांच्या उत्पत्ती व विकासासंबंधी आपण हजारो वर्षांपासून विचार करत आहोत. मानवाच्या उत्पत्तीविषयी अनेक दंतकथा निर्माण झाल्या. हजारो वर्षांपासून वेगवेगळ्या धर्मांची श्रद्धा आहे, की ईश्वराने विश्वाची व सजीवसृष्टीची निर्मिती केली आणि त्यानंतर मानवाची निर्मिती केली. या तत्त्वानुसार सारी सजीवसृष्टी व मानव अपरिवर्तनीय आहेत, त्यांच्यात कोणतेही बदल होत नाहीत. हा सिद्धान्त विश्वासावर आधारित आहे, म्हणून या तत्त्वावर प्रत्येकाने विश्वास ठेवावा असे समर्थकांचे म्हणणे आहे.

ज्ञानाच्या कक्षा जसजशा वाढत गेल्या, तसतसे सजीवांच्या उत्पत्तीबद्दल वेगवेगळे विचार पुढे आले. इसवी सन पूर्व ३०० ते ३५० वर्षांपूर्वी ॲरिस्टॉटल, एपिक्यूरस या ग्रीक तत्त्वज्ञांनी निर्जीवापासून आपोआप सजीवांची उत्पत्ती होते असे सांगितले. उदा.- चिखलापासून कृमी, कीटक, मासे, बेडूक, साप, खेकडे इत्यादींची उत्पत्ती होते. आज आपल्याला हा विचार हास्यास्पद वाटतो. त्यानंतर परग्रहावरून सजीव पृथ्वीवर आले व मानवाचे आगमनदेखील परग्रहावरून झाले असा विचार पुढे आला; परंतु वरील कोणतेही विचार वैज्ञानिक कसोटीवर खरे उतरत नाहीत म्हणून ते शास्त्रज्ञांना मान्य नाहीत.

इसवी सन १८, १९ व २० या तीन शतकात विज्ञानात अनेक शोध लागले. एकोणिसाव्या शतकात फ्रेंच सूक्ष्मजीव शास्त्रज्ञ लुई पाश्चरने, 'सजीवांपासूनच सजीवांची उत्पत्ती होते, निर्जीवांपासून सजीवांची उत्पत्ती होत नाही,' हे प्रायोगिक पडताळ्याने सिद्ध केले. यानंतर ए. आय. ओपॅरिन या रशियन शास्त्रज्ञाने, '३.५ अब्ज वर्षांपूर्वी जीवरासायनिक प्रक्रियांनी महासागरातील उष्ण पाण्यात पहिल्या सजीवाची उत्पत्ती झाली असावी,' असे १९२८मध्ये सांगितले. स्टॅनले मिलर या अमेरिकन संशोधकाने १९५३मध्ये पहिल्या सजीवाची उत्पत्ती रासायनिक प्रक्रियेने महासागरातील पाण्यात झाली असावी, हे प्रायोगिक पडताळ्याने सिद्ध केले.

एकोणिसाव्या शतकाच्या पूर्वार्धापर्यंत कोणत्याही शास्त्रज्ञाने मानवाच्या उत्पत्तीबद्दल भाष्य केलेले नव्हते. सर चार्ल्स डार्विन या महान ब्रिटिश शास्त्रज्ञाने इसवी सन १८५९मध्ये 'जीवजातींची उत्पत्ती' (ओरिजिन ऑफ स्पीशीज) या पुस्तकात 'सजीवांच्या निरनिराळ्या जीवजातींचा विकास 'अस्तित्वासाठी संघर्ष व नैसर्गिक निवड' या तत्त्वाने प्राचीन सजीवापासून झाला आहे,' असे अनेक

पुराव्यांनिशी सांगितले. या तत्त्वानुसार सर्व सजीवांत सातत्याने बदल होतात व कालांतराने एका जीवजातीचे परिवर्तन दुसऱ्या जीवजातीत होते, यालाच उत्क्रांती असे म्हणतात. 'उत्क्रांतीच्या या सिद्धान्तानुसार प्राचीन मूळ सजीवाचे परिवर्तन विविध प्रकारच्या वनस्पती व प्राण्यात झाले,' असे डार्विनने सांगितले. उदा : एकपेशीय सजीवांचे बहूपेशीय सजीवात परिवर्तन झाले, माशांचा विकास बेडूकश्रेणीय प्राण्यांत झाला, तर बेडूक श्रेणीय प्राण्यांचे परिवर्तन सरिसृप प्राण्यात झाले. सरिसृपचा विकास पक्षी व सस्तन प्राण्यांत झाला व याच पद्धतीने मानवाची उत्क्रांती एपसारख्या प्राण्यापासून झाली असे सांगितले. डार्विनचा हा विचार वादग्रस्त ठरला.

त्यानंतर ब्रिटिश शास्त्रज्ञ थॉमस हेन्री हॅक्सलेने १८६३मध्ये मानवाचे निसर्गातील स्थान (मॅन्स प्लेस इन नेचर) हे पुस्तक लिहिले. त्यात मानव व एप समान पूर्वजांचे वंशज आहेत असे सर्वप्रथम सांगितले. इसवी सन १८७१मध्ये मानवाचे कुल (डिसेंट ऑफ मॅन) या पुस्तकात सर चार्ल्स डार्विनने सांगितले, 'मानवाची उत्पत्ती एपसारख्या प्राण्यापासून झाली.' यामुळे धार्मिक, सामाजिक व वैज्ञानिक क्षेत्रात खळबळ उडाली आणि डार्विनवर टीकेची झोड उठली. या विचाराला त्या वेळेस जेवढा पाठिंबा मिळाला त्यापेक्षाही तीव्र विरोध झाला; कारण या विचारामुळे परंपरागत धार्मिक तत्त्वावर आघात झाले.

मानव अत्यंत बुद्धिमान, विवेकी व विचारी आहे. त्याच्याकडे ज्ञान, भाषा, नीतिमत्ता, संस्कृती, कला व धर्म आहे. इतर कोणत्याही प्राण्यात मानवासारखी बुद्धिमत्ता, धर्म, भाषा व संस्कृती नाही ते बोलू-लिहू शकत नाहीत; मानव आणि इतर प्राण्यांत हा कमालीचा फरक असल्यामुळे मानवाची उत्पत्ती उत्क्रांती या सिद्धान्ताने झाली हा संदर्भ लावणे कठीण जाते; परंतु मागील शतकात मानवाच्या उत्क्रांतीसंबंधी आफ्रिका व जगाच्या निरनिराळ्या भागातून अनेक प्रकारचे जीवाश्म सापडलेले आहेत. मानवाच्या सांगाड्याशिवाय काही सांगाडे एपसारखे मानव, मानवासारखे एप, एपसारखे माकड व मानवासारखे माकड यामधल्याच प्रकारचे दोन गटांना सांधणारे दुवे मिळालेले आहेत. त्यामुळे माणूस, एप व माकड यांच्यात आनुवंशिक संबंध काय आहेत, ते प्रस्थापित करणे सोपे झाले आहे. यानंतर अनेक मानववंशशास्त्रज्ञांनी जीवाश्मांचा अभ्यास; तसेच एप आणि मानवाच्या डीएनए व रक्तातील सिरमच्या परीक्षणाने निर्विवादपणे सिद्ध केले, की मानवाची उत्पत्ती प्राचीन एपसारख्या प्राण्यापासून झालेली आहे. एप व मानव समान पूर्वजांचे वंशज आहेत, हे अनेक प्रायोगिक निष्कर्षांनंतर सिद्ध झालेले आहे. चिंपांझी व मानवांच्या

डीएनएचा ९८.६% भाग सारखाच आहे. प्राचीन एपचे परिवर्तन कालांतराने मानवात कसे झाले हे अनेक पुराव्यांनिशी मानववंश शास्त्रज्ञांनी सांगितले आहे व आपल्या पूर्वजांची वंशावळी मांडली आहे. मानवाच्या उत्पत्तीची ही रंजक कहाणी या पुस्तकात सोप्या भाषेत लिहिण्याचा प्रयत्न केलेला आहे.

कनिष्ठ महाविद्यालयात जीवशास्त्र विषय शिकवत असताना माझ्या वेळोवेळी लक्षात आले, की इतर विषयांपेक्षा उत्क्रांतीच्या अभ्यासात विद्यार्थ्यांना विशेष रुची असते. यातील सर चार्ल्स डार्विनचा सिद्धान्त मुलांचे अधिक लक्ष वेधून घेतो. हा सिद्धान्त शिकत असताना त्यांच्या मनात अनेक प्रश्न निर्माण होतात. वर्गातील जवळपास सर्वच विद्यार्थी निरनिराळे प्रश्न विचारून चर्चेत सहभागी होतात व डार्विनचा उत्क्रांती सिद्धान्त सविस्तरपणे समजून घेण्याचा प्रयत्न करीत असतात. या विषयाचा अभ्यास करत असताना मानवाची उत्पत्ती कशी झाली हे जाणून घेण्याबद्दल विद्यार्थ्यांची उत्कंठा शिगेला पोहचलेली असे हे अध्यापन करत असताना वेळोवेळी माझ्या लक्षात आले. अशाच प्रकारे सामान्य वाचकाला मानवाच्या उत्पत्तीचे रहस्य जाणून घेण्याची जिज्ञासा असणार हे माझ्या लक्षात आले. (माझ्या विद्यार्थ्यांनी मानवाची उत्पत्ती व विकासाबद्दल अधिक ज्ञान मिळवण्यासाठी जो उत्साह दाखवला) त्यामुळेच सर्वसामान्य वाचकांसाठी मराठीतून 'मानवाची उत्पत्ती' या विषयावर पुस्तक लिहिण्याची प्रेरणा मला मिळाली.

सामान्य वाचकांना मानवाच्या उत्क्रांतीसंबंधी पूर्वज्ञान होईल व वेगवेगळ्या क्षेत्रातील अभ्यासक व इच्छुकांना यातून संदर्भ मिळेल असे मला वाटते. सुरुवातीस १०० ते १५० पृष्ठांचे पुस्तक लिहावे असे ठरवले होते; परंतु लिखाणास सुरुवात केल्यानंतर विज्ञानातील वेगवेगळे तत्त्व उलगडून सांगत असताना २५० पृष्ठे लेखन झाले. (विज्ञानाची पुस्तके वाचकांना रूक्ष वाटतात; परंतु सदरील पुस्तकात योग्य तिथे आकृत्या दिलेल्या आहेत. लिखाण सोप्या भाषेत असल्यामुळे वाचनीय आहे. तसेच वैज्ञानिक संज्ञा समजाव्यात म्हणून काही ठिकाणी समानअर्थी शब्द वापरलेले आहेत.)

या पुस्तकात वानर ते सुसंस्कृत, विवेकशील मानव या परिवर्तनाचा लाखो वर्षांचा मागोवा वैज्ञानिक पुराव्यासह घेण्यात आलेला आहे. आफ्रिकेतील एपसारख्या पूर्वजांपासून आजचा आधुनिक मानव कसा उत्क्रांत झाला याची कहाणी रंजक आहे.

या पुस्तकात तीन विभाग आहेत. पहिल्या विभागात माणूस काय आहे? इतर

प्राण्यासारखा सर्वसामान्य प्राणी आहे, की देवाने निर्माण केलेला विशेष देवदूत, याचे वैज्ञानिक स्पष्टीकरण दिलेले आहे. (तो इतर प्राण्यासारखा प्राणी आहे आणि त्याचे वर्गीकरण कार्ल लिनियस या स्वीडीश शास्त्रज्ञाने १७५८मध्ये माकडवर्गीय प्राण्यात केलेले आहे.)

दुसऱ्या विभागात मानवाचे आप्त कोण आहेत याचे सविस्तर विवेचन केले आहे. मानव व एप समान पूर्वजांचे वंशज आहेत याचे स्पष्टीकरण अनेक प्रकारच्या जीवाश्मांच्या पुराव्यानिशी दिलेले आहे. त्यानंतर एप मानव, मूळ मानव, प्राचीन मानव, आधुनिक प्राचीन मानव ते आधुनिक मानव हे विकासाचे टप्पे सविस्तरपणे मांडलेले आहेत. या भागात विशेषतः शरीररचनेतील बदल व मानवाचा बौद्धिक विकास कसा झाला याचे सविस्तर विवेचन केलेले आहे; तसेच जगातील त्याचे उत्पत्तीचे स्थान व निरनिराळ्या खंडात त्याने केलेले स्थलांतर याबद्दल चर्चा केली आहे.

तिसऱ्या विभागात भटक्या शिकारी मानवाने शेती करण्यास आरंभ केल्यामुळे त्याचा सांस्कृतिक विकास कसा झाला, याची मांडणी केली आहे. धर्म व कलेचा विकास आणि त्याचे सामाजिक जीवन याबद्दलचा वैज्ञानिक दृष्टिकोन मांडलेला आहे. शेवटच्या टप्प्यात मानवाच्या अतिहव्यासामुळे निर्माण झालेले प्रश्न, त्याचे भवितव्य व पुढील उत्क्रांतीची दिशा याबद्दल चर्चा केली आहे.

आपल्या पूर्वजांनी स्वतःचे अस्तित्व टिकवण्यासाठी हजारो पिढ्यांपासून लक्षावधी वर्षे केलेला संघर्ष, अत्यंत खडतर व प्रतिकूल परिस्थितीत जगण्यासाठी केलेली धडपड, जीवन कलहाच्या स्पर्धेत झालेले त्यांचे लाखोंचे मृत्यू, तरीही जीवनात येणाऱ्या असंख्य अडचणींवर यशस्वीपणे त्यांनी केलेली मात, आपल्याला जीवन जगण्यासाठी प्रेरणादायी ठरेल असे मला वाटते. आपल्या पूर्वजांनी लक्षावधी वर्षांच्या अनुभवानंतर प्राप्त केलेले ज्ञान, नीतिमत्ता, अनेक परंपरांनी समृद्ध असलेला; त्यांच्याकडून आपल्याला मिळालेला सांस्कृतिक वारसा. त्यामुळेच आज आपण अत्यंत आनंदी, समृद्ध, स्थिर व यशस्वी जीवन जगत आहोत. आपल्या पूर्वजांच्या वंशावळीची माहिती व त्यांनी जीवन जगण्यासाठी केलेला संघर्ष जाणून घेतल्यानंतर आपल्या जीवनात वेळोवेळी येणाऱ्या अनेक अडचणींवर धैर्याने मात करून आनंदी व यशस्वी जीवन कसे जगावे, याची प्रेरणा रसिक वाचकांना मिळेल असे मला वाटते.

प्रा. बी. यू. गोरे

ऋणनिर्देश

माझे गुरुवर्य- नांदेड येथील सायन्स कॉलेजचे माजी प्राचार्य व वनस्पतीशास्त्रज्ञ- डॉ. कालिदास देशपांडे यांच्यामुळेच माझ्यात वैज्ञानिक दृष्टिकोन रुजला. एखाद्या विषयावर संशोधकदृष्टीने अभ्यास करणे, विचार व चिंतन करून अनेक संदर्भासह, सुसंगतपणे, सोप्या व रंजक भाषेत वैज्ञानिक तत्त्वांची मांडणी करणे हे त्यांचे विशेषत्व होते. उत्क्रांतीच्या अभ्यासाशिवाय जीवशास्त्राचा अभ्यास पूर्ण होत नाही, असे ते म्हणत. त्यांच्या विचारांचा प्रभाव माझ्यावर असल्यामुळेच उत्क्रांती या विषयावर मराठीत पुस्तक लिहिण्याचे धाडस मी केले. मी त्यांचा सदैव ऋणी आहे.

श्री शिवाजी कॉलेज, कंधार येथे प्राध्यापक म्हणून कार्यरत असताना 'श्री शिवाजी मोफत एज्युकेशन सोसायटी, कंधार'चे संस्थापक व संचालक, थोर स्वातंत्र्यसेनानी, माजी खासदार व माजी आमदार माननीय डॉ. केशवरावजी धोंडगे साहेब हे सदैव आमचे स्फूर्ती व प्रेरणास्थान राहिलेले आहेत. आपल्या महाविद्यालयातील प्राध्यापकांनी वेगवेगळ्या विषयावर लिखाण केले पाहिजे, असे त्यांना वाटे. त्यादृष्टीने वेळोवेळी ते प्रोत्साहन देत असत. मी त्यांचे मनःपूर्वक ऋण व्यक्त करतो.

उत्क्रांती या विषयावर लिखाण करण्याचा विचार अनेकवेळेस माझ्या मनात आला; परंतु प्रत्यक्ष लिखाण करणे शक्य झाले नाही. सेवानिवृत्तीनंतर मी याविषयी वेगवेगळे संदर्भ ग्रंथ वाचले. यशवंत महाविद्यालयातील ग्रंथपाल डॉ. कैलास वडजे व सहाय्यक ग्रंथपाल श्री. संजय भोळे यांनी या विषयावरील अनेक दुर्मिळ ग्रंथ उपलब्ध करून दिले. मी त्यांचा आभारी आहे. माझा मुलगा डॉ. संदीप गोरे यांनीही काही ग्रंथ मिळवून दिले व मी केलेले लिखाण वेळोवेळी वाचून प्रोत्साहन दिले.

मी २०१४ मध्ये सबंध उत्क्रांतीवादावर लिखाणास सुरुवात केली; परंतु प्रत्यक्ष लिखाण करत असताना विषयाची व्याप्ती खूप मोठी आहे हे लक्षात आले. तीनशे पृष्ठे कच्चे लिखाण झाल्यानंतर माझे मित्र नांदेड येथील सुप्रसिद्ध विज्ञान लेखक श्री. एल. के. कुलकर्णी यांनी वाचले. त्यांनी 'खूप चांगला विषय आहे, फार छान माहिती आहे, लिखाण व मांडणी रंजक आहे, हे पुस्तक लवकर पूर्ण झाले पाहिजे.' असे सांगून मला प्रेरणा दिली. सबंध जैविक उत्क्रांतीवर पुस्तक लिहिण्यापेक्षा 'मानवाची उत्पत्ती' हा भाग स्वतंत्रपणे पुस्तकरूपात प्रकाशित करावा, असा मोलाचा सल्ला दिला. त्यानंतर मी 'मानवाची उत्क्रांती' या विषयावर लिखाणास सुरू केले. हे लिखाण माझी मुलगी सौ. डॉ. सुप्रिया गदादे, जावई श्री. डॉ. तुषार गदादे, माझा मुलगा डॉ. सुधीर गोरे, दोन्ही स्नुषा सौ. डॉ. दिपाली गोरे व सौ. डॉ. आकांक्षा गोरे यांनी वाचले. सर्वांना ही वैज्ञानिक माहिती फारच आवडली.

टंकलिखित प्रत माझे मित्र प्राचार्य डॉ. एस. डी. नागपूर्णे, प्रा. शरद शेटे, प्रा. डॉ. जगन्नाथ जाधव. प्रा. डॉ. श्रीधर खामकर यांनी वाचले. सर्वांच्या चांगल्या प्रतिक्रिया आल्या व ही माहिती पुस्तकरूपात प्रकाशित करावी, असा सर्वांनी सल्ला दिला. ज्येष्ठ पत्रकार प्रा. डॉ. गंगाधर तोगरे यांनी विषय चांगला आहे, हे प्रकाशित झाले पाहिजे असे सांगून वेळोवेळी प्रोत्साहन दिले. मी या सर्वांचा आभारी आहे.

माझे पुतणे श्री. राहुल गोरे सहशिक्षक पीपल्स हायस्कूल नांदेड व नांदेड एज्युकेशन सोसायटीचे कार्यकारिणी सदस्य यांनी सूक्ष्म वाचन करून कच्चे लिखाण वेळोवेळी तपासून दिले. त्यांना मनःपूर्वक धन्यवाद.

'सकाळ मीडिया प्रा. लि.'च्या अमृता देसर्डा (वरिष्ठ व्यवस्थापक) यांच्याशी झालेल्या पहिल्याच भेटीत त्यांनी 'सकाळ प्रकाशना'च्या वतीने हे पुस्तक प्रकाशित करण्याचा निर्णय घेतला. त्यांचे आभार मानावे तेवढे थोडेच आहेत. श्रीधर अंभोरे यांचीही या पुस्तकाच्या चित्रप्रक्रियेत मोलाची मदत झाली. तसेच 'सारद मजकूर'नेही हे पुस्तक पूर्ण होण्यात महत्त्वाचे योगदान दिले, त्याबद्दल त्यांचेही आभार!

माझी पत्नी सौ. मंगल गोरे हिचे मी विशेष ऋण व्यक्त करतो. माझ्या पुस्तकाची ती पहिली वाचक आहे. तिने वेळोवेळी प्रत्येक घटकाचे वाचन करून मला प्रेरणा दिली, त्यामुळेच मी हे पुस्तक पूर्ण करू शकलो.

प्रा. बी. यू. गोरे

अनुक्रमणिका

विभाग - १

माणूस नावाचा प्राणी

विभाग - २

पूर्वजांची शृंखला

विभाग - ३

मानवाचा विकास

विभाग - १

माणूस नावाचा प्राणी

प्रकरण पहिले

काय आहे माणूस ?

काय आहे माणूस? दीर्घकाळापासून आपल्याला पडलेला हा गूढ प्रश्न! अनेक विचारवंत, तत्त्वज्ञ, शास्त्रज्ञ, विद्वान व ब्रह्मज्ञानी या प्रश्नावर हजारो वर्षांपासून विचार करत आहेत. कोण असेल बरे हा माणूस? जरी तो देवदूत नसला, तरीही विमानाच्या साह्याने हवेत तरंगू शकतो. जहाजाने पाण्यातून दूरदूर प्रवास करू शकतो. नसले त्याच्याकडे हत्तीएवढे बळ; वाघ-सिंहासारखी तीक्ष्ण नखे, सुळे, दात व शक्तिशाली जबडे, तरीही त्याच्यात एवढे सामर्थ्य आहे, की तो या बलाढ्य प्राण्यांना काबूत ठेवू शकतो. मनात आणले, तर सर्व सजीवांचा स्वत:च्या फायद्यासाठी उपयोग करून घेऊ शकतो.

तो अत्यंत बुद्धिमान, विचारवंत व तत्त्वज्ञ आहे. त्याच्याकडे ज्ञान, विज्ञान, तंत्रज्ञान, भाषा, नीतिमत्ता, परंपरा, संस्कृती, कला व धर्म आहे. तो बोलू शकतो, लिहू शकतो, अनुकरणाने व अनुभवाने नवीन नवीन गोष्टी शिकतो. तो कल्पना करू शकतो व त्या व्यक्त करू शकतो. एखाद्या घटनेमागील कार्यकारण भाव समजून घेऊ शकतो. बदलत्या पर्यावरणाचा अभ्यास करून त्यावर नियंत्रण ठेवू शकतो. तो विवेकी आहे. त्याच्याकडे तर्कबुद्धी व दांडगी स्मरणशक्ती आहे. तो भूतकाळातील घटना लक्षात ठेवून आलेल्या अनुभवाचा वर्तमानात उपयोग करू शकतो. अनेक पुराव्यांच्या निष्कर्षानंतर मानवाचा निसर्गातील सर्वोच्च दर्जा सिद्ध झालेला आहे. त्याच्या अत्युच्च जैविक लौकिकास आव्हान देण्याची क्षमता व

महत्त्वाकांक्षा आज तरी जगातील कोणत्याही सजीवाकडे नाही.

इतर कोणत्याही प्राण्यांत मानवासारखी बुद्धिमत्ता, स्मरणशक्ती, भाषा व संस्कृती नाही. ते बोलू, लिहू शकत नाहीत. मानव आणि इतर प्राण्यांत असलेल्या या कमालीच्या विषमतेमुळे मानवाची उत्पती ही उत्क्रांती सिद्धान्ताने झालेली आहे, हा संदर्भ लावणे कठीण जाते. म्हणून १९व्या शतकापर्यंत अनेक समाजशास्त्रज्ञ व मानववंश शास्त्रज्ञांत याच मुद्यावर चर्चा होत असे, की माणूस काय आहे? पृथ्वीवर त्याचे अस्तित्व केव्हापासून आहे? तो पृथ्वीवर कुठून आला? त्याची उत्पत्ती केव्हा, कुठे व कशी झाली? इत्यादी.

या सर्व प्रश्नांची उत्तरे शोधण्याचा प्रयत्न आपण सातत्याने केलेला आहे. त्यामुळे आपल्या निर्मितीबद्दल व उत्पत्तीबद्दल अनेक दंतकथा जन्माला आल्या; तसेच वेगवेगळ्या कल्पना व सिद्धान्त पुढे आले.

I) निर्मिती सिद्धान्तः (थेअरी ऑफ स्पेशल क्रिएशन)

हजारो वर्षांपासून वेगवेगळ्या धर्मांची श्रद्धा आहे, की परमेश्वराने मानवाची निर्मिती केली. हा परंपरागत विचार बहुसंख्य समाजाला गेल्या अनेक शतकांपासून मान्य आहे, म्हणून सर्वप्रथम आपण हा सिद्धान्त समजून घेऊ.

हा धार्मिक सिद्धान्त आहे. वेगवेगळ्या धर्मांच्या तत्त्वानुसार परमेश्वराने विश्व व पृथ्वीची निर्मिती केली. त्यानंतर विविध प्रकारच्या वनस्पती, प्राणी व मानवाची एकदम (सोबतच) निर्मिती केली. सजीव सृष्टीतील प्रत्येक जीव जातीची निर्मिती स्वतंत्रपणे केलेली आहे. उदा : मानव, कुत्रा, माकड इत्यादी. त्यामुळे एका जीव जातीचा दुसऱ्या जीव जातीच्या निर्मितीशी काहीही संबंध नाही. सजीवसृष्टी व विश्वाची रचना स्थिर आहे, त्यात कोणतेही बदल होत नाहीत.

या सिद्धान्तानुसार माशापासून मासे, सरड्यापासून सरडे व माणसापासून माणसाची निर्मिती होते. एका जीव जातीपासून दुसरी जीव जात निर्माण होत नाही

आंबा	मासा	सरडा	पक्षी	माणूस
↑	↑	↑	↑	↑
आंबा	मासा	सरडा	पक्षी	माणूस

सजीवसृष्टीची अपरिवर्तनीय रचना

देवाने सर्व सजीव वर्तमानात ज्या स्थितीत आहेत त्याच पूर्ण विकसित स्थितीत निर्माण केले. या विचाराप्रमाणे प्रत्येक जीव जात स्थिर आहे. त्यांच्यात बदल होत नाहीत. ईश्वराने जेवढ्या जातींची संख्या निर्माण केली, आजही ती संख्या स्थिर आहे. निर्माण केलेल्या कोणत्याही जातीचा लोप झालेला नाही किंवा त्यात कोणत्याही नवीन जातीची भर पडलेली नाही. निर्मिती सिद्धान्ताच्या समर्थकांनी कोणताही पुरावा दिलेला नाही. हा सिद्धान्त विश्वासावर आधारित आहे, या तत्त्वावर प्रत्येकाने विश्वास ठेवावा असे त्यांचे म्हणणे आहे.

निर्मिती सिद्धान्तावरील आक्षेप :

हा विश्वासावर आधारित आहे, हे पडताळून पाहण्यासाठी कोणताही पुरावा उपलब्ध नाही. निर्मिती सिद्धन्तानुसार सर्व सजीव अपरिवर्तनीय आहेत; परंतु सजीवात सातत्याने बदल होतात हे आपले प्रत्यक्ष निरीक्षण आहे. उदा : एकाच आईवडिलांची मुले, हुबेहूब आईसारखी किंवा वडिलांसारखी जन्मत नाहीत, त्यांच्यात बदल होतात. दोन सख्खे भाऊ सर्व बाबतीत सारखे दिसत नाहीत. त्यांच्या रंगात, उंचीत, चेहऱ्यात, स्वभावात फरक असतो. कोणत्याही जनसमूहात दोन व्यक्ती हुबेहूब सारख्या नसतात. एकाच गर्भापासून जन्मलेले जुळे भाऊ किंवा बहिणी हुबेहूब सारखे असतात, हा एक अपवाद सोडला तर प्रत्येक व्यक्ती इतरांपेक्षा भिन्न असते. माणसाच्या एकानंतर एक येणाऱ्या प्रत्येक पिढीचे निरीक्षण केल्यास आपल्या लक्षात येते, की येणारी प्रत्येक पिढी पहिल्या पिढीपेक्षा वेगळी आहे. काही व्यक्तींच्या तसबिरी पाहिल्या, तर त्या व्यक्ती त्यांच्याच वयातील आईवडिलांच्या तसबिरीपेक्षा वेगळ्या दिसतात. यावरून हे स्पष्ट होते, की प्रत्येक पिढीत, प्रत्येक अपत्यात बदल होतो. कळपातील सर्व मेंढ्या आपल्याला हुबेहूब सारख्या दिसत असल्या, तरीही त्यांच्यात फरक असतो व मेंढपाळ प्रत्येक मेंढीतील फरक ओळखतो. गायींच्या कळपातील प्रत्येक गाय दुसऱ्या गायीपेक्षा वेगळी असते. या प्रत्यक्ष निरीक्षणानंतर स्पष्ट होते, की सर्व सजीवात बदल होतात. परिवर्तन होणे हा सृष्टीचा नियम आहे.

२) निर्मिती सिद्धान्ताचे दुसरे वैशिष्ट्य आहे, की परमेश्वराने प्रत्येक जीवजातीची निर्मिती स्वतंत्रपणे केली म्हणून मानवाचा किंवा इतर वेगवेगळ्या प्राण्यांचा एकमेकांशी काहीही संबंध नाही; परंतु बेडूक, सरडा, कुत्रा, मांजर व मानव या वेगवेगळ्या प्राण्यांचे शवविच्छेदन करून पाहिल्यास प्रत्येक प्राण्याच्या शरीरात हृदय, मेंदू, पोट, आतडे, यकृत, फुप्फुस, किडनी हे सर्व अवयव सारखेच आहेत;

तसेच त्यांचे कार्यही सारखे आहे. या सर्व प्राण्यांत श्वसन, पचन, पुनरुत्पादन, स्नायूंचे आकुंचन-प्रसरण, मेंदू व रक्ताचे कार्यदेखील सारखेच आहे. सर्वांचे शरीर पेशींनी बनलेले आहे, सर्वांत डीएनए आनुवंशिक सामग्री आहे व त्यांच्यातील अनेक जीन्स समान आहेत. परमेश्वराने प्रत्येक जीवजात स्वतंत्रपणे निर्माण केली असेल, तर त्यांच्या शरीरांतर्गत रचना व जीवरासायनिक प्रक्रिया सारख्याच का आहेत? कारण प्रत्येक जीवजात स्वतंत्रपणे निर्माण झाली नसून, एका जीवजातीचा दुसऱ्या जीवजातीच्या उत्पत्तीशी संबंध आहे हे स्पष्ट होते म्हणून हा सिद्धान्त या कसोटीस उतरत नाही.

II) परग्रहावरून सजीवांचे आगमन झाले : काही वैज्ञानिकांच्या मते परग्रहावरून सजीव पृथ्वीवर आले. येथील अनुकूल वातावरणात त्यांची वाढ झाली व ते स्थिर झाले. विश्वात अब्जावधी सूर्यमाला व त्याहीपेक्षा जास्त ग्रह आहेत. अनेक शास्त्रज्ञांचा तर्क आहे, की इतर ग्रहांवर सजीवसृष्टी असावी. काही विचारवंतांच्या मते आपल्या आकाशगंगेत कुठल्या तरी अन्य ग्रहावर अत्यंत प्रगत सजीवांची वसाहत असावी. तेथील प्रगत सजीवांनी हजारो दशलक्ष वर्षांपूर्वी त्यांच्या ग्रहावरील सजीवसृष्टी आकाशगंगेतील इतर ग्रहावर विकसित होऊ शकते काय? हे पाहण्यासाठी पृथ्वीसह अनेक ग्रहावर सूक्ष्मबीजाची पेरणी केली असावी व त्यामुळे पृथ्वीवर सजीवसृष्टीचा विकास झाला असावा. काही विज्ञान लेखकांनी तर परग्रहांवरील सजीव पृथ्वीवरील मानवापेक्षा अधिक प्रगत आहेत, असे त्यांच्या कथा-कादंबऱ्यांतून लिहिले, यावर चित्रपटसुद्धा निघाले. अनेकांनी जगाच्या वेगवेगळ्या भागात फिरत्या तबकड्या पाहिल्याचा दावा केला आहे. या फिरत्या तबकड्या म्हणजे परग्रहावरील मानवाने पृथ्वीवर केलेले आगमन आहे, असे अनुमानदेखील काढले; परंतु या विचाराला कुठलाही पुरावा नाही. हा सिद्धान्त तर्कावर आधारित आहे. परग्रहावर सजीव आहेत हेच अद्याप सिद्ध झालेले नाही, म्हणून मानवाचे आगमन परग्रहावरून झाले, हा कल्पनाविलास आहे. हा विचार वैज्ञानिकांना मान्य नाही.

III) अनाक्झीमँडर या ग्रीक तत्त्वज्ञाने इसवी सन पूर्व सहाव्या शतकात सांगितले, की मानवाची उत्क्रांती पाण्यातील माशापासून झाली. माशाने त्याच्या त्वचेचा त्याग केला (कात टाकली) व तो मानवाच्या रूपात पाण्यातून जमिनीवर रहायला आला. अलीकडील संशोधनानंतर मासा मानवांचा दूरचा पूर्वज आहे असे मानण्यात येते.

ॲरिस्टॉटल या ग्रीक तत्त्वज्ञाने इसवी सन पूर्व ३५० वर्षांपूर्वी मानवाची व्याख्या पुढीलप्रमाणे केली. "माणूस हा अंगावर पिसे नसलेला दोन पायांवर ताठपणे चालणारा प्राणी आहे." त्याने केलेल्या व्याख्येचे फार महत्त्व नसले, तरीही माणूस प्राणी आहे हे त्याने सांगितले. कार्ल लिनियस या स्वीडिश निसर्ग शास्त्रज्ञाने सन १७५८मध्ये मानवाचे वर्गीकरण प्राणी जगतात केले. यापूर्वी मानव इतर प्राण्यापेक्षा वेगळा आहे आणि त्याची निर्मिती विशेष दैवी शक्तीमुळे झालेली आहे असाच समज होता; परंतु १८,१९ व २० या तीन शतकांत विज्ञानात अनेक शोध लागले. जीवशास्त्रात झालेल्या या नवीन संशोधनामुळे माणूस प्राणी आहे याबद्दल शास्त्रज्ञात दुमत राहिले नाही; परंतु १९व्या शतकाच्या मध्यापर्यंत मानवाच्या उत्पत्तीबद्दल कोणताही वैज्ञानिक दृष्टीकोन पुढे आलेला नव्हता.

एकोणिसाव्या शतकात जीवशास्त्राच्या संशोधनात दोन अत्यंत महत्त्वाच्या ऐतिहासिक घटना घडल्या. १) सर चार्ल्स डार्विन या ब्रिटिश शास्त्रज्ञाने इ. स. १८५९मध्ये 'जीवजातींची उत्पत्ती' ('ऑन द ओरिजिन ऑफ स्पेसीज बाय नॅचरल सिलेक्शन') या पुस्तकात सांगितले, की आज अस्तित्वात असलेले सर्व प्राणी आणि वनस्पती प्राचीन साध्या अवस्थेतील सजीवांचे परिवर्तन होऊन विकसित झालेले त्यांचे वंशज आहेत आणि २) जॉन ग्रेगर मेंडलने अनुवंश-शास्त्रावर १८६५मध्ये वाटाण्याच्या रोपट्यावर संकरणाचे अनेक प्रयोग केले व एका पिढीतून दुसऱ्या पिढीत आनुवंशिक गुणधर्म कसे जातात, याचे नियम शोधून काढले.

हे दोघेही जीवशास्त्रज्ञ होते, दोघांनीही केलेल्या संशोधनाचा मानवाच्या उत्क्रांतीशी काहीही संबंध नव्हता; परंतु त्यांच्या संशोधनामुळे मानवाची उत्क्रांती कशी झाली असावी, याचा सुगावा लागला. जर वर्तमानातील सर्व प्राणी आणि वनस्पती प्राचीन सजीवांचे परिवर्तन होऊन विकसित झालेले आहेत, तर मानवसुद्धा प्राणी आहे, म्हणून त्याची उत्पत्तीदेखील इतर प्राण्याप्रमाणे उत्क्रांतीच्या तत्त्वाने झालेली असावी हा विचार पुढे आला व या दिशेने पुढील संशोधन सुरू झाले.

उत्क्रांती : सर चार्ल्स डार्विनने 'जीवजातींची उत्पत्ती' (ओरिजिन ऑफ स्पेसीज) या पुस्तकात १८५९मध्ये पुढील नैसर्गिक निवडीचा उत्क्रांती सिद्धान्त मांडला. सर्व 'सजीवांच्या शरीररचनेत सातत्याने, हळूवार बदल होतात व झालेले हे बदल पुढच्या पिढीत जातात. अशा प्रकारे सातत्याने हळुवार बदल होऊन अनेक पिढ्यानंतर हजारो वर्षांनी साध्या सजीवांचे रूपांतर अधिक प्रगत व गुंतागुंतीची शरीररचना असणाऱ्या नवीन जीवजातीत होते, या प्रक्रियेला उत्क्रांती असे

म्हणतात. डार्विनच्या मते, वर्तमान काळात अस्तित्वात असलेले सर्व प्राणी व वनस्पती प्राचीन अविकसित सजीवांचे परिवर्तन होऊन विकसित झालेले त्यांचे वंशज आहेत. म्हणून बाह्यरूपात वेगवेगळे दिसणारे प्राणी आनुवंशिकतेने एकमेकांचे नातेवाईक आहेत; कारण ते समान पूर्वजांचे वंशज आहेत. डार्विनने हा विचार मांडताना गॅलापगॉज बेटावरील डार्विन फिंचेस व कासवांचे उदाहरण देऊन वेगवेगळ्या पर्यावरणामुळे त्यांच्या शरीररचनेत कसे बदल झाले याचा अभ्यास करून निष्कर्ष काढले व याचे अनेक पुरावे सादर केले. त्याने सांगितले, की एकाच जातीचे प्राणी समूह वेगवेगळ्या पर्यावरणात स्थलांतर झाल्यानंतर तेथील परिस्थितीप्रमाणे त्यांच्या शरीररचनेत बदल होतात व कालांतराने अनेक पिढ्यांनंतर त्यांचे परिवर्तन नवीन जीवजातीत होते. जीवसृष्टीची एका सावकाश सतत चालू असलेल्या परिवर्तनातून उत्पत्ती झालेली आहे.

जे. एम. सॅवेज (१९६९) : या जीवशास्त्रज्ञाने १९६९मध्ये उत्क्रांतीची व्याख्या पुढीलप्रमाणे केली आहे. 'साध्या अवस्थेतील सजीवात हळूहळू क्रमाक्रमाने बदल होऊन कालांतराने त्यांची प्रगती अधिक विकसित अवस्थेतील वेगळ्या जीव जातीत होते, यालाच उत्क्रांती म्हणतात.' यावरून १५० वर्षांपूर्वी डार्विनने केलेली उत्क्रांतीची व्याख्या किती परिपूर्ण आहे हे सिद्ध होते. प्रगती आणि अधिक प्रगती हीच उत्क्रांतीच्या प्रवासाची दिशा आहे.

उत्क्रांती म्हणजे बदल. आपण राहतो त्या जगात काहीच स्थिर नाही, येथे सतत बदल होतात. परिवर्तन होणे हाच विश्वाचा नियम आहे. विश्वातील प्रत्येक गोष्ट परिवर्तनीय आहे. उदा : ग्रह, तारे, एखाद्या प्रदेशाची भौगोलिक रचना, पर्यावरण, वनस्पती, प्राणी, पर्जन्यमान, रासायनिक घटक इत्यादी. सजीवातील बदलांना जैविक उत्क्रांती (ऑरगॅनिक इव्होल्युशन) म्हणतात व विश्वातील अजैविक घटकांच्या बदलांना वैश्विक उत्क्रांती (कॉस्मिक इव्होल्युशन) म्हणतात. जैविक उत्क्रांती व वैश्विक उत्क्रांती या दोन्हींना मिळून उत्क्रांती असे म्हणतात. सामान्यपणे आपण जेव्हा जेव्हा उत्क्रांती या शब्दाचा उपयोग करतो, तेव्हा तेव्हा तो सजीवातील परिवर्तनाशी संबंधित असतो. उत्क्रांती कधीही न थांबणारी प्रक्रिया आहे, जोपर्यंत विश्वाचे अस्तित्व आहे तोपर्यंत ही प्रक्रिया चालूच राहणार.

महासागरात सुमारे ३.५ अब्ज वर्षांपूर्वी जीवरासायनिक प्रक्रियेतून एकपेशीय सजीवाची उत्पत्ती झाली. त्यानंतर कालांतराने एकपेशीयपासून बहुपेशीय झाले व बहुपेशीय सजीवात हळुवार बदल झाले व आश्चर्यकारकपणे त्यांचे परिवर्तन

होऊन विविध प्रकारच्या वनस्पती आणि प्राण्यांची उत्पत्ती झाली.

उत्क्रांतीच्या याच तत्त्वाने माशापासून बेडूक श्रेणीतील (भूजलचर) प्राण्यांचा विकास झाला, बेडूक श्रेणीतील प्राण्याचे परिवर्तन सरिसृप प्राण्यात झाले. सरिसृपपासून एका शाखेवर पक्षी व दुसऱ्या शाखेवर सस्तन प्राण्याची उत्क्रांती झाली. काही सस्तन जमिनीवरून झाडावर स्थलांतरित झाले व त्यांच्यात परिवर्तन होऊन माकडांची उत्क्रांती झाली. अशाच एका अपुच्छ माकडापासून मानवाची उत्क्रांती झाली, असे डार्विनने सांगितले. डार्विनच्या या वैज्ञानिक सिद्धान्ताचे थॉमस हक्सले या तरुण ब्रिटिश जीवशास्त्रज्ञाने जबरदस्त समर्थन केले. त्याने १८६३मध्ये माणसाचे निसर्गातील स्थान (मॅन्स प्लेस इन नेचर) हे पुस्तक लिहिले. त्यात त्याने माणूस, एप आणि माकडे यांच्या शरीररचनेतील अनेक समान गुणधर्मांचे वर्णन केले व मानवाची उत्क्रांती एपपासून झाली असे सांगितले.

सर चार्ल्स डार्विनने इ.स. १८७१मध्ये 'मानवाचे कुल' (डिसेंट ऑफ मॅन) या पुस्तकात मानवाच्या पूर्वजांबद्दल भाष्य करत असताना सांगितले, की मानवाची उत्क्रांती एपसारख्या प्राण्यापासून झाली.

डार्विनने, एप मानवाचा पूर्वज आहे असे सांगितले, तेव्हा त्याच्या या मताला समाजाच्या सर्व स्तरांतील लोकांनी कडाडून विरोध केला. डार्विनने मांडलेला उत्क्रांती सिद्धान्त धार्मिक तत्त्वाच्या विरुद्ध आहे, म्हणून तो वादग्रस्त ठरला. वेगवेगळ्या धर्मगुरूंनी त्यावर अनेक आक्षेप घेतले. ते म्हणाले, की डार्विन पाखंडी आहे, देवाचे व धर्माचे महत्त्व कमी करण्यासाठी तो असे रानटी विचार मांडीत आहे, तो नास्तिक आहे, देवाला मानीत नाही, मानव एपचा वंशज आहे असे तो चुकीचे सांगत आहे. डार्विनचे म्हणणे खोडून टाकण्यासाठी नैसर्गिक निवडीच्या सिद्धान्तावर पहिला हल्ला ख्रिश्चन धर्मगुरू बिशप सॅम्यूल विलबर फोर्सने (१८०५-१८७३) केला. त्याने १८६०मध्ये ऑक्सफोर्ड विद्यापीठात आयोजित केलेल्या चर्चेत डार्विनच्या सिद्धान्ताचे खंडन करण्यासाठी स्वतः भाग घेतला. डार्विन आजारी असल्यामुळे त्याच्या सिद्धान्ताचे समर्थन करण्यासाठी तो उपस्थित राहू शकला नाही; परंतु त्याचा कडवा समर्थक तरुण ब्रिटिश जीवशास्त्रज्ञ थॉमस हक्स्लेने या चर्चासत्रात डार्विनच्या वैज्ञानिक सिद्धान्ताचे समर्थन केले. बिशप सॅम्यूल विलबरफोर्सने डार्विनने मांडलेल्या सिद्धान्तावर चौफेर हल्ला केला. एवढेच नव्हे तर त्याने जाहीरपणे थॉमस हक्स्लेला थेट प्रश्न विचारला, की मानव एपचा वंशज आहे, तर मग सांग तुझे कोणते आजोबा एप आहेत? आईच्या कुलातील की वडिलांच्या कुलातील? यावर टी. एच. हक्स्लेने अत्यंत समर्पक

बिशप सॅम्युल विलबर फोर्स

थॉमस हक्सले

उत्तर देऊन बिशपला निरुत्तर केले. तो म्हणाला, की अत्यंत बुद्धिमान, प्रभावी व सामर्थ्यशाली विद्वान जर विद्यापीठातील महत्त्वाच्या वैचारिक चर्चेत आपली सर्व शक्ती व बुद्धिमत्ता टिंगलटवाळी करून वैज्ञानिक सत्य दडपून टाकण्यासाठी करत असेल, तर मानवापेक्षा केव्हाही मी ठामपणे एपला आजोबा म्हणून अधिक पसंती देईन. या गाजलेल्या वैज्ञानिक वादविवाद स्पर्धेत दोन्ही बाजूंनी आपणच जिंकलो आहोत असा दावा केला. हे चर्चासत्र ऐतिहासिक ठरले.

या चर्चासत्रानंतर अनेक धर्मगुरूंनी डार्विनच्या विचारावर हल्ले सुरूच ठेवले. त्यांनी परत तेच ते आरोप केले, की डार्विन पाखंडी, लबाड व नास्तिक आहे. देवाचे व धर्माचे महत्त्व कमी करण्यासाठी चुकीचे विचार मांडत आहे. त्या वेळची सामाजिक स्थिती पुराणमतवादी होती, लोकांची ठाम कल्पना होती, की देवाने मानवाला निर्माण केले व सर्व सृष्टीवर राज्य करण्याचे अधिकार बहाल केले. म्हणून माणूस एपचाच काय सामाजिक स्तरातील खालच्या दर्जाच्या नोकराचा नातेवाईक आहे, असे मानणेदेखील त्यांच्यासाठी तिरस्करणीय होते. त्या वेळची सामाजिक मन:स्थिती कशी होती हे समजून घेण्यासाठी तेव्हाच्या एका धर्मगुरूच्या पत्नीने व्यक्त केलेली प्रतिक्रिया आपण पाहू. जेव्हा इंग्लंड येथील वार्सेस्टर शहरातील बिशपच्या पत्नीला हक्स्ले या जीवशास्त्रज्ञाने माणूस एपचा वंशज आहे असे जाहीर

केलेले कळले, तेव्हा ती उद्‌गारली, 'अरे देवा! आपण आशा करू या, की हे सर्व खोटे आहे, जर खरे असेल, तर आपण प्रार्थना करू या की हे कोणालाही न कळो.' यावरून लक्षात येते, की धर्माच्या प्रभावामुळे कोणतेही वैज्ञानिक तत्त्व मान्य करण्याची त्या वेळची सामाजिक स्थिती नव्हती.

डार्विनने मांडलेला निसर्ग निवडीचा उत्क्रांती सिद्धान्त व मेंडेलने शोधलेले आनुवंशिकतेचे नियम यावरून जीवशास्त्रज्ञांनी अनुमान काढले की, मानवाची उत्पत्तीदेखील उत्क्रांतीच्या तत्त्वानेच झाली असावी, म्हणून आपण डार्विनने आणि मेडेंलने केलेले संशोधन कार्य सविस्तरपणे समजून घेऊ.

⋙

प्रकरण दुसरे

डार्विन

(१८०९ - १८८२)

एका जीवजातीचे परिवर्तन कालांतराने दुसऱ्या जीवजातीत होते हे डार्विनने मांडलेले विचार वादग्रस्त ठरले. त्यामुळे धार्मिक, सामाजिक आणि वैज्ञानिक क्षेत्रात वादविवाद सुरू झाले. त्याचे जेवढे समर्थन झाले, तेवढाच त्याच्या विचाराला कडवा विरोध झाला. म्हणून आपण या महान शास्त्रज्ञाच्या कार्याचा परिचय करून घेऊ व नंतर त्याने मांडलेला उत्क्रांती सिद्धान्त समजून घेऊ.

चार्ल्स रॉबर्ट डर्विनचा जन्म १२ फेब्रुवारी १८०९ रोजी इंग्लंडमध्ये श्रुजबरी येथे एका प्रतिष्ठित कुटुंबात झाला. त्याचे आजोबा इरास्मस डार्विन नामांकित कवी व शास्त्रज्ञ होते. त्याचे वडील रॉबर्ट डार्विन प्रसिद्ध डॉक्टर होते. चार्ल्स आठ वर्षांचा असताना १८१७मध्ये त्याची आई वारली. त्याच वर्षी त्याला श्रुजबरी येथील प्राथमिक शाळेत शिक्षणासाठी पाठवण्यात आले.

त्याच्या प्राथमिक शिक्षणानंतर वयाच्या १५व्या वर्षी वडिलांनी त्याला वैद्यकीय शिक्षणासाठी एडिनबर्ग विद्यापीठात पाठविले. वैद्यकीय शिक्षणात त्याला आवड निर्माण झाली नाही. त्याने शिक्षण सोडून दिले. त्यानंतर त्याच्या वडिलांनी त्याला पाद्री (धर्मगुरू) बनण्याचा सल्ला दिला व धर्माचे शिक्षण घेण्यासाठी केंब्रिज विद्यापीठातील ख्रिश्चन कॉलेजला पाठविले.तिथेही त्याने फार प्रगती केली नाही. केंब्रिज विद्यापीठात असताना तो डॉ. हेन्सलो यांच्या संपर्कात आला. प्रोफेसर डॉ. हेन्सलो विद्यापीठात वनस्पतीशास्त्रज्ञ होते. त्यांनी चार्ल्स डार्विनला जीवशास्त्र व भूगर्भशास्त्राचा अभ्यास करण्यास प्रवृत्त केले व पुढील मार्गदर्शन केले. चार्ल्स

डार्विनला निसर्गाचा अभ्यास करण्यात विशेष रस होता. त्याने वनस्पतीशास्त्र, प्राणीशास्त्र व भूगर्भशास्त्राच्या अभ्यासात चांगली प्रगती केली.

सर चार्ल्स रॉबर्ट डार्विन

याच काळात ब्रिटिश सरकारच्या आरमाराने ७४ शास्त्रज्ञांचा चमू वैज्ञानिक संशोधनासाठी जगातील निरनिराळ्या खंडात एच. एम. एस. बिगल या प्रसिद्ध जहाजाने पाठविण्याचे ठरविले. प्रोफेसर डॉ. हेन्सलोच्या शिफारशीने चार्ल्स डार्विनची जीव शास्त्रज्ञ व भूगर्भ शास्त्रज्ञ म्हणून निवड झाली. हा अभ्यास दौरा २७ डिसेंबर १८३१ ते २ ऑक्टोबर १८३६ या पाच वर्षांच्या प्रदीर्घ काळात जलप्रवासाने पूर्ण केला. जगातील वेगवेगळ्या खंडांना व अनेक बेटांना त्यांनी भेटी दिल्या. इंग्लंड ते दक्षिण अमेरिका, गॅलापगॉस बेटे, न्यूझीलंड, ऑस्ट्रेलिया, मादागास्कर, दक्षिण आफ्रिका; तसेच पॅसिफिक व अॅटलांटिक महासागरातील अनेक बेटांना भेटी दिल्या. नंतर दक्षिण अमेरिका व परत इंग्लंड असा प्रवास पूर्ण केला. डार्विनने तिथे अनेक प्रकारचे प्राणी, वनस्पती व खडकांचे निरीक्षण केले. तपशीलवार नोंदी करून पुराव्यासाठी त्यांचे अनेक नमुने व जीवाश्मांचा संग्रह केला. डार्विन दक्षिण अमेरिका आणि त्याच्या पश्चिमेकडील १००० कि.मी.वरील पॅसिफिक महासागरातील गॅलापगॉस बेटावरील निसर्गाच्या अभ्यासाने विशेष प्रभावित झाला. या बेटावरील सजीव सृष्टीचा त्याने ५ आठवडे अभ्यास केला. तेथील निरीक्षणात वेगवेगळ्या प्राण्यांच्या शरीररचनेतील फरक व साम्य पाहून त्याची जिज्ञासा वाढली व यातूनच नैसर्गिक निवडीचा जगप्रसिद्ध उत्क्रांती सिद्धान्त मांडण्याची त्याला प्रेरणा मिळाली. येथील मोठमोठ्या आकाराची, २७५ किलो वजनाची, १८३ सें.मी. लांबीची व २०० ते २५० वर्षे वयाची कासवे पाहून तो आश्चर्यचकित झाला.

स्पॅनिश भाषेत कासवाला गॅलापगॉस असे म्हणतात, म्हणून या १९ बेटांच्या समूहाला गॅलापगॉस बेटे म्हणतात. ही सर्व बेटे समुद्रात एकमेकांपासून

विभक्त आहेत. ती कोणत्याही अन्य भूभागाशी जोडलेली नाहीत. प्रत्येक बेट ज्वालामुखीच्या उद्रेकातून पॅसिफिक महासागरात स्वतंत्रपणे निर्माण झालेले आहे. प्रत्येक बेटावरील पर्यावरण वेगळे आहे, म्हणून तेथील प्राणी आणि वनस्पती भिन्न आहेत. जगातील दूरदूरच्या भूखंडावरील पर्यावरण, वनस्पती आणि प्राणी सारखेच आढळून येतात; परंतु ही बेटे अगदी जवळजवळ असून देखील डार्विनने निरीक्षण केले, की प्रत्येक बेटावरील कासवे बाह्यरूपात व आनुवंशिकतेत वेगळी आहेत. कारण प्रत्येक बेटावरील कासवांचा विकास स्वतंत्रपणे झालेला आहे.

डार्विन फिंचेस : डार्विनने गॅलापगॉस बेटावरील ज्या पक्ष्यांचा अभ्यास केला त्या पक्ष्यांना डार्विन फिंचेस असे म्हणतात. हजारो वर्षांपूर्वी दक्षिण अमेरिकेतून चिमणीसारख्या दिसणाऱ्या पक्ष्यांचे गटागटाने बेटांवर स्थलांतर झाले. प्रत्येक बेटावरील वेगळ्या पर्यावरणाचा परिणाम या स्थलांतरित पक्ष्यांवर झाला. प्रत्येक बेटावर पक्ष्यांना मिळणारे अन्न वेगळे होते, म्हणून त्या त्या पर्यावरणात अन्न मिळवण्यासाठी पक्ष्यांच्या चोचीचे आकार बदलले, प्रत्येक बेटावरील वेगळ्या पर्यावरणात जुळवून घेण्यासाठी त्यांच्यात परिवर्तन झाले. त्यामुळे हजारो वर्षांनंतर पक्ष्यांच्या बाह्यरूपात, चोचीच्या आकारात, वर्तनात व आनुवंशिकतेत बदल झाले. अशा प्रकारे एकाच जातीच्या पक्ष्यांच्या गटांचे वेगवेगळ्या जातीत रूपांतर झाले. पक्ष्यांच्या या अभ्यासाने डार्विनच्या हातात सबळ पुरावा आला, की एकाच जातीच्या मूळ पक्ष्यांचा समूह वेगवेगळ्या पर्यावरणात स्थलांतरित झाल्यामुळे भिन्न-भिन्न परिस्थितीत जुळवून घेण्यासाठी त्यांच्यात परिवर्तन झाले आणि अनेक पिढ्यानंतर पक्ष्यांच्या निरनिराळ्या जातींची उत्पत्ती झाली. म्हणून त्याने निश्चितपणे अनुमान काढले, की एकाच जातीचे प्राणी समूह वेगवेगळ्या पर्यावरणात स्थलांतरित झाल्यास त्यांच्यात अनेक प्रकारचे बदल होऊन कालांतराने वेगवेगळ्या जातीची उत्पत्ती होते. या पक्ष्यांचा अभ्यास केल्यानंतर डार्विनला निसर्ग निवडीचा प्रसिद्ध सिद्धान्त मांडण्याची कल्पना सुचली.

अलीकडील अभ्यासाने डार्विन फिंचेसचा तेरा प्रकारच्या विविध जातीत परिवर्तन झाल्याची नोंद अभ्यासकांनी केली आहे.

माल्थस या ब्रिटिश अर्थशास्त्रज्ञाने १७९२मध्ये 'लोकसंख्या वाढ व अन्नधान्याची उपलब्धता' हा लिहिलेला शोध निबंध बिगलच्या प्रवासात डार्विनच्या वाचनात आला. या शोधनिबंधात त्याने सांगितले, की लोकसंख्येची वाढ भूमितीय श्रेणीने

होते. उदा- २x२x२x२x२ ------- परंतु अन्नधान्याची वाढ मात्र अंक गणितीय श्रेणीने होते. उदा : २+२+२+२+२ -------

वरीलप्रमाणे लोकसंख्येची वाढ फार झपट्याने होते; परंतु त्या प्रमाणात अन्नधान्याचे उत्पन्न वाढत नाही. म्हणून वाढत्या लोकसंख्येला सतत अन्ननधान्याचा पुरवठा कमी पडतो. त्यामुळे दुष्काळ पडतात, उपासमार होते, आजार येतात, युद्धे होतात म्हणून मोठ्या संख्येने सजीवांचे मृत्यू होतात. अशा प्रकारे लोकसंख्यावाढीवर नियंत्रण येते. या माल्थसच्या निष्कर्षाने डार्विनला 'अस्तित्वासाठी संघर्ष' किंवा 'जीवन कलह' (स्ट्रगल फॉर एक्झिस्टन्स) हे तत्त्व त्याच्या सिद्धान्तात मांडण्याची प्रेरणा मिळाली.

अल्फ्रेड रसेल वॅलेस (१८२३-१९१३) : अल्फ्रेड रसेल वॅलेस या इंग्लिश शास्त्रज्ञाने अमेरिका व पूर्व दक्षिण आशियात अनेक प्राणी आणि वनस्पतींचा अभ्यास केला व सजीवांच्या विकासावर १८५८मध्ये शोधनिबंध लिहिला. त्याने सांगितले, की प्रत्येक सजीवात त्यांच्या मूळ गुणधर्मात बदल घडवून आणण्याची क्षमता असते, म्हणून पर्यावरण बदलले, की सजीवात बदल होतात. हा शोधनिबंध त्याने अभिप्रायासाठी १८५८मध्ये डार्विनकडे पाठविला. डार्विनला आश्चर्य वाटले, की त्याने प्रदीर्घ काळाच्या अभ्यासानंतर काढलेले निष्कर्ष आणि वॅलेस या तरुण शास्त्रज्ञाने काढलेले निष्कर्ष सारखेच होते. कासवांच्या बेटावरील पक्षांचा अभ्यास, माल्थसचा लोकसंख्येवरील निबंध व अल्फ्रेड रसेल वॅलेसने उत्क्रांतीवादावर लिहिलेला शोध निबंध या सर्वांचा प्रभाव डार्विनवर होता. यातून प्रेरणा घेऊन डार्विनने १८५९मध्ये 'जीवजातींची उत्पत्ती' (ओरिजिन ऑफ स्पेसीज) या पुस्तकात निसर्ग निवडीचा ऐतिहासिक सिद्धान्त पुराव्यानिशी मांडला. अल्फ्रेड रसेल वॅलेसने या सिद्धान्ताचे सर्व श्रेय डार्विनला दिले, कारण डार्विनने जगातील निरनिराळ्या खंडांतील व अनेक बेटावरील प्राण्यांच्या शरीररचनेतील परिवर्तनाचा प्रदीर्घ काळ अभ्यास करून अनेक पुराव्यांनिशी निष्कर्ष काढलेले होते. हा वादग्रस्त सिद्धान्त डार्विनने मांडला, त्या वेळेस त्याचे समर्थन करण्यासाठी वॅलेस ब्रिटनमध्ये नव्हता, तो इंडोनेशियात संशोधन करत होता.

डार्विनचा सिद्धान्त : मानवासह वेगवेगळ्या जीव जातींची उत्पत्ती कशी झाली? हे जाणून घेण्यासाठी आपल्याला डार्विनचा सिद्धान्त समजून घेणे आवश्यक आहे. हा प्रसिद्ध, ऐतिहासिक, बहुचर्चित, वादग्रस्त ठरलेला युगप्रवर्तक सिद्धान्त खालील

पाच तत्त्वांवर आधारित आधारित आहेत.

१) सजीवांतील अति उच्च प्रजननक्षमता (हाय पोटेंशियल ऑफ रीप्रॉडक्शन)

२) अस्तित्वासाठी संघर्ष जीवन कलह (स्ट्रगल फॉर एक्झिस्टन्स.)

३) शरीररचनेतील बदल विभेदन आणि आनुवंशिकता (व्हेरीएशन अँड हेरीडिटी)

४) नैसर्गिक निवड (नॅचरल सिलेक्शन)

५) नवीन जीवजातीची उत्पत्ती (ओरिजिन ऑफ न्यू स्पेसीज).

१) सजीवातील अतिउच्च प्रजनन क्षमता (हाय पोटेंशियल ऑफ रीप्रॉडक्शन)

सर्व सजीवांत पुनरुत्पादनाचे प्रचंड सामर्थ्य असते. ते फार मोठ्या संख्येने अपत्यांना जन्म देतात, त्यामुळे त्यांची संख्या अमर्याद वाढते व पृथ्वीवर सजीवांची गर्दी होते. खालील उदाहरणाने प्राण्यात असलेल्या अतिउच्च प्रजननक्षमतेचे स्पष्टीकरण मिळते.

पॅरामिशियम : हा एकपेशीय सूक्ष्म जलचर सजीव आहे. तो सूक्ष्मदर्शकाशिवाय दिसत नाही. त्याचे पुनरुत्पादन विभाजनाने (बायनरी फिशन) होते. दर १६ तासांनंतर पॅरामिशियमचे विभाजन होऊन एकापासून दोन पॅरामिशिया तयार होतात. अशा पद्धतीने पुढील पाच वर्षे प्रजनन झाले आणि सर्व पॅरामिशिया जगले, तर त्यांच्या एकत्रित ढिगाचा आकार एवढा मोठा असेल, की त्यांची संख्या समुद्र सामावू शकणार नाही.

ऑइस्टर (शिंपले) : ऑइस्टर एक प्रकारचा शिंपला आहे, ते जलचर मृदूकाय प्राणी आहेत. या शिंपल्याची एक मादी एका हंगामात ११ कोटी ४० लक्ष एवढ्या प्रचंड संख्येने अंडी घालते. जर सर्व अंड्यांचा विकास शिंपल्यात झाला आणि परत त्यातील माद्यांनी अंडी घातली व त्यांचा विकास शिंपल्यात झाला आणि सर्व जगले, तर पुढील ४ पिढ्यांत शिंपल्यांचा एकत्रित ढिग पृथ्वीच्या आकारापेक्षा आठपट मोठा होईल.

ससा : ससा जंगलात जमिनीवर राहणारा सस्तन प्राणी आहे. मध्यम आकाराच्या जातीचा ससा ४ ते ४ १/२ महिन्यात प्रजननक्षम होतो. मादीचा गर्भधारणेचा कालावधी २८-३१ दिवस असतो. यानंतर एक मादी सरासरी एका वेळेस ६ पिल्लांना जन्म देते. पिल्लांना जन्म दिल्यानंतर एका मिनिटात मादी दुसऱ्यांदा गर्भधारणा करू शकते. सशाचे सरासरी आयुष्य ३ ते ८ वर्षे असते. सशाच्या नर आणि मादी अशा, एका जोडीने प्रजनन केले व त्यांची सर्व अपत्ये जगली आणि पुढील १०० वर्षे त्यांनी प्रजनन केले, तर पृथ्वीवरील सर्व जमीन सशांनी व्यापली

जाईल, इतर प्राण्यांना पाय ठेवायलादेखील जागा शिल्लक राहाणार नाही.

हत्ती : हत्ती सर्वांत कमी अपत्यांना जन्म देणारा प्राणी आहे. एक मादी हत्ती तिच्या १०० वर्षांच्या आयुष्यात ६ पिल्लांना जन्म देते. सर्व पिल्ले जगली आणि पुढील ७५० वर्षे त्यांनी प्रजनन केले, तर पृथ्वीवर हत्तीची संख्या १ कोटी ९० लक्ष एवढी प्रचंड होईल. विषुववृत्ताच्या पट्ट्यावर एकानंतर एक असे ओळीने सर्व हत्तींना उभे केले, तर पृथ्वी भोवती त्यांचे तीन वेढे पूर्ण होतील.

वरील उदाहरणांवरून स्पष्टपणे लक्षात येते, की सर्व सजीवांत प्रचंड पुनरुत्पादन क्षमता असते, एवढे असूनही त्यांची संख्या मर्यादित का असते? सजीवातील अस्तित्वाच्या संघर्षामुळे एवढ्या मोठ्या प्रमाणात प्रजनन होऊनसुद्धा त्यांची संख्या मर्यादित राहाते. मुलांना ससा पाहायचा, तर प्राणीसंग्रहालयात जाऊन पाहावा लागतो. पॅरामिशियम पाहाण्यासाठी प्रयोगशाळेत काचपट्टी व सूक्ष्मदर्शीचा उपयोग करावा लागतो. हा पहा पॅरामिशियमचा ढिग असे दाखवता येत नाही. शिंपले शोधायचे, तर नदीच्या वाळूत शोधावे लागतात. कारण अस्तित्वाच्या संघर्षात फार मोठ्या प्रमाणात सजीवांचे मृत्यू होतात, म्हणून त्यांची संख्या मर्यादित राहते.

२) अस्तित्वासाठी संघर्ष जीवन कलह (स्ट्रगल फॉर एक्झिस्टन्स) :-

एकीकडे पुनरुत्पादनाने सजीवांची संख्या अमर्याद वाढते, तर दुसरीकडे जागा, अन्न आणि पाणी मर्यादित आहे. सर्वांना जगण्यासाठी अन्न, पाणी व जागा लागते म्हणून सर्व सजीवांत अन्न, पाणी आणि जागा मिळवण्यासाठी स्पर्धा होते. सजीवांतील अन्न, पाणी व जागा मिळवण्याच्या स्पर्धेलाच डार्विनने 'अस्तित्वासाठी संघर्ष' किंवा 'जीवनार्थ कलह' असे म्हटले आहे. इथे संघर्ष याचा अर्थ स्पर्धा असा आहे. एकमेकांशी भांडणे असा नाही. हा संघर्ष तीन प्रकारचा असतो. i) जाती अंतर्गत संघर्ष (इंट्रास्पेसीफिक स्ट्रगल) ii) आंतरजातीय संघर्ष (इंटरस्पेसीफिक स्ट्रगल) iii) प्रतिकूल पर्यावरणाशी संघर्ष (स्ट्रगल आगेन्स्ट ॲड्व्हर्स एन्व्हायर्नमेंट)

i) जाती अंतर्गत संघर्ष :

एकाच जातीच्या अनेक सजीवातील अन्न, पाणी आणि जागा मिळवण्याच्या स्पर्धेला जाती अंतर्गत संघर्ष असे म्हणतात. जेव्हा एकाच जातीचे अनेक सजीव एकाच पर्यावरणात राहातात, तेव्हा त्यांच्या गरजा सारख्याच असतात. समान गरजा मिळवण्यासाठी त्यांच्यात अत्यंत तीव्र स्पर्धा होते. उदा : सर्व जंगली घोड्यांना एकाच प्रकारचे गवत आवडते, म्हणून प्रत्येक जंगली घोडा तेच गवत खाण्याचा

जास्तीत जास्त प्रयत्न करतो. एकच वस्तू जेव्हा अनेकांना हवी असते, तेव्हा त्यांच्यातील संघर्ष पराकोटीला जातो. जसे एका लहानशा मांसाच्या तुकड्यासाठी दोन किंवा अनेक कुत्र्यांतील स्पर्धा अत्यंत तीव्र आणि घातक स्वरूपाची असते. या स्पर्धेत जे अन्न मिळवण्यात यशस्वी होतात ते जगतात. ज्यांना अन्न प्राप्त झाले नाही, त्यांचा मृत्यू अटळ आहे. जाती अंतर्गत स्पर्धा जास्त तीव्र असते, म्हणून या स्पर्धेत होणारे मृत्यू सर्वांत जास्त असतात.

नरमांस भक्षक हादेखील जाती अंतर्गत संघर्षाचा प्रकार असतो. जेव्हा प्राणी त्यांच्याच जातीच्या प्राण्यांना मारून खातात, तेव्हा त्यांना नरमांस भक्षक असे म्हणतात. निअँडरथल मानव कधी कधी नरमांस भक्षक होता, असे मानववंश शास्त्रज्ञ मानतात.

ii) आंतरजातीय संघर्ष : वेगवेगळ्या जातींच्या सजीवांतील अन्न, पाणी आणि जागा मिळवण्याच्या स्पर्धेला आंतरजातीय संघर्ष म्हणतात. उदाहरणार्थ- जंगलातील घोडे, वनगायी व जंगली म्हशी यांच्यातील चरण्याची स्पर्धा ही स्पर्धा तेवढी तीव्र नसते; कारण प्रत्येकाची निवड वेगळे गवत खाण्याची असते. घोड्यांना ज्या प्रकारचे गवत आवडते ते गवत वनगायी आणि जंगली म्हशींना आवडेलच असे नाही. प्रत्येकाची आवड वेगळ्या प्रकारचे गवत खाण्याची असते, म्हणून या संघर्षाची तीव्रता जाती अंतर्गत संघर्षापेक्षा कमी असते. हा संघर्ष गुंतागुंतीचा असतो. जसे मेलेल्या प्राण्यांचे मांस खाण्यासाठी गिधाडे, कुत्रे, कोल्हे, कीटक

अन्न मिळविण्यासाठी चित्त्याचा हरणावर हल्ला, तर चित्त्याच्या तावडीतून निसटण्याचा हरणाचा प्रयत्न.

व जीवाणूंची स्पर्धा किंवा भक्ष्य पकडण्यासाठी वाघाचा हरणावरील हल्ला व या हल्यातून निसटून जाण्याचा हरणाचा प्रयत्न. या संघर्षाची गुंतागुंत आपल्याला खालील उदाहरणाने समजून घेता येईल. समजा, बिळाच्या बाहेर मोकळ्या जागेत दोन उंदीर अन्नाच्या शोधात फिरत आहेत. बाजूला मांजर उंदराला पकडण्यासाठी दबा धरून बसले आहे, कारण उंदीर त्याचे भक्ष्य आहे. त्याचबरोबर आकाशातून एक घार आपले भक्ष्य मिळवण्यासाठी झेप घेऊन उंदराची शिकार करण्यासाठी सज्ज आहे. दोन्ही उंदरांना शत्रूंची चाहूल लागलेली आहे, म्हणून ते उंदीर बिळात आसरा घेण्यासाठी धावतात; पण बीळ लहान असल्यामुळे एकाच उंदराला आसरा देऊ शकते. येथे अनेकांत स्पर्धा आहे. दोन उंदरांत अन्न मिळवून बिळात आसरा घेण्याची स्पर्धा, घारीतील व मांजरीतील उंदीर पकडण्याची स्पर्धा. या जीवन कलहात कदाचित एका उंदराची शिकार होईल व दुसरा उंदीर बिळात आसरा मिळवण्यात यशस्वी होईल, मांजर किंवा घारीने एका उंदराची शिकार केलेली असेल किंवा दोन्ही उंदरांची शिकार झालेली असेल, घार आणि मांजर दोघेही एक एक उंदीर पटकावून आपले भक्ष्य मिळवण्यात यशस्वी झालेले असतील. सारांश, स्पर्धा सरळ असो की गुंतागुंतीची जीवन कलहाचा निकाल एकच असतो, जे अन्न प्राप्त करू शकले नाहीत त्या व भक्ष्य असणाऱ्या असंख्य सजीवांचे मृत्यू.

iii) प्रतिकूल पर्यावरणाशी संघर्ष : सजीव ज्या पर्यावरणात राहतात ते कधी अनुकूल असते, तर कधी प्रतिकूल. वरील दोन्ही प्रकारच्या जीवनकलहाबरोबरच सर्व सजीवांना प्रतिकूल पर्यावरणात जगण्यासाठी प्रचंड धडपड करावी लागते. उदा : दुष्काळ, अन्न आणि पाण्याचा अभाव, प्रचंड पाऊस, महापूर, हिमवृष्टी, बदलते तापमान, वादळे, रोगराई, भूकंप, ज्वालामुखी, भूस्खलन इत्यादी. या सिद्धान्तानुसार प्रदीर्घ काळापासून सर्व सजीवांना प्रतिकूल परिस्थितीशी संघर्ष करावा लागतो. त्यांना त्यांच्या दैनंदिन गरजा अत्यंत प्रयत्नाने तीव्र स्पर्धा करूनच प्राप्त कराव्या लागतात. 'करा अथवा मरा'ची लढाई सदैव चालू असते. ज्यांच्या गरजा पूर्ण होतात, ते जगतात जे गरजा मिळवण्यात अयशस्वी होतात ते मरतात. सारांश, जीवन कलहाचा निकाल अनेकांचे मृत्यू हाच असतो.

अस्तित्वासाठी संघर्ष कोणत्याही प्रकारचा असो, त्यात मोठ्या संख्येने मृत्यू होतात, म्हणून सजीवांत पुनरुत्पादनाची अत्युच्च क्षमता असूनदेखील त्यांची संख्या मर्यादित असते. या स्पर्धेत कोणाच्या गरजा पूर्ण होतात आणि त्या कशा होतात, हे समजून घेण्यासाठी आपण शरीररचनेतील बदल हा मुद्दा अगोदर समजून घेऊन पुढे जाऊ.

३) शरीररचनेतील बदल विभेदन (व्हेरिएशन्स) :

एकाच जातीचे सर्व प्राणी सगळ्याच बाबतीत सारखे नसतात, त्यांच्या दिसण्यात, आकारात, रंगात बदल असतो यालाच शरीररचनेतील बदल किंवा विभेदन (व्हेरिएशन्स) असे म्हणतात. दोन सख्खे भाऊदेखील हुबेहूब सारखे नसतात. त्यांच्या उंचीत, रंगात, चेहऱ्यात फरक असतो. व्यक्ती-व्यक्तीत फरक असणे हा निसर्गाचा नियम आहे. म्हणून सजीवांतील असमानता निसर्गाला मान्य आहे. जगात शोधून दोन व्यक्ती सगळ्याच बाबतीत सारख्या आढळून येत नाहीत, याला अपवाद आहे फक्त जुळ्या भावांचा (मोनोझायगॉटिक ट्विन्स). एकाच झाडाची सर्व पाने सारखी नसतात. ती लहान मोठी असतात. सजीवांच्या शरीररचनेत बदल का होतात? बदलत्या पर्यावरणात निर्माण होणाऱ्या गरजा प्राप्त करण्यासाठी; तसेच अन्न, पाणी, जागा व प्रजननासाठी भागीदार मिळवण्यासाठी चिरकाल चालणाऱ्या स्पर्धेमुळे सजीवाच्या शरीररचनेत बदल होतात. हे बदल दोन प्रकारचे असतात. (१) अनुकूल बदल (२) प्रतिकूल बदल.

अनुकूल बदल : जे बदल सजीवांना जीवन कलहात गरजा प्राप्त करण्यास मदत करतात व जगण्याची संधी उपलब्ध करून देतात, त्यांना उपयुक्त किंवा अनुकूल बदल (Useful variations) अनुकूलन असे म्हणतात. उदा : कुत्र्यांची शक्ती व आक्रमता त्यांना अन्न मिळवण्याच्या स्पर्धेत मदत करते. हरणांची चपळता त्यांना वाघ-सिंहांच्या तावडीतून निसटून जाण्यास मदत करते. मानवाची बुद्धिमत्ता प्रतिकूल परिस्थितीवर मात करण्यास साह्य करते इत्यादी.

प्रतिकूल बदल : जे बदल सजीवांना त्यांच्या गरजा प्राप्त करण्यास मदत करत नाहीत, उलट अडथळा निर्माण करतात त्यांना प्रतिकूल बदल म्हणतात, असे बदल सजीवांना मृत्यूच्या खाईत लोटतात.

उदा : जन्मतःच अपंग असणे, बौद्धिक व शारीरिक अकार्यक्षमता, असंवेदनशील ज्ञानेंद्रिय इत्यादी.

४) नैसर्गिक निवड (नॅचरल सिलेक्शन):

ज्या सजीवात पर्यावरणाशी जुळवून घेणारे अनुकूल बदल आहेत ते अन्न, पाणी व जागा मिळवण्यात यशस्वी होतात. ज्यांना अन्न, पाणी आणि जागा मिळाली ते जगतात, त्यांच्यात पुनरुत्पादन होते व ते शरीररचनेत त्यांच्या सारखेच अनुकूल बदल असणाऱ्या अपत्यांना जन्म देतात. ही अपत्येदेखील जीवन कलहात यशस्वी होतात, त्यांची संख्या वाढते यालाच डार्विनने 'नैसर्गिक निवड' (नॅचरल

सिलेक्शन) असे म्हटले आहे. हर्बट स्पेन्सर या ब्रिटिश तत्त्वज्ञाने निसर्गातील याच प्रक्रियेला 'पात्र तेच जगतात' (सरव्हाईवल ऑफ फिटेस्ट) असे प्रतिपादन केले आहे. नैसर्गिक निवडीच्या संबंधात 'बळी तो कान पिळी' असा अर्थ डार्विनला अभिप्रेत नाही. त्याचे म्हणणे असे आहे, की जे सजीव जास्त पिलावळांना जन्म देतात व ज्यांची पिलावळ मोठ्या संख्येने जगते, तेच नैसर्गिक निवडीस पात्र ठरतात; परंतु हर्बट स्पेन्सर (१८२०-१९०३) या ब्रिटिश तत्त्वज्ञाने याच मुद्याचा 'सशक्त तेच जगतात'(Survival of fittest) असा चुकीचा आशय लोकप्रिय केला. बऱ्याच वेळेस वाघासारखे सशक्त प्राणीदेखील नैसर्गिक निवडीस अपात्र ठरतात व सशासारखे दुर्बल प्राणी पात्र ठरतात. कारण ते अधिक पिलावळ जन्माला घालतात व त्यांची पिल्ले जगतात. वाघ-सिंहांसारखे बलाढ्य प्राणी मानवाकडून सतत पराभूत होतात. उत्क्रांतीच्या प्रक्रियेत ज्यांची संख्या वाढली ते प्राणी पात्र ठरतात व ज्यांची संख्या कमी झाली ते अपात्र ठरतात. उत्क्रांतीची तुलना आंधळ्या न्यायदेवतेशी होऊ शकते. जास्त संख्येने जगणारे सजीव प्रजनन करून अधिक अपत्यांना जन्म देतात व त्यांची संख्या वाढते. ते नैतिकदृष्ट्या चांगले आहेत, की वाईट याच्याशी उत्क्रांतीला काहीही देणे घेणे नाही.

ज्या सजीवात प्रतिकूल किंवा निरुपयोगी बदल झालेले आहेत ते अन्न, पाणी व जागा मिळवण्याच्या स्पर्धेत अपयशी ठरतात व अन्न-पाण्याअभावी मरतात. ते वयात येण्याच्या आत मेल्यामुळे त्यांच्यात पुनरुत्पादन होत नाही, म्हणून ते अपत्यांना जन्म देऊ शकत नाहीत. त्यांचे अस्तित्व संपते व ते लोप पावतात. अशा पद्धतीने अपात्र सजीवांची निसर्ग निवड करत नाही. (अनफिट आर टू डाय). त्यांची लोकसंख्येतून वजाबाकी होते. या पद्धतीने अनुकूल बदल असणाऱ्या सजीवांची सातत्याने नैसर्गिक निवड होते व ते अधिक अधिक सक्षम बनतात व त्यांच्यात पुनरुत्पादन होऊन त्यांची संख्या वाढते.

५) नवीन जातीची उत्पत्ती :

डार्विनच्या सिद्धान्तानुसार वरील प्रमाणे वर्णन केलेल्या चार तत्त्वांच्या एकत्रित परिणामाने एका जीवजातीपासून दुसऱ्या नवीन जीवजातीची उत्पत्ती होते. जसे सजीवातील अत्युच्च पुनरुत्पादन क्षमतेमुळे त्यांच्या संख्येत प्रचंड वाढ होते. संख्या वाढल्यामुळे त्यांना अन्न, पाणी, जागा मिळवण्यासाठी तीव्र स्पर्धा करावी लागते. ज्यांच्याकडे अनुकूल बदल आहेत ते अन्न-पाणी मिळवण्यात यशस्वी होतात व जगतात त्यालाच नैसर्गिक निवड म्हणतात. ज्यांच्यात प्रतिकूल बदल

झाले ते मरतात. ज्यांची नैसर्गिक निवड झाली ते जगतात व त्यांच्यात पुनरुत्पादन होऊन अनुकूल बदल असणारी पिढी जन्मते. येणाऱ्या प्रत्येक पिढीत अधिक सक्षम व पात्र अपत्यांची नैसर्गिक निवड होते. अशा प्रकारे प्रत्येक पिढीत अनुकूल गुणधर्मांचा अधिक विकास होतो. अशा असंख्य पिढ्यांनंतरचे वंशज अनेक उपयुक्त गुणधर्मांच्या संग्रहामुळे पूर्वजांपेक्षा भिन्न दिसतात व कालांतराने त्यांचे नवीन जीवजातीत रूपांतर होते. सारांश, डार्विनच्या म्हणण्यानुसार क्रमाने येणाऱ्या प्रत्येक पिढीत हळूहळू अनुकूल गुणधर्मांचा विकास होतो व अनेक पिढ्यांनंतरचे वंशज वेगळ्या नवीन जीव जातीत रूपांतरित होतात. याप्रमाणे सजीवांच्या एका जातीपासून कालांतराने दुसऱ्या जातींची उत्पत्ती होते.

जीवजात : समान गुणधर्म असणाऱ्या सजीवांचा गट ज्या गटातील कोणत्याही नराचा समागम कोणत्याही मादीशी होऊ शकतो व यातून सुदृढ प्रजोत्पत्ती होऊ शकते, अशा सजीवांच्या गटाला 'जीवजात' म्हणतात. उदा : ससा, मानव, हरिण, वाघ इत्यादी. वाघ हा एक जीवजात आहे. या जातीचा कोणताही नर कोणत्याही मादीशी समागम करू शकतो व त्यातून प्रजोत्पादक संतती जन्मते. सारांश, एकाच जातीच्या कोणत्याही नर-मादीत प्रजोत्पादन होऊन प्रजननक्षम संतती जन्माला येऊ शकते.

दोन भिन्न जातीतील नर व मादीत प्रजनन होत नाही. जर त्यांच्यात समागम झालेच, तर गर्भधारणा होत नाही. गर्भधारणा झालीच तर गर्भपात होतो किंवा वांझ अपत्य जन्मते. उदा : गाढव आणि घोडा यांच्यातील नर-मादीत प्रजनन होत नाही. जर झालेच, तर खेचर हा वांझ प्राणी जन्मतो.

स्पष्टीकरण :

या सिद्धान्ताचे स्पष्टीकरण जिराफाचे उदाहरण देऊन खालीलप्रमाणे केले. जिराफाचे पूर्वज हरिणासारखे गवत खाऊन जगणारे प्राणी होते. त्यांची मान व समोरचे पाय हरिणासारखे आखूड होते. दुष्काळ पडल्यामुळे त्यांना चरण्यासाठी गवत उगवले नाही. अन्न मिळवण्यासाठी त्यांनी झाडांची पाने खाण्यास सुरुवात केली; परंतु प्रत्येकाच्या शरीररचनेत बदल असल्यामुळे प्रत्येकाच्या मानेची लांबी वेगळी होती. काहींची मान आखूड, तर काहींची थोडी लांब होती. झाडांना असलेली खालची पाने सर्वांना खाता आली; परंतु खालची पाने खाऊन संपल्यानंतर आखूड मानेच्या जिराफांना झाडांची उंच असलेली पाने पोहोचली नाहीत, त्यांची उपासमार झाली व ते मेले. ज्यांची मान लांब होती त्यांनी उंच असलेली पाने खाल्ली. ते जगले. जे जगले त्यांच्यात प्रजनन होऊन हा लांब मानेचा अनुकूल गुणधर्म पुढच्या

पिढीकडे हस्तांतरित झाला. सर्व अपत्ये एकसारखी नसतात या आनुवंशिकतेच्या तत्त्वानुसार परत पुढच्या पिढीतील काही अपत्यांची मान अधिक लांब व काहींची कमी लांब झाली. अधिक लांब मान असलेल्या जिराफांनी झाडांची उंच पाने खाल्ली व ते जगले. हा लांब मानेचा गुणधर्म परत पुढच्या पिढीकडे आनुवंशिकतेने संक्रमित झाला. अशा प्रकारे क्रमाक्रमाने प्रत्येक पिढीत अधिक मान लांब असलेल्या जिराफांची नैसर्गिक निवड झाली व अनेक पिढ्यानंतर आधुनिक जिराफांची उत्पत्ती झाली, त्यांची मान २२ फूट लांब व समोरचे पायदेखील अधिक लांब झाले. या पद्धतीने शरीररचनेतील अनुकूल बदल व नैसर्गिक निवड या प्रक्रियेने हरिणासारख्या प्राण्यापासून जिराफाची उत्पत्ती झाली.

अशा प्रकारे डार्विनने उदाहरणासह स्पष्टीकरण देऊन एका जीवजातीपासून दुसऱ्या जीवजातीची उत्पत्ती कशी होते ते समजून सांगितले. तरी पण सजीवात अनुकूल बदल कसे होतात व शरीररचनेत झालेले बदल पुढच्या पिढीत कसे जातात याचे उत्तर त्याला देता आले नाही. या प्रश्नाचे उत्तर समजून घेण्यासाठी आपल्याला मेंडेलचे आनुवंशिकताशास्त्र समजून घेणे आवश्यक आहे.

प्रकरण तिसरे

आनुवंशशास्त्र

डार्विनच्या सिद्धान्तानंतर उत्क्रांतीचा अभ्यास करणाऱ्या जीवशास्त्रज्ञांच्या मनातील गोंधळ कमी झाला. अनेक शास्त्रज्ञांनी या सिद्धान्ताचे समर्थन केले. तरीही काही शास्त्रज्ञांनी यावर आक्षेप घेतले. सजीवांच्या शरीररचनेत बदल कसे होतात व त्यांच्यात विविधता कशी येते? सजीवांना प्राप्त झालेले अनुकूल बदल पुढच्या पिढीत कसे जातात? या दोन्ही प्रश्नांचे उत्तर डार्विनला देता आले नाही. कारण त्या वेळी आनुवंशिकता शास्त्राचा शोध लागलेला नव्हता. डार्विनने इसवी सन १८५९मध्ये सिद्धान्त मांडला, त्या वेळी ऑस्ट्रियात (झेकोस्लॉव्हाकिया) ब्रून येथील मठाच्या बागेत एक धर्मगुरू आनुवंशिकता शास्त्रावर संशोधन करत होता. तो धर्मगुरू दुसरा-तिसरा कोणी नसून, पुढे एक महान शास्त्रज्ञ ठरलेला जोहान ग्रेगर मेंडेल होय. डार्विनच्या सिद्धान्तानंतर सात वर्षांनी म्हणजे इ.स. १८६६मध्ये मेंडलने आनुवंशिकता शास्त्रावर शोधनिबंध प्रकाशित केला. त्याने आनुवंशिकता शास्त्राचे (जेनेटिक्स) नियम शोधून काढले आणि एका नवीन विषयाला जन्म दिला. या संशोधनामुळे डार्विनच्या सिद्धान्तावर शास्त्रज्ञांनी जे आक्षेप घेतलेले होते, त्यांचे उत्तर मिळाले. त्यामुळे उत्क्रांतीच्या संशोधनात भर पडली. म्हणून मेंडलचे संशोधन आपण थोडक्यात समजून घेऊ.

जोहान ग्रेगर मेंडेल (१८२२-१८८४) :

जोहान मेंडेलचा जन्म २२ जुलै १८२२ रोजी ऑस्ट्रियातील (झेकोस्लाव्हाकिया) एका खेड्यात शेतकरी कुटुंबात झाला. त्याचे प्रथिमिक शिक्षण गावातील शाळेत झाले. मेंडेल अभ्यासात हुशार होता म्हणून त्याचे प्राथमिक शिक्षण झाल्यानंतर त्याच्या शिक्षकाने पुढील शिक्षणासाठी मेंडेलला शहरात पाठवण्याचा सल्ला दिला. मेंडेलच्या वडिलांची आर्थिक परिस्थिती बेताची असल्यामुळे पुढील शिक्षणाचा खर्च त्यांना झेपत नव्हता. म्हणून जोहान मेंडेल ब्रुनो येथील मठात भिक्षुक म्हणून रुजू झाला. तिथे त्याला ग्रेगर ही उपाधी मिळाली अणि तो जोहान ग्रेगर मेंडेल झाला. पुढे त्याने मठाच्या खर्चाने व्हिएन्ना विद्यापीठात गणित, भौतिकशास्त्र व वनस्पतीशास्त्रात १८५३ मध्ये शिक्षण पूर्ण केले. तो मठाचे काम सांभाळून जवळच्याच एका माध्यमिक शाळेत शिक्षक म्हणून रुजू झाला.

मेंडेलला वनस्पतीच्या अभ्यासात विशेष आवड होती. त्याला हा वारसा त्याच्या वडिलांकडून मिळालेला होता. कारण त्याचे वडील फळबागेत काम करीत होते. आनुवंशिक गुणधर्म एका पिढीतून दुसऱ्या पिढीत कसे जातात याचा अभ्यास करण्यासाठी त्याने मठाच्या बागेत इसवीसन १८५६ ते १८६३ या आठ वर्षांच्या काळात वाटाण्याच्या रोपट्यावर संकरणाचे अनेक प्रयोग केले. प्रयोगासाठी त्याने वाटाण्याचे रोपटे निवडले. कारण वाटाण्यात अनेक परस्पर विरुद्ध गुण आढळून येतात. त्यांचा जीवनक्रम कमी कालावधीत पूर्ण होतो, म्हणून कमी वेळात अनेक पिढ्यांतील हजारो रोपट्यांचा अभ्यास करता येणे शक्य होते. वाटाण्यात नैसर्गिकपणे स्वयंफलन होते. एकाच फुलातील परागकण त्याच फुलातील स्त्रीकेसरावर पडून फलधारणा होते. या प्रक्रियेला स्वयंफलन (सेल्फ फर्टिलायझेशन) म्हणतात; तसेच या

जोहान ग्रेगर मेंडेल

रोपट्यातील फुलांच्या रचनेमुळे संकरण करणेसुद्धा सहज शक्य आहे.

तेव्हा मेंडलने वाटाण्याच्या झाडातील परस्पर विरुद्ध असणाऱ्या सात गुणांचा अभ्यास केला. उदा : उंच-ठेंगणी झाडे, हिरवे-पिवळे वाटाणे, पांढरी-जांभळी फुले, बियांचा गुळगुळीत-खडबडीत पृष्ठभाग इत्यादी. वाटाण्याचे शुद्ध उंच आणि शुद्ध ठेंगणे झाड निवडून त्याने केलेला प्रयोग आपण समजून घेऊ.

ज्या रोपापासून सतत तीन पिढ्या एकाच प्रकारची रोपे तयार होतात त्या रोपाल शुद्ध रोप असे म्हणतात. वाटाण्यात नैसर्गिकपणे स्वयंफलन होत असते. मेंडेलने कृत्रिमपणे पितृ रोपट्याच्या फुलातील परागकण मातृरोपट्याच्या फुलातील स्त्रीकेसरच्या कुक्षीवर टाकून संकरण घडवून आणले.

पुंकेसर - परागकोश - परागकण	स्त्रीकेसर - कुक्ष (स्टिग्मा)
दांडी (फिलामेंट)	कुक्षीवृंत (स्टाईल)
	अंडाशय (ओव्हरी)

जेव्हा त्याच फुलातील परागकण त्याच फुलातील स्त्रीकेसरच्या कुक्षीवर पडतात, तेव्हा त्याला स्वयंफलन म्हणतात. (सेल्फ पोलिनेशन अँड फर्टिलायझेशन)

प्रयोग :

मेंडलने वाटाण्याच्या शुद्ध उंच व ठेंगण्या झाडात कृत्रिमपणे संकरण घडवून आणले. पाहिल्या पिढीतील (एफ१) सर्व झाडे उंच निपजली. त्याला आश्चर्य वाटले, की मातृ व पितृ या दोन झाडापैकी एक झाड ठेंगणे असताना पहिल्या पिढीची सर्व झाडे उंच कशी निपजली? एका झाडातील ठेंगणेपणाचा गुण कुठे लुप्त झाला? काही झाडे उंच व काही झाडे ठेंगणे निपजतील असे त्याचे अनुमान होते. त्यानंतर त्याने पहिल्या पिढीत निपजलेल्या उंच (संकरित) झाडात नैसर्गिकरीत्या स्वयंफलन होऊ दिले व दुसऱ्या पिढीतील (एफ२) झाडांचे निरीक्षण केले, तेव्हा ७५% झाडे उंच व २५% झाडे ठेंगणी निपजली. यावरून त्याने निष्कर्ष काढला, की पहिल्या पिढीत ठेंगणेपणाचा गुण लुप्त झालेला नव्हता तर तो अप्रकट होता; म्हणून दुसऱ्या पिढीतील २५% झाडे ठेंगणे निपजली.

प्रयोगाचे स्पष्टीकरण :

पितृ रोपट्यांच्या परागकणात व मातृ रोपट्याच्या स्त्रीकेसरामधील बीजात उंची दशवणारे घनकण असावेत. हे दोन घनकण मिळून पुढील संततीत उंचीवर नियंत्रण ठेवतात, असे त्याने अनुमान काढले.

समजा वाटाण्यातील अधिक उंची दर्शविणारे घनकण 'T' व ठेंगणा गुण दर्शविणारे घनकण 't' ने संबोधले, तर शुद्ध उंच झाडातील दोन्ही घनकण 'TT' व ठेंगण्या झाडातील दोन्ही घनकण 'tt' असे आहेत.

मेंडेलने सुचवलेले आनुवंशिक तत्त्वाचे वाहक असलेल्या घनकणांना पुढील संशोधनानंतर जीन (Gene) असे नामकरण केले. म्हणून आपण मेंडेलच्या घनकणांना जीन असे म्हणू.

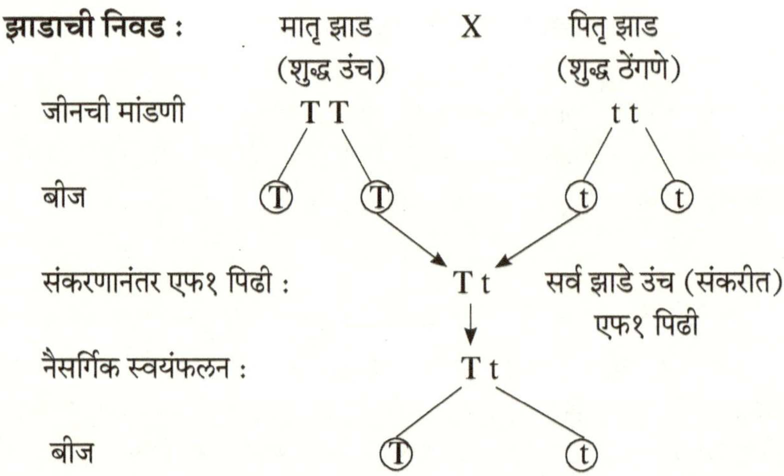

स्वयंफलनानंतर F_2 पिढी

नर बीज → / स्त्री बीज ↓	T	t
T	TT उंच	Tt उंच
t	Tt उंच	tt ठेंगणे

तक्ता

प्रमाण : ३ झाडे उंच

१ झाड ठेंगणे

मेंडेलच्या प्रयोगाचे स्पष्टीकरण

शुद्ध उंच रोपाचे बीज तयार होत असताना 'TT' हे दोन्ही कण वेगळे होतात व वेगवेगळ्या बीजात जातात. म्हणून सर्व मातृबीज 'T' धारण करणारे असतात. ठेंगण्या रोपाचे सर्व पितृबीज 't' धारण करणारे असतात. मातृबीज 'T' व पितृबीज 't'च्या मिलनाने एफ१ पिढीतील सर्व रोपात 'Tt' कण एकत्रित येतात व सर्व रोपे उंच निपजतात. कारण 'T' घटक प्रभावी आहे, म्हणून प्रकट होते; पण सर्व रोपटी संकरित असतात. एफ१ झाडातील स्वयंफलनात मातृ व पितृ-बीज समान प्रमाणात तयार होतात, मातृबीज ५०% 'T' सह व ५०% 't' सह तसेच पितृबीज ५०% 'T' सह व ५०% 't'सह. प्रत्येक पितृबीजास मातृबीज 'T' व 't' शी मिलनास समान संधी आहे. जे वरील तक्त्यात दाखविलेले आहे. म्हणून स्वयंफलनानंतर TT, Tt, Tt, tt हे घटक धारण करणारी F_2 पिढी निपजते.

TT - १ रोपटे शुद्ध उंच

Tt - २ रोपटे संकरित उंच

tt - १ रोपटे शुद्ध ठेंगणे

अशा प्रकारे वाटाण्याच्या झाडातील इतर सात परस्पर विरुद्ध गुण असलेल्या रोपांवर संकरणाचे त्याने अनेक प्रयोग केले. प्रत्येक वेळी त्याला वरीलप्रमाणे निकाल हाती आले. एका वेळी एका गुणाचा अभ्यास केल्यानंतर त्याने पुढील प्रयोगात एका वेळी दोन गुणांचा अभ्यास केला. सतत आठ वर्षे प्रयोग केल्यानंतर त्याने अनेक पिढ्यातील हजारो रोपांच्या तपशीलवार बारीकसारीक नोंदी करून सखोल अभ्यास केला व आनुवंशिकता शास्त्रातील खालील नियम शोधून काढले.

नियम - १ : लॉ ऑफ डॉमिनन्स - प्रभावी गुणाचा नियम :

परस्पर विरुद्ध गुण असणाऱ्या दोन सजीवांत जेव्हा संकरण होते, तेव्हा अपत्यात जो गुण प्रकट होतो त्याला प्रभावी गुण (डॉमिनंट ट्रेट) म्हणतात व जो गुण अप्रकट असतो त्याला सुप्त गुण (रीसेसिव्ह ट्रेट) म्हणतात.

प्रत्येक गुणाचे नियंत्रण जीनची एक जोडी करते व हे जीन जेव्हा परस्पर विरुद्ध असतात, तेव्हा यापैकी एक जीन प्रकट होते, त्याला प्रभावी (डॉमिनंट) जीन (जीन) म्हणतात व दुसऱ्या अप्रकट जीनला सुप्त जीन (रीसेसिव्ह जीन) म्हणतात. यापैकी एक जीन आईकडून व दुसरे जीन वडिलांकडून अपत्याला प्राप्त होते.

उदा : १) वाटाण्यात अधिक उंची दर्शविणारे जीन T प्रभावी (डॉमिनंट) आहे व ठेंगणेपण दर्शविणारा t जीन अप्रकट (रीसेसिव्ह) आहे. म्हणून उंच आणि ठेंगण्या रोपातील संकरणानंतर पहिल्या पिढीतील (एफ१) रोपात Tt हे जीन एकत्रित येतात म्हणून सर्व रोपे उंच निपजतात.

मेंडेलने जीनला 'घनकण' असे संबोधले होते. कारण त्या वेळेस जीनचा शोध लागलेला नव्हता. मानवात कुरुळे केस प्रकट करणारा जीन प्रभावी (डॉमिनंट) आहे, तर सरळ केस दर्शवणारे जीन अप्रकट (रीसेसिव्ह) आहे. म्हणून आई किंवा वडील यापैकी एकाचे केस कुरुळे असतील, तर बाळाचे केस कुरुळे होतात. मेंडेलने वाटाण्यात शोधलेला हा नियम मानवाच्या आनुवंशिकतेस जसाच्या तसा लागू होतो. या नियमाचा उपयोग मानवातील दोषी जीन झाकून टाकण्यासाठी होतो. आपल्यातील काही प्राणघातक आनुवंशिक आजार उदा : मधुमेह, हिमोफिलिया, मूर्खपणा (इडियोसी) हे अप्रकट (रीसेसिव्ह) जीनमुळे होतात. या दोषी जीन्सना त्यांच्या जोडीतील प्रभावी जीनमुळे (डॉमिनंट) झाकून वरील आनुवंशिक आजारापासून मुक्ती मिळवता येते. असे आनुवंशिक आजार औषधोपचाराने बरे होत नाहीत, म्हणून मेंडेलच्या या नियमाचे मानवाच्या आनुवंशिक आजारावर मात करण्यासाठी फार मोठे महत्त्व आहे.

नियम - २ : लॉ ऑफ सेग्रीगेशन - गुणांच्या विभक्ततेचा नियम :

सजीवात परस्पर विरुद्ध गुण असणाऱ्या जीनची जोडी जीवनभर न मिसळता एकत्रित राहते; परंतु बीजकोषात बीज (गॅमेट) तयार होतांना हे जीन एकमेकांपासून वेगळे होतात व प्रत्येक बीजात दोन्हीपैकी एकच जीन जाते. म्हणून प्रत्येक बीज त्या-त्या आनुवंशिक गुणासाठी शुद्ध असते.

उदाहरणार्थ :

वाटाण्यातील पहिल्या एफ१ पिढीतील संकरीत उंच रोपात Tt हे दोन्ही परस्पर विरुद्ध जीन जीवनभर एकत्रित असतात; परंतु बीज (गॅमेट) तयार होताना T व t हे वेगळे होतात व एका बीजात (T) व दुसऱ्या बीजात (t) जाते म्हणून आनुवंशिक गुणासाठी प्रत्येक बीज शुद्ध असते.

नियम - ३ : लॉ ऑफ इंडिपेंडेंट असॉर्टमेंट - स्वतंत्र स्वत्व वारंवारितेचा नियम :

दोन किंवा अधिक परस्पर विरुद्ध गुण दर्शवणाऱ्या जीनच्या जोड्या असलेल्या दोन सजीवात जेव्हा संकरण (क्रॉस) होते, तेव्हा प्रत्येक जोडीतील जीन पुढच्या

पिढीत स्वतंत्रपणे जाते. जोडीतील सोबतचा जीन कोणता आहे, यावर त्याचे पुढच्या पिढीत जाणे अवलंबून नसते. मेंडेलने वाटाण्याच्या बियांचा रंग व आकार परस्पर विरुद्ध असणाऱ्या दोन गुणांचा एकाच वेळी अभ्यास केला. पिवळे गुळगुळीत पृष्टभाग आणि हिरवे खडबडीत पृष्ठभाग असणाऱ्या वाटाण्याच्या दोन प्रकारच्य रोपात संकरण केले असता एफ-२ पिढीत चार प्रकारचे वाटाणे असणारे रोप तयार झाले. (१) पिवळे गुळगुळीत पृष्ठभाग असणारे (२) पिवळे खडबडीत पृष्ठभाग असणारे, (३) हिरवे गुळगुळीत पृष्ठभाग असणारे, (४) हिरवे खडबडीत पृष्ठभाग असणारे. यात पिवळे खडबडीत व हिरवे गुळगुळीत वाटाणे असणारी दोन नवीन प्रकारची रोपे तयार झाली. यावरून स्पष्ट होते की, प्रत्येक गुण स्वतंत्रपणे एका पिढीतून दुसऱ्या पिढीत जातो. वाटाण्याचा रंग पिवळा किंवा हिरवा व पृष्ठभाग गुळगुळीत किंवा खडबडीत यापैकी कोणताही गुण दर्शविणारे जीन स्वतंत्रपणे एका पिढीतून दुसऱ्या पिढीत जातात, त्यांचे जाणे जोडीतील जीन कोणते आहे यावर अवलंबून नसते.

आनुवंशिकता शास्त्रातील मेंडलने काढलेले निष्कर्ष परत आपण संक्षिप्तपणे समजून घेऊ.

- प्रत्येक सजीवात अनेक प्रकारचे आनुवंशिक गुण असतात. उदा : उंची, रंग, रूप, आकार इत्यादी.
- प्रत्येक आनुवंशिक गुणाचे नियंत्रण जीन्स करतात. जीनची एक जोडी एका आनुवंशिक गुणावर नियंत्रण करते. जोडीतील एक जीन आईकडून व दुसरे जीन वडिलांकडून बाळाला प्राप्त होते. जोडीतील या जीन्सना एकमेकांचे ॲलील म्हणतात.
- आई-वडिलांकडून बीजाद्वारे सर्व जीन्स एका पिढीकडून दुसऱ्या पिढीकडे जातात.
- शुक्राणू (नरबीज- स्पर्म) व बीजांडे (मादीबीज - एग) यांचा संयोग होऊन गर्भ तयार होतो. बीज तयार होत असताना व बीजांचा संयोग होत असताना अनेक जीन्सची एकमेकांत सरमिसळ होते आणि संततीत विविधता निर्माण होते म्हणून जन्मणाऱ्या प्रत्येक बाळाच्या शरीररचनेत बदल होतात व बाळ आईवडिलांपेक्षा वेगळे जन्मते. म्हणून व्यक्तीव्यक्तीत विविधता निर्माण होते. प्रत्येक भाऊ किंवा बहीण वेगळे गुण घेऊन जन्मतात.

डार्विनच्या सिद्धान्तावर काही शास्त्रज्ञांनी जे आक्षेप घेतले होते, त्याचे उत्तर मेंडेलने काढलेल्या निष्कर्षामुळे मिळाले. इसवी सन १८६६मध्ये मेंडेलने त्याचा

शोधनिबंध प्रकाशित केला; परंतु दुर्दैवाने त्या वेळच्या जीवशास्त्रज्ञांनी त्याच्या संशोधनाकडे दुर्लक्ष केले. कारण त्या वेळी १८५९मध्ये प्रकाशित झालेल्या डार्विनच्या उत्क्रांतीवादावरील क्रांतीकारी सिद्धान्ताकडे सर्वांचे लक्ष लागलेले होते. त्यावर वादविवाद होत होते. दुर्दैवाने डार्विननेदेखील मेंडेलचा शोध निबंध वाचला नाही. या संशोधनाकडे शास्त्रज्ञांनी दुर्लक्ष केल्यामुळे मेंडेलला वाईट वाटले. तो नाराज झाला. त्याच वर्षी मेंडेलची मठावर महंत म्हणून नेमणूक झाली. त्याने संशोधन बंद केले व पूर्ण वेळ मठाच्या कार्यास स्वत:ला वाहून घेतले.

सन १८८४मध्ये मेंडेलचा मृत्यू झाला. धर्मगुरू म्हणून त्याला मान सन्मान मिळाला; परंतु शास्त्रज्ञ म्हणून मान्यता मिळाली नाही. इ. स. १९००मध्ये ह्यूगो डी व्हरायस (होलंड), कार्ल कॉरेन्स (जर्मनी) व शेरमॅक (झेकोस्लॉव्हाकिया) या तीन शास्त्रज्ञांनी स्वतंत्रपणे आनुवंशिकता शास्त्रावर संशोधन केले आणि मेंडेलने काढलेले निष्कर्ष त्यांना मिळाले. वरील तिन्ही महान शास्त्रज्ञांनी या संशोधनाचे सर्व श्रेय मेंडेलला दिले. मेंडेलच्या संशोधनाला जगभरातील सर्व शास्त्रज्ञांनी मान्यता दिली व त्याला 'अनुवंशशास्त्राचा जनक' ही उपाधी त्याच्या मृत्यूनंतर बहाल केली.

नंतरच्या संशोधनात मेंडेलने शोधलेले नियम अनेक वनस्पतीत व प्राण्यांत जसेच्या तसे लागू होतात हे सिद्ध झाले. १९०२मध्ये सर अर्चिबाल्ड गॅरॉड या इंग्लिश डॉक्टरने मानवातील काही आनुवंशिक आजारांच्या अभ्यासानंतर सांगितले, की मेंडेलचे आनुवंशिक नियम मानवाच्या वंशावळीस लागू होतात; तसेच मेंडेलच्या संशोधनाची व्याप्ती मोठी आहे व हे नियम सर्व सजीवांना लागू होतात, हे संशोधकांच्या लक्षात आले. यावरून सर्व सजीवांच्या आनुवंशिकतेत समानता आहे हे सिद्ध झाले. म्हणून 'मानव एपसारख्या प्राण्यापासून उत्क्रांत झाला' या डार्विनच्या विचाराला पुष्टी मिळाली. आनुवंशिकता शास्त्र व उत्क्रांतीच्या पुढील संशोधनानंतर डार्विनचा सिद्धान्त बरोबर आहे हे सिद्ध होते.

आनुवंशिकतेची सांकेतिक लिपी :

इ. स. १९२८ ते १९५२ पर्यंत शास्त्रज्ञांनी केलेल्या अनेक प्रयोगानंतर डीएनए सजीवातील आनुवंशिक द्रव्य आहे हे सिद्ध झाले. डीएनए म्हणजे डिऑक्सिरायबोझ न्यूक्लिक ॲसिड. सजीवाच्या आनुवंशिक गुणांची माहिती सांकेतिक भाषेत डीएनएत साठलेली असते. सजीवातील प्रत्येक पेशीच्या केंद्रात गुणसूत्रे असतात. प्रत्येक गुणसूत्रे डीएनए व हिस्टोन प्रोटिनने बनलेल्या

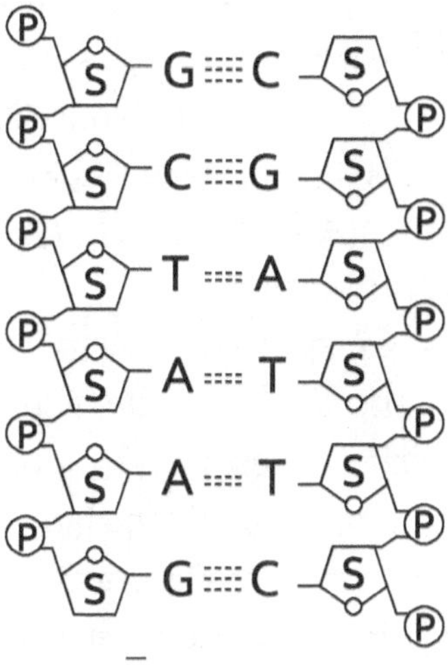

Ⓟ फॉस्फेट

Ⓢ – शर्करा

AGCT – न्यूक्लिओटाइड्स
डी.एन.ए.ची रेण्वीय रचना

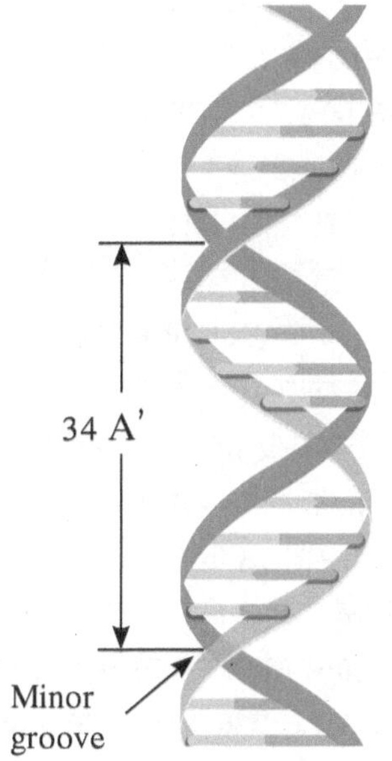

डी.एन.ए.ची रचना नागमोडी आकाराच्या चक्राकार शिडीसारखी असते.

असते. डीएनए हा आश्चर्यकारक, गुंतागुंतीचा जीवरासायनिक महारेणू आहे, तो रासायनिकदृष्ट्या स्थिर आहे व अचूकपणे सजीवात आनुवंशिक गुणांचे प्रदर्शन करतो. डीएनए डिऑक्सिरायबोझ शर्करा, फॉस्फेटचे रेणू व नायट्रोजन युक्त घटक या तीन प्रकारच्या रासायनिक रेणूंनी बनलेला असतो. वरील तीन घटकांतील एक एक रेणू एकमेकांना जोडून एक न्यूक्लिओटाइड तयार होते.

नायट्रोजनयुक्त घटक चार प्रकारचे असतात. १) ॲडिनाइन २) गॉनाइन ३) सायटोसिन ४) थायमिन म्हणून न्यूक्लिओटाइड देखील चार प्रकारचे असतात. १) ॲडिनाइन (ए) (२) गॉनाइन (जी) (३) सायटोसिन (सी) (४) थायमिन (टी)

जेम्स वॅटसन (अमेरिकन) व फ्रान्सिस क्रिक (ब्रिटिश) या दोन रेणू शास्त्रज्ञांनी १९५३मध्ये डीएनएची रासायनिक रचना एका नमुनेदार प्रतिकृतीने मांडली. या संशोधनाबद्दल त्यांना १९६२मध्ये नोबेल पारितोषिक मिळाले.

डीएनए दोन दोरखंडानी बनलेला असतो व त्याची रचना नागमोडी

आकाराच्या चक्राकार शिडीसारखी असते. शिडीचा प्रत्येक दोरखंडाचा कणा डिऑक्सिरायबोझ शर्करा व फॉस्फेटचा रेणू यांच्या एक आड एक मांडणीने तयार होतो, तर शिडीच्या पायऱ्या नायट्रोजनयुक्त घटकांनी बनलेल्या असतात. यातील ॲडिनाइन = थायमिन बरोबर (ए = टी) व गॉनाइन = सायटोसिन बरोबर (जी = सी) जोड्या तयार करून शिडीच्या पायऱ्या बनतात. ए व टी मध्ये दोन बाँड (A=T) असतात आणि जी व सी मध्ये तीन बाँड (G=C) असतात.

अनेक न्यूक्लिओटाइड एकमेकांना एका ओळीने जोडल्या जाऊन लांबच लांब डीएनएचा एक दोरखंड तयार होतो. पूरक दोन दोरखंड एकमेकाभोवती वळसे घेऊन डीएनएचा एक महारेणू तयार होतो. एका दोर खंडातील नायट्रोजन घटकांच्या तीनतीनच्या क्रमवार मांडणीने आनुवंशिकतेची सांकेतिक भाषा बनलेली असते. उदाहरणार्थः एएटी, जीसीटी, एजीसी, टीजीए इत्यादी. हे तीन अक्षर मिळून एक शब्द बनतो व तो प्रथिने निर्मितीत एका प्रथिने आम्लाचा क्रम ठरवतो डीएनएतील नायट्रोजन घटकाचा क्रम बदलला, की वेगळे प्रथिने तयार होतात व आनुवंशिक गुणात बदल होतो.

जीन : डीएनएचा एक खंड (विभाग) म्हणजे एक जीन आहे व तो एका आनुवंशिक गुणाचे प्रदर्शन करतो. डीएनए महारेणू स्वत:सारखेच दोन डीएनएचे महारेणू तयार करतो. त्याच्या या गुणधर्मामुळेच सजीवांना पुनरुत्पादन, वाढ व विकास या क्षमता प्राप्त होतात.

प्रथिने निर्मिती व आनुवंशिक गुणांचे प्रदर्शन :

सर्व सजीवांचे शरीर प्रथिनांनी बनलेले असते. प्रथिने सजीवांची वाढ, विकास व आनुवंशिक गुण व्यक्त करण्यात भाग घेतात. आपल्या शरीरातील सर्व प्रकारची विकरे (एनझाइम्स) व उत्प्रेरके (हारमोन्स) प्रथिनांची बनलेली असतात. ती शरीरातील सर्व चयापचयाच्या प्रक्रियावर नियंत्रण ठेवतात. सजीवांच्या प्रत्येक पेशीत डीएनएच्या नियंत्रणात अनेक प्रथिने आम्लांच्या क्रमवार एकीकरणाने प्रथिने तयार होतात. आपल्या पेशीद्रव्यात २० प्रकारचे प्रथिने आम्ले असतात; परंतु एक लाख प्रकारचे प्रथिने तयार होतात. डीएनएच्या सूचनेप्रमाणे आरएनए प्रथिने आम्लांची एकानंतर एक क्रमवार जोडणी करून प्रथिने तयार करतात. एका प्रथिनात १०० ते १००० प्रथिने आम्लांची क्रमवार साखळी असते. यातील कोणत्याही एका प्रथिने-आम्लांचा क्रम बदलला, तरी वेगळी प्रथिने तयार होते आणि आनुवंशिक गुण बदलतो. जसे इंग्रजीत ए - झेड ही २६ मुळाक्षरे आहेत; पण यांच्या क्रमवार

मांडणीने हजारो शब्द तयार होतात. त्यात संपूर्ण इंग्रजी साहित्य सामावलेले आहे. शब्दांतील अक्षरांचा क्रम बदलला, की शब्द बदलतो व अर्थही बदलतो.

उदा. : Latent - Talent
Lamp - Palm
Dial - Laid
Eat - Tea

शब्दातील मुळाक्षरे तीच; पण त्यांचा क्रम बदलला, की शब्द बदलतो व अर्थही बदलतो. अगदी याचप्रमाणे प्रथिनांच्या साखळीतील प्रथिने-आम्लाचा क्रम बदलला, की वेगळी प्रथिने तयार होतात व आनुवंशिक गुणात बदल होतो. यामुळेच सजीवात विविधता निर्माण होते व प्रत्येक सजीव इतरांपेक्षा वेगळा असतो.

उदा. : गोरिला आणि मानव यांच्या हिमोग्लोबिनमध्ये ९९% प्रथिने आम्लांचा क्रम सारखाच आहे. फक्त १% प्रथिने आम्लांचा क्रम वेगळा आहे. म्हणजेच शंभरातील एक प्रथिने आम्लाचा क्रम बदलला, तरी मानवाच्या हिमोग्लोबिनऐवजी गोरिलाचे हिमोग्लोबिन तयार होते व आनुवंशिकता बदलते.

अशा प्रकारे प्रथिने निर्मितीच्या माध्यमातून डीएनए सजीवातील आनुवंशिक गुणांचे प्रदर्शन करतो; सजीवातील साम्य व विविधतेस डीएनए जबाबदार असतो. डीएनएमुळे समूहातील प्रत्येक सजीवात विविधता निर्माण होते. या विविधतेमुळे नैसर्गिक निवडीला संधी मिळते व एका जीवजातीपासून दुसऱ्या जीवजातीची उत्पत्ती होते.

सर्व सजीवांत डीएनएतील रासायनिक घटक, त्यांची रचना व आकारमान सारखेच असते. मग तो डीएनए प्राण्याचा असो, की वनस्पतीचा, मानवाचा असो, की जिवाणू-विषाणूचा. जैवतंत्रज्ञानाच्या साह्याने आता एका सजीवाचे जीन दुसऱ्या सजीवांच्या पेशीतील डीएनएला जोडून आनुवंशिकतेत बदल करणे शक्य झाले आहे. विषाणूत डीएनए किंवा आरएनए आनुवंशिक द्रव्य असते. आरएनएचा रेणू अस्थिर असतो, म्हणून विषाणूत झपाट्याने बदल (व्हेरिएशन्स) होत असतात.

गुणसूत्रे : सजीवांच्या प्रत्येक पेशीच्या केंद्रात पेशी विभाजनाच्या वेळी दोऱ्यासारखे भाग दिसतात, त्यांना गुणसूत्रे म्हणतात. ते डीएनए व हिस्टोन प्रोटीन्सचे बनलेले असतात. गुणसूत्रे जनुकांचे वाहक म्हणून कार्य करतात, ते जनुकांच्या माध्यमातून आनुवंशिक गुणधर्म एका पिढीतून दुसऱ्या पिढीत वाहून नेण्याचे कार्य करतात. प्रत्येक गुणसूत्रात अनेक जनुकांची मांडणी क्रमाने असते. गुणसूत्राची तुलना फुलांच्या हाराशी केल्यास त्यातील प्रत्येक फुल म्हणजे एक जनुक आहे,

तर संपूर्ण हार म्हणजे एक गुणसूत्र होय. प्रत्येक गुणसूत्रात डीएनएचा लांबच लांब महारेणू हिस्टोन प्रोटीनभोवती रिळातील दोऱ्यासारखा गुंडाळलेला असतो म्हणूनच पेशीकेंद्राच्या हजारो पटीने लांब असलेल्या डीएनए सूक्ष्म असलेल्या पेशीकेंद्रात सामावला जातो. प्रत्येक गुणसूत्रात विशिष्ट गुणाचे नियंत्रण करणारे जनुक विशिष्ट स्थळी ठाण मांडून असतात. प्रत्येक प्रजातीत गुणसूत्रांचे विशिष्ट समसंख्या असते. उदा. मानव ४६, चिम्पांझी - ४८, घोडा - ६६, कुत्रा - ७८, उंदीर - ४२ इत्यादी.

मानवात ४६ गुणसूत्रे असतात, यापैकी बीजांड्याद्वारे (एग) २३ गुणसूत्रांचा एक संच त्याला आईकडून प्राप्त होतो व दुसरा २३ गुणसूत्रांचा संच शुक्राणूद्वारे (स्पर्म) वडिलांकडून प्राप्त होतो. आईच्या गर्भाशयात शुक्राणूचे बिजांड्याबरोबर संयोग होऊन युग्मक (झायगोट) तयार होते. ज्यात ४६ गुणसूत्रांचा द्वीसंच (डायप्लॉइड) संग्रह होतो व गर्भाचा विकास होतो. २८० दिवसांनंतर बाळाचा जन्म होतो, त्याला आई आणि वडील असे दोघांचेही अर्धे अर्धे आनुवंशिक गुण प्राप्त होतात. आई आणि वडिलांकडून आलेले दोन्ही संचातील एक एक सारखी दिसणारी गुणसूत्रे जोड्या करून गर्भपेशीत (युग्मक) स्थिरावतात. अशा २३ जोड्या तयार होतात. या २३ गुणसूत्रांच्या जोड्यांपैकी २२ जोड्या तयार होतात. या गुणसूत्रांच्या जोड्यांपैकी २२ गुणसूत्रांच्या जोड्या अपत्यात शारीरिक गुणधर्म (सोमॅटिक कॅरेक्टर) व्यक्त करतात व राहिलेली गुणसूत्रांची एक जोडी अपत्याचे लिंग (सेक्स) निर्देश करते. म्हणून या जोडीतील गुणसूत्रांना लिंगदर्शक गुणसूत्रे (सेक्स क्रोमोसोम्स) म्हणतात.

लिंगनिर्देश : मानवात ४६ गुणसूत्रांच्या २३ जोड्यांपैकी एक जोडी बाळाचे लिंगनिर्देश करते. म्हणजेच जन्मणारे बाळ मुलगा किंवा मुलगी ठरवते. या जोडीत दोन प्रकारची गुणसूत्रे असतात. (१) एक्स (X) गुणसूत्र (२) वाय (Y) गुणसूत्र (सेक्स क्रोमोसोम्स) आईच्या बीजकोषात एक्स एक्स (XX) गुणसूत्रांची जोडी असते तर वडिलांच्या बीजकोषात (XY) गुणसूत्रांची जोडी असते. आई एकाच प्रकारचे स्त्रीबीज (अंडी) तयार करते, प्रत्येक स्त्रीबीजात एकच 'एक्स' (X) गुणसूत्र असते. वडिलांच्या बीजकोषात मात्र दोन प्रकारचे शुक्राणू तयार होतात. ५०% शुक्राणूत 'एक्स' (X) गुणसूत्र असते व राहिलेल्या ५०% शुक्राणूत 'वाय' (Y) गुणसूत्र असते. कोणत्याही बीजांड्याबरोबर 'एक्स' गुणसूत्र असणाऱ्या शुक्राणूचा संयोग झाल्यास गर्भात एक्सएक्स (XX) गुणसूत्रांची जोडी येते व मुलीचा जन्म होतो. जर स्त्रीबीजाबरोबर 'वाय' (Y) गुणसूत्र असणाऱ्या शुक्राणूचा संयोग झाल्यास गर्भात 'एक्सवाय' (XY) गुणसूत्रांचा संयोग होतो व मुलगा

मानवातील लिंगनिर्देश तक्ता

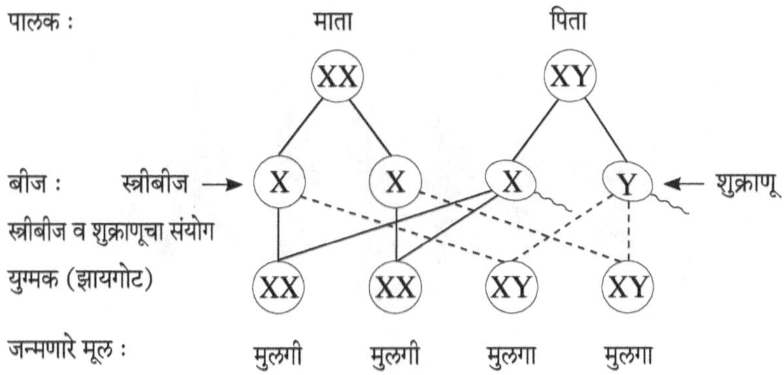

मुलगी व मुलाच्या जन्माचे गुणोत्तर : १ : १

जन्मतो. जन्मणारे बाळ मुलगा किंवा मुलगी हे वडिलांच्या शुक्राणूमुळे ठरते म्हणून मुलगा किंवा मुलगी जन्मास फक्त बाप जबाबदार असतो, आई नसते.

५०% शुक्राणूत 'एक्स' गुणसूत्र असते व ५०% शुक्राणूत 'वाय' गुणसूत्र असते, म्हणून मुलगा किंवा मुलगी जन्मण्याची शक्यता ५०:५० असते, त्यामुळे लोकसंख्येत स्त्री-पुरुषांची संख्या समान असते; परंतु मानव स्त्रीभ्रूण हत्या करून निसर्गातील हे प्रमाण व्यस्त करून आपत्ती ओढवून घेत आहे, ही अत्यंत दुर्दैवी व आत्मघातकी कृती आहे.

वरील अभ्यासानंतर आपल्याला उत्क्रांतीचा आधुनिक सिद्धान्त समजून घेणे सोपे जाईल. त्यानंतर आपण मानवाच्या उत्क्रांतीबद्दल सविस्तर जाणून घेऊ.

⋙

प्रकरण चौथे

उत्क्रांतीचा आधुनिक सिद्धान्त

(मॉडर्न सिंथेटिक थिअरी ऑफ इव्होल्युशन)

मानवाची उत्क्रांती समजून घेण्यासाठी आपल्याला उत्क्रांतीचा आधुनिक सिद्धान्त समजून घेणे आवश्यक आहे. म्हणून आपण तो समजून घेऊन पुढे मानवाच्या उत्पत्तीचा अभ्यास करू. ब्रिटन व अमेरिकेतील अनेक जीवशास्त्रज्ञांनी मिळून इ. स. १९४२मध्ये उत्क्रांतीचा आधुनिक सिद्धान्त मांडला. या सिद्धान्तामुळे डार्विनने मांडलेल्या नैसर्गिक निवडीच्या सिद्धान्ताचे महत्त्व स्पष्ट होते. जे. एस. हक्सले, आर. ए. फिशर, जे. बी. एस. हॅल्डेन या ब्रिटिश व डॉबझॉन्स्की, एच. जे. मुलर, एस. राईट इत्यादी अमेरिकन शास्त्रज्ञांच्या सहभागातून संयुक्तपणे मांडलेला हा उत्क्रांतीचा आधुनिक सिद्धान्त पुढे आला. जे. एस. हक्सलेने १९४२मध्ये याला 'मॉडर्न सिंथेटिक थिअरी ऑफ इव्होल्यूशन' असे नाव दिले. याच सिद्धान्ताला नवा-डार्विनवाद असेसुद्धा म्हणतात.

उत्क्रांतीसाठी गणसंख्या हा अत्यंत आवश्यक मूलभूत घटक आहे व 'नैसर्गिक निवड' ही फार महत्त्वाची प्रक्रिया आहे; अशी संकल्पना मध्यवर्ती ठेवून मेंडेलचे आनुवंशिकता शास्त्रातील नियम, उत्परिवर्तनाची संकल्पना व जीवाश्मातून प्राप्त झालेले पुरावे या सर्वांचा एकत्रितपणे अभ्यास करून डार्विनच्या सिद्धान्ताभोवती हा सिद्धान्त गुंफलेला आहे.

या सिद्धान्ताची मांडणी खालील तीन तत्त्वांवर आधारित आहे.

१) सजीवांच्या शरीररचनेतील बदल (व्हेरिएशन्स) विभेदन
२) नैसर्गिक निवड (नॅचरल सिलेक्शन)
३) प्रजोत्पादक समूहाचे विभक्तीकरण (रीप्रॉडक्टिव आयसोलेशन)

१) सजीवांच्या शरीररचनेतील बदल (व्हेरिएशन्स): विभेदन

आपण यापूर्वी पाहिले, की कोणत्याही समूहात प्रत्येक व्यक्ती दुसऱ्या व्यक्तीपेक्षा वेगळी दिसते. दोन सख्खे भाऊदेखील हुबेहुब सारखे दिसत नाहीत. त्यांच्या उंचीत, रंगात, चेहऱ्यात, स्वभावात फरक असतो. एकच कुत्री वेगवेगळ्या रंगाच्या पिल्लांना जन्म देते. त्यापैकी काही तांबडे, काही पांढरे, काही काळे, काही आक्रमक, तर काही मृदू स्वभावाचे असतात. प्रत्येक पिढीतील अपत्यात असे बदल होतात. या सजीवातील बदलाला विभेदन म्हणतात. जेवढी विविधता विभेदन जास्त असेल, तेवढी जास्त संधी नैसर्गिक निवडीला मिळते. प्रत्येक सजीवात असे विभेदन का होते ते आपण समजून घेऊ

सजीवांच्या आनुवंशिक गुणांची कुंडली डीएनएमुळे ठरते. डीएनए गुणसूत्राच्या माध्यमातून सजीवांच्या शरीरातील प्रत्येक पेशीच्या गाभ्यात असतो. डीएनएच्या लहान विभागाला जीन म्हणतात. एक किंवा अनेक जीन एका आनुवंशिक गुणाचे प्रदर्शन करतात. डीएनए हा जीवरासायनिक महारेणू आहे. त्याच्या रचनेत बदल झाले, की सजीवाच्या शरीररचनेत बदल होतात व त्यांच्यात विविधता येते. हे बदल खालील कारणांमुळे होतात.

१) उत्परिवर्तन (म्युटेशन):

जीनच्या (जनुकीय) रचनेत बदल झाला की, एकाच पिढीत अचानकपणे बाळाच्या शरीररचनेत कमालीचे बदल होतात. यालाच उत्परिवर्तन (म्युटेशन) असे म्हणतात. उदा. - सामान्य मेंढीच्या पोटी अचानकपणे अखूड पायांच्या मेंढीचा जन्म होणे, सामान्य गायीच्या पोटी शिंग नसलेले वासरू जन्मणे, सामान्य आई-वडिलांना रंगहीन त्वचा (अल्बिमिसम) असलेले बाळ जन्मणे, इत्यादी.

२) गुणसूत्राच्या रचनेतील बदल (क्रोमोसोमल ॲबरेशन):

गुणसूत्रांच्या रचनेत बदल झाले, की जनुकांची क्रमवारी बदलते व सजीवांच्या शरीररचनेत बदल होतात. प्रत्येक प्रजातीत गुणसूत्रांची विशिष्ट समसंख्या असते. उदा. - मानवात ४६ गुणसूत्रे असतात, यापैकी त्याला २३ गुणसूत्रांचा एक संच आईकडून व २३ गुणसूत्रांचा दुसरा एक संच वडिलांकडून प्राप्त होतो. ही संख्या ४५ किंवा ४७ झाल्यास मानवाच्या आनुवंशिकतेत प्रचंड बदल होतात. उदा. -

डाउन सिन्ड्रोम हे मानवातील एक प्रकारचे व्यंग आहे, जे ४६ ऐवजी ४७ गुणसूत्रे आल्याने होते. मानवाच्या २३ गुणसूत्रांच्या जोड्यांपैकी २१व्या जोडीत दोनऐवजी तीन गुणसूत्रे एकत्रित आल्यामुळे व्यक्तीत खालीलप्रमाणे विकृती निर्माण होते.

चेहरा गोल व सपाट, नाक चपटे, तोंड सताड उघडे, जीभ बाहेर आलेली, डोळ्याच्या कोपऱ्यात घडी तयार झाल्यामुळे नजर खाली झुकलेली, ठेंगणेपण, डोके लहान, मतिमंद असलेला. अशा प्रकारे गुणसूत्रांच्या संख्येत बदल झाला, की शरीररचनेत बदल होतात.

संकरणातून बदल (हायब्रीडायझेशन) :

दोन भिन्न प्रकारच्या प्राण्यात जाती संकरण (क्रॉस फर्टिलायझेशन) झाल्यामुळे वेगळ्या प्रकारचे अपत्य जन्मते. उदा. - घोडा आणि गाढवातील संकरणामुळे 'खेचर' या वेगळ्याच जातीचा प्राणी जन्मतो, जो घोडाही नाही व गाढवही नाही.

जनुकांची सरमिसळ :

जीन्सची पुनर्मांडणी व सरमिसळ झाल्यामुळे सजीवांच्या शरीररचनेत बदल होतात. लैंगिक प्रजननात जीन्सची सरमिसळ होते व वेगवेगळ्या शरीररचनेची पिलावळ जन्मते. असे बदल दोन टप्प्यात होतात. बीजकोषात बीज तयार होत असताना बीजपेशीत अर्धसूत्री विभाजन (मेयोसिस) होते, त्या वेळी प्रत्येक जोडीतील गुणसूत्रे वेगळी होताना त्यांच्यातील काही भागांची अदलाबदल होते (क्रॉसिंग ओव्हर) त्यामुळे गुणसूत्रांची रचना व जीन्सचा क्रम बदलतो. प्रत्येक शुक्राणूत वडिलांकडील गुणसूत्राचा एक संच (हायप्लोइड) असतो व बीजांड्यात (स्त्रीबीज) आईच्या गुणसूत्रांचा एक संच (हायप्लोइड) असतो. शुक्राणू व बीजांड्याचा संयोग होऊन द्विसूत्री (डिप्लोइड) गर्भपेशी तयार होते, तेव्हा गुणसूत्रांची व जनुकांची सरमिसळ होते, म्हणून अपत्यांच्या शरीररचनेत विविधता येते आणि वेगवेगळ्या प्रकारची पिलावळ जन्मते. त्यांच्या रंग, रूप, आकार व स्वभावात अनेक प्रकारचे बदल होतात. याची तुलना पत्त्यांच्या खेळाशी करता येईल. प्रत्येक वेळी पत्ते तेच, संख्याही तेवढीच; परंतु प्रत्येक डावानंतर पत्ते पिसल्यामुळे पत्त्यांचा क्रम बदलतो व प्रत्येक वेळी प्रत्येक खेळाडूला वेगळे पत्ते येतात म्हणून डाव बदलतो. अगदी तसेच लैंगिक प्रजननात जीन्स तेच, संख्याही तेवढीच; परंतु त्यांची सरमिसळ झाल्यामुळे मांडणी बदलते म्हणून प्रत्येक पिढीतील प्रत्येक अपत्याच्या शरीररचनेत बदल होतात व त्यांच्यात विविधता निर्माण होते.

वरील अनेक कारणांमुळे मुले आईवडिलांपेक्षा वेगळी जन्मतात, दोन सख्खे

भाऊ देखील दिसण्यात वेगळे असतात. त्यांच्या रंगात, रूपात, उंचीत, स्वभावात बदल झालेले आढळून येतात. यामुळे लोकसंख्येतील व्यक्तीव्यक्तीत विविधता (व्हेरीएशन्स) निर्माण होते. यालाच विभेदन म्हणतात. जेवढे जास्त विभेदन तेवढी जास्त नैसर्गिक निवडीला संधी मिळते.

२) नैसर्गिक निवड :

डार्विनच्या सिद्धान्तानुसार बदलत्या पर्यावरणात जगण्यासाठी ज्यांच्या शरीररचनेत अनुकूल बदल आहेत व जे सजीव सक्षम आहेत, त्यांचीच नैसर्गिक निवड होते हा एकच निकष आवश्यक आहे; परंतु आधुनिक सिद्धान्तानुसार नैसर्गिक निवडीसाठी दोन निकष आवश्यक आहेत. नंबर १ - तो बदलत्या पर्यावरणात जगण्यासाठी सक्षम पाहिजे व नंबर २ - त्यांची प्रजननक्षमता जास्त पाहिजे. म्हणजेच त्यांनी जास्तीतजास्त पिलांना जन्म दिला पाहिजे, तरच नैसर्गिक निवड होते; अन्यथा नाही. सजीवांच्या अपत्यांना जन्म देण्याच्या क्षमतेला प्रजननक्षमता म्हणतात. लोकसमूहात काही व्यक्ती जास्त अपत्यांना जन्म देतात. काही एकाच अपत्याला जन्म देतात. काहींना अपत्यच होत नाही. ज्यांना अपत्य होत नाहीत, त्यांचे उत्क्रांतीत काहीच महत्त्व नसते. जे जास्त अपत्यांना जन्म देतात त्यांचीच नैसर्गिक निवड होते. सजीवांच्या प्रजननक्षमतेवरून नैसर्गिक निवड कशी होते याचे स्पष्टीकरण खालील उदाहरणाने मिळते.

स्पष्टीकरण : समजा दहा जणांच्या समूहात नऊ व्यक्तींची प्रजननक्षमता एक अपत्याला जन्म देण्याची आहे व एका व्यक्तीच्या प्रजननक्षमतेत वाढ होऊन त्याला तीन अपत्यांना जन्म देण्याची क्षमता प्राप्त झाली. खालील आकृतीत ज्याची तीन अपत्यांना जन्म देण्याची क्षमता आहे, त्याचे प्रतिनिधित्व काळ्या गोलाने केलेले आहे व ज्याची एका अपत्याला जन्म देण्याची क्षमता आहे, त्यांचे प्रतिनिधित्व पांढऱ्या गोलांनी दाखविलेले आहे.

I) मूळ १० व्यक्तींच्या लोकसंख्येत फक्त एका व्यक्तीची प्रजननक्षमता तीन अपत्यांना जन्म देण्याची आहे व नऊ व्यक्तींची एका अपत्याला जन्म देण्याची क्षमता आहे. म्हणून प्रजनन क्षमतेप्रमाणे व्यक्तीचे प्रमाण तीन अपत्यांना जन्म देणारे १०% व एक अपत्य जन्माला घालणारे ९०% आहे.

II) दुसऱ्या पिढीत तीन अपत्यांना जन्म देणाऱ्या व्यक्तींचे प्रमाण बाजूच्या आकृतीवरून २५% झाले व एक अपत्याला जन्म देणाऱ्या व्यक्तीचे प्रमाण घटले, ते ७५% झाले.

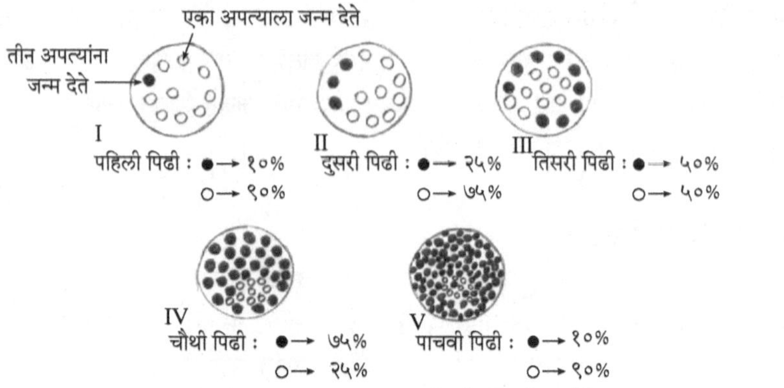

ज्यांची जास्त प्रजनन क्षमता, त्यांचीच नैसर्गिक निवड होते

III) तिसऱ्या पिढीत तीन अपत्यांना आणि एक अपत्याला जन्म देणाऱ्या व्यक्तींचे प्रमाण समान झाले. म्हणजे तीन अपत्यांना जन्म देणारे ५०% व एक अपत्याला जन्म देणारे ५०% .

IV) चौथ्या पिढीत तीन अपत्यांना जन्म देणाऱ्या व्यक्तींची संख्या वाढून ७५% झाली व एक अपत्याला जन्म देणाऱ्या व्यक्तीचे प्रमाण कमालीचे घटले व ते केवळ २५% झाले.

V) पाचव्या पिढीत तीन अपत्यांना जन्म देणाऱ्या व्यक्तींचे प्रमाण ९०% झाले व एक अपत्यास जन्म देणाऱ्याचे प्रमाण १०% झाले.

हे बाजूच्या आकृतीने स्पष्ट होते. वरीलप्रमाणे फक्त पाच पिढ्यांत लोकसंख्या पूर्णपणे बदलली. एका अपत्याला जन्म देणाऱ्या व्यक्तींचे प्रमाण ९०% वरून घटून फक्त १०% झाले, तर तीन अपत्यांना जन्म देणाऱ्यांचे प्रमाण नऊ पटीने वाढले, म्हणजे १०%वरून ९०% झाले. म्हणून नैसर्गिक निवडीस पात्र ठरण्यासाठी प्रजननक्षमता जास्त असणे आवश्यक आहे. यावरुन जे सजीव जास्त पिलावळ जन्माला घालतात त्यांचीच नैसर्गिक निवड होते, याचे स्पष्टीकरण मिळते. उत्क्रांतीत जास्त पिलांना जन्म देणाऱ्यांना अधिक महत्त्व असते.

३) प्रजोत्पादक गणसंख्येचे विभक्तीकरण (रिप्रॉडक्टीव आयसोलेशन):

नवीन जातीच्या विकासासाठी गणसंख्येतील काही समूहांचे संपूर्णपणे वेगळे होणे आवश्यक आहे. त्यालाच प्रजोत्पादक विभक्तीकरण असे म्हणतात. हा मुद्दा समजून घेण्याअगोदर आपण गणसंख्या म्हणजे काय? समजून घेऊ.

विशिष्ट काळी विशिष्ट ठिकाणी वास्तव्य करून राहाणाऱ्या एकाच जातीच्या सजीवांच्या समूहाला गणसंख्या म्हणतात. उदा. - एखाद्या ठिकाणी राहणाऱ्या माणसांची संख्या, घोड्यांची संख्या, माकडांची संख्या इत्यादी. नवीन जातीच्या उत्पत्तीसाठी गणसंख्या हा घटक फारच महत्त्वाचा आहे. व्यक्ती हा घटक महत्त्वाचा नाही. कारण व्यक्तीचे आयुष्य मर्यादित असते. व्यक्ती जन्मते व मरते; परंतु गणसंख्या कधीच मरत नाही. मेलेल्यांची जागा नवीन जन्मलेले घेतात म्हणून गणसंख्या कायम असते. गणसंख्येतील सर्व व्यक्तीतील जीन्सच्या एकूण गोळाबेरजेस जनुक भांडार (जीन पूल) म्हणतात. गणसंख्येतील कोणत्याही दोन भिन्न लिंगी व्यक्तीत लैंगिक आकर्षण असते व त्यांच्यात लैंगिक प्रजनन होऊन प्रजोत्पादक अपत्य जन्माला येते. लैंगिक प्रजननामुळे व्यक्तीचे जनुक समाजात पसरतात त्याला जीन प्रवाह (जीन फ्लो) म्हणतात. एखादी गणसंख्या फार मोठी असेल आणि लोकांचे स्थलांतर होत नसेल, तर त्या गणसंख्येतील जनुक भांडार स्थिर असते, म्हणून नवीन जातीची उत्पत्ती होत नाही. नवीन जातीच्या उत्पत्तीसाठी जनुक भांडार अस्थिर होणे आवश्यक आहे. जनुक भांडार अस्थिर होण्यासाठी गणसंख्येतील काही समूहांचे वेगवेगळ्या भौगोलिक अधिवासात स्थलांतर होणे आवश्यक आहे.

आपण यापूर्वीच पाहिले, की जेव्हा सजीवांच्या गटातील कोणत्याही नरमादीत समागम होऊन प्रजोत्पादक अपत्य जन्माला येते, तेव्हा त्या गटातील सर्व सजीव एकाच जातीचे असतात. दोन भिन्न जातीच्या नर मादीत लैंगिक आकर्षण नसते व त्यांच्यात समागम होत नाही, जर झालेच तर अपत्य जन्माला येत नाही. जर संतती जन्मली, तर ती वांझ निपजते. म्हणून दोन समूहांतील लैंगिक प्रजनन थांबणे हा नवीन जातीच्या विकासासाठी महत्त्वाचा टप्पा आहे.

गणसंख्येतील अनेक समूह अन्न, पाणी आणि जागेच्या शोधात स्थलांतरित होतात. गटागटाने स्थलांतरित झालेले एकाच जातीचे सजीव नदी, पर्वत, समुद्र अशा भौगोलिक अडथळ्यांमुळे एकमेकांपासून कायम वेगळे होतात व त्यांच्यातील लैंगिक प्रजनन थांबते यालाच 'प्रजोत्पादक विभक्तीकरण' म्हणतात. वेगवेगळे गट वेगवेगळ्या पर्यावरणात स्वतःला जुळवून घेऊन त्या त्या पर्यावरणात जगण्याचा प्रयत्न करतात. त्यामुळे तेथील पर्यावरणानुसार त्यांच्या शरीररचनेत बदल होतात. वेगवेगळ्या पर्यावरणातील समूहात वेगवेगळे बदल होतात. हजारो वर्षांनंतर त्यांच्या बाह्यरूपात, वर्तनात व अनेक आनुवंशिक गुणात बदल होतात म्हणून एका

गटातील सजीव दुसऱ्या गटातील सजीवांपेक्षा भिन्न दिसतात, त्यांच्या बाह्यरूपात व वर्तनात बदल होतात व कालांतराने प्रत्येक गटाचे परिवर्तन वेगळ्या जैविक जातीत होते. यानंतर हे समूह एकत्रित आले, तरी दोन गटांतील नर मादीत लैंगिक प्रजनन होत नाही. अशा प्रकारे सजीवांच्या स्थलांतरामुळे एका जीवजातीपासून अनेक नवीन जीवजातींची उत्पत्ती होते.

उदाहरणार्थ डार्विन फिंचेस :

हजारो वर्षांपूर्वी दक्षिण अमेरिकेतून चिमणीसारख्या दिसणाऱ्या एकाच जातीच्या पक्ष्यांचे वेगवेगळ्या गॅलापगॉस बेटावर स्थलांतर झाले. प्रत्येक बेटावरील वेगवेगळ्या पर्यावरणाचा परिणाम या स्थलांतरीत पक्ष्यांवर झाला. प्रत्येक बेटावर पक्ष्यांना मिळणारे अन्न वेगळे होते, अन्न मिळवण्याच्या पद्धतीत बदल झाल्यामुळे चोचीचे आकार बदलले; तसेच त्या त्या पर्यावरणात जुळवून घेण्यासाठी त्यांच्या आकारमानात, वर्तनात व रंगात बदल झाले. अशा प्रकारे एकाच जातीच्या पक्ष्यांचे अनेक जातीच्या पक्ष्यांत रूपांतर झाले.

उत्क्रांतीवादातील वेगवेगळ्या सिद्धान्ताच्या अभ्यासानंतर स्पष्टपणे लक्षात येते, की जैविक उत्क्रांतीने (ऑरगॅनिक इव्होल्युशन) मूळ सजीवाचा विकास वेगवेगळ्या अनेक जीवजातींच्या सजीवांत झाला. उत्क्रांती ही सजीवांतील हळुवार परिवर्तनाची प्रक्रिया आहे. निसर्गातील बदल उत्क्रांतीच्या प्रक्रियेला दिशा देतात आणि नैसर्गिक निवडीप्रमाणे नवीन नवीन जातींचा विकास होतो. या पद्धतीने पृथ्वीवर लाखो प्रकारचे प्राणी आणि वनस्पतींची उत्क्रांती, समान पूर्वजांपासून झाली. मानवाची उत्पत्तीदेखील उत्क्रांतीच्या प्रक्रियेने समान पूर्वजांपासून झाली. म्हणून सर्व सजीव आनुवंशिकतेने एकमेकांशी जोडलेले आहेत. त्यांच्यातील अनेक जीन्स व डीएनएचा भाग समान आहे. मानव व चिंपाझीत ९८.६% डीएनए समान आहेत; तसेच उंदीर मानवाच्या आनुवंशिकतेपासून दूरचा प्राणी आहे, तरीही त्याचा आणि मानवाचा ९३% डीएनए समान आहे, हा समान आनुवंशिकतेचा पुरावा आहे.

नवी अनुमाने काढणे व ती पडताळणे हा वैज्ञानिक कार्यपद्धतीचा गाभा आहे. उत्क्रांतीवादाच्या अनुमानांची गेली १५० वर्षे सातत्याने पडताळणी केलेली आहे. त्यामुळे वैज्ञानिक जगतात उत्क्रांतीवादाला भरघोस पाठिंबा मिळाला आहे.

प्रकरण पाचवे

उत्पत्ती शृंखलेचा मागोवा

उत्क्रांतीच्या अभ्यासानंतर स्पष्टपणे लक्षात येते, की एका सजीवापासून दुसऱ्या सजीवाची उत्पत्ती झाली. प्राथमिक स्वरूपातील सजीवांचे परिवर्तन होऊन पृथ्वीवरील लक्षावधी प्रकारचे प्राणी आणि वनस्पतींची उत्पत्ती झाली. साहजिकच आपल्या मनात प्रश्न निर्माण होतो, की पहिल्या सजीवाची उत्पत्ती कशी झाली? हाच तर्क व कुतूहल मागे नेल्यास पृथ्वीची व आपल्या सूर्यमालेची उत्पत्ती कशी झाली? मूळात विश्वाची उत्पत्ती कशी झाली? हे प्रश्न निर्माण होतात. त्याचाही संक्षिप्त आढावा घेऊन आपण पुढे जाऊ. गेल्या दोन शतकात शास्त्रज्ञांनी अनेक क्रांतिकारी शोध लावले व त्यामुळे विश्वाच्या आणि सजीवांच्या उत्पत्ती बद्दल मानवाला पडलेल्या गूढ प्रश्नांचे उत्तर मिळाले.

विश्वाची उत्पत्ती :

जॉर्जेस लिमैत्रे या बेल्जियन भौतिकशास्त्रज्ञाने १९३३मध्ये विश्वाच्या उत्पत्तीबद्दल बिग बँग सिद्धान्त मांडला. या सिद्धान्तानुसार फार पूर्वी भौतिक विश्व एका कणात सामावलेले होते त्याला लिमैत्रेने 'विश्वबीज' असे म्हटले. १३.८ अब्ज वर्षांपूर्वी या विश्वबीजाचा महाप्रचंड स्फोट झाला; त्यातून फार मोठ्या प्रमाणात जड पदार्थ, उर्जा, हायड्रोजन अणू व वायू बाहेर पडले आणि त्याचा अतिविशाल मेघ तयार झाला. ऊर्जा व वायूंचा अतिउष्ण, लाल महाविशाल मेघ हळूहळू अवकाशात पसरला. सहस्त्रावधी वर्षांनंतर त्याचे रूपांतर असंख्य

दीर्घिका आणि अब्जावधी सूर्यमालेत झाले. अब्जावधी ताऱ्यांच्या समूहाला तारका विश्व किंवा दीर्घिका (गॅलेक्सी) म्हणतात. एका तारका विश्वाचा विस्तार लक्षावधी प्रकाश वर्षे असतो. आपला सूर्य ज्या तारका विश्वात आहे त्या दीर्घिकेला आकाशगंगा असे म्हणतात. एका दीर्घिकेत अब्जावधी सूर्य आहेत. विश्वात अब्जावधी दीर्घिका आहेत. विश्वाचा विस्तार आपल्या कल्पनेपेक्षाही मोठा आहे. अशा प्रकारे महास्फोटातून विश्वाची निर्मिती झाली. २०१९चे भौतिकशास्त्रातील नोबेल पारितोषिक विजेते प्रा. जेम्स पीबल्स या मूळ केनेडियन शास्त्रज्ञाने अमेरिकेतील प्रिन्स्टन विद्यापीठात विश्व उत्पत्तीशास्त्र या विषयावर १९६५पासून प्रदीर्घ काळ संशोधन केल्यानंतर १९८०च्या दशकात महास्फोटावर आधारित विश्वनिर्मिती सिद्धान्त विकसित केला. गेल्या तीन दशकांतील संशोधनानंतर त्यांनी केलेली अनेक भाकिते खरी ठरली आहेत. यावरून विश्व उत्पत्तीबद्दलच्या बिग बँग सिद्धान्ताला पुष्टी मिळते.

आपल्या सूर्यमालेची उत्पत्ती :

सुमारे पाच अब्ज वर्षांपूर्वी आपल्या आकाशगंगेत धुलीकण आणि वायूंचा विशाल ढग असंख्य तारकांमध्ये तरंगत होता. लक्षावधी वर्षांनंतर या विशाल ढगाचे आकुंचन सुरू झाले. मेघाच्या मध्यभागी अधिक घनतेचे वस्तूमान मोठ्या प्रमाणात केंद्रिभूत झाले. सूक्ष्म कणातील अंतर कमी झाल्यामुळे त्यांच्यातील गुरुत्वाकर्षण वाढले. केंद्रीय गुरुत्वाकर्षण शक्तीमुळे इतर घटक त्या भोवती फिरत राहिले. त्याचे मंदगतीने असलेले परिभ्रमण गतीमान झाले आणि त्याला चक्रासारखा आकार प्राप्त झाला. केंद्रातील गुरुत्वाकर्षण शक्ती वाढल्यामुळे केंद्रभागी घनता वाढली व प्रचंड उष्णता निर्माण झाली. लक्षावधी वर्षांनंतर केंद्र भागाचे तापमान दीड कोटी अंश सेल्सियस झाले. प्रचंड उष्णतेमुळे केंद्रभागी हायड्रोजन अणूची केंद्रकीय संमिलन (Nuclear fusion) प्रक्रिया सुरू झाली व अव्याहतपणे प्रचंड ऊर्जानिर्मितीची सुरुवात झाली आणि सूर्याचा जन्म झाला.

पृथ्वी : सूर्याभोवतालच्या घटकांच्या चक्राकार परिभ्रमणामुळे धूळ व वायू एकत्र जमा होऊन अनेक गोलाकार पुंजके तयार झाले; अशा प्रकारचे अनेक लहान लहान गोल पुंजके एकत्र येऊन मोठमोठ्या गोलात रूपांतर झाले आणि सूर्याभोवती परिभ्रमण करणाऱ्या नऊ ग्रहांचा जन्म ४.६ अब्ज वर्षांपूर्वी झाला. या नऊ ग्रहांपैकी पृथ्वी हा एक ग्रह आहे. आपल्या सूर्यमालेत बुध, शुक्र, पृथ्वी,

मंगळ, गुरू, शनि, युरेनस, नेपच्यून व प्लुटो हे नऊ ग्रह क्रमाने वेगवेगळ्या परिघावर सूर्याभोवती परिभ्रमण करतात. बुध हा सूर्यापासून सर्वांत जवळचा ग्रह असल्याने त्याचे तापमान सर्वांत जास्त आहे. प्लुटो सर्वांत दूरच्या परिघावर असल्यामुळे त्याचे तापमान सर्वांत कमी आहे. सूर्यापासून पृथ्वीच्या असलेल्या योग्य अंतरामुळे येथील तापमान सजीवसृष्टीच्या विकासासाठी अनुकूल ठरले.

सुमारे ४.६ अब्ज वर्षांपूर्वी पृथ्वीची उत्पत्ती झाली. पृथ्वी स्वतःच्या अक्षाभोवती फिरत फिरत सूर्याभोवती फिरणारा, अनेक उष्ण वायू व मूलद्रव्यांचा तेजस्वी अग्नीचा गोळा होता. त्याचे तापमान ५००० ते ६००० अंश सेल्सियस होते. विभिन्न मूलद्रव्य जसे कार्बन, हायड्रोजन, ऑक्सिजन, नायट्रोजन, गंधक, सिलिकॉन, ॲल्युमिनियम, लोह, निकेल इत्यादी वायुरूपात होते. हळूहळू तापमान कमी झाले व वायुरूपात असलेली पृथ्वी घनरूपात आली. ज्यांची घनता जास्त आहे, असे धातू लोह आणि निकेल पृथ्वीच्या केंद्रस्थानी बुडाले व गाभा तयार झाला. हलकी मूलद्रव्य सिलिकॉन, ॲल्युमिनियम इत्यादीपासून सभोवतालचे खडक तयार झाले. जास्त हलकी मूलद्रव्य कार्बन, हायड्रोजन, नायट्रोजन, हीलियम व ऑक्सिजनपासून वातावरणाची निर्मिती झाली. हायड्रोजन जास्त क्रियाशील असल्यामुळे नायट्रोजनशी संयोग पावून अमोनिया (NH_3), ऑक्सिजनशी संयोग पाऊन पाणी (H_2O) व कार्बनशी संयोग पावून मिथेन (CH_4) तयार झाले. म्हणून पृथ्वीभोवती आरंभीच्या वातावरणात अमोनिया, मिथेन व पाण्याची वाफ होती. मुक्त ऑक्सिजन मात्र नव्हता, तो पृथ्वीच्या पृष्ठभागावरील खडकात ऑक्साइडच्या रूपात होता.

कालांतराने पृथ्वीचे तापमान खूप कमी झाले. वातावरणातील पाण्याच्या वाफेचे रूपांतर द्रवात झाले व पृथ्वीवर पाऊस सुरू झाला. पृष्ठभाग उष्ण असल्यामुळे परत पाण्याचे रूपांतर वाफेत व वातावरणातील वाफ थंड होऊन परत पाऊस अशा प्रकारे जलचक्र सुरू झाले. पावसामुळे पृथ्वी सतत थंड झाली. त्यामुळे खडकांना अनेक घड्या पडून पृष्ठभागावर उंच आणि सखल भाग तयार झाले. सतत पाऊस पडत असल्यामुळे पाणी उंच भागाकडून सखल भागाकडे वाहून अनेक नद्या, सरोवरे व विशाल महासागर तयार झाले.

सजीवांची उत्पत्ती :

ए. आय. ओपॅरीन या रशियन रसायनशास्त्रज्ञाने १९२३मध्ये सजीवांच्या उत्पत्तीसंबंधी हा आधुनिक सिद्धान्त मांडला. या सिद्धान्तानुसार ३५०० दश लक्ष (३.५ अब्ज) वर्षांपूर्वी रासायनिक प्रक्रियांनी सागरातील उष्ण पाण्यात सजीवांची उत्पत्ती झाली. ब्रिटीश शास्त्रज्ञ जे. बी. एस. हॅल्डेनने १९२८मध्ये या सिद्धान्ताचे समर्थन केले म्हणून यास 'ओपॅरीन-हॅल्डेन' सिद्धान्त म्हणतात. हा सिद्धान्त वैज्ञानिक कसोटीवर उतरणारा असून, प्रयोगाने पडताळून पाहता येतो. अनेक शास्त्रज्ञांना हा सिद्धान्त मान्य आहे. याला सजीवांच्या उत्पत्तीचा आधुनिक सिद्धान्त असे म्हणतात. म्हणून आपण तो समजून घेऊ.

चार अब्ज वर्षांपूर्वी पृथ्वीवरील परिस्थिती रासायनिक उत्क्रांतीसाठी अनुकूल होती. पृथ्वीचे तापमान १०० अंश सेल्सिअस होते. या पूर्वीच पृथ्वीवर जलचक्र सुरू झालेले होते, पावसाच्या थेंबांबरोबर वातावरणातील मिथेन, अमोनिया पाण्यात विरघळले; तसेच पावसामुळे खडकांची झीज होऊन क्लोराइड्स, फॉस्फेटसारखी खनिजे पाण्यात विरघळली व हे द्रावण पाण्याच्या प्रवाहाबरोबर वाहत येऊन समुद्रात साठले. हेच उष्ण द्रावण सजीवांच्या उत्पत्तीसाठी जीवन आधार बनले.

लाखो वर्षांच्या जलचक्रानंतर पृथ्वीचे तापमान ५० ते ६० अंश सेल्सियस झाले. समुद्रातील द्रावणात वेगवेगळ्या प्रकारच्या रासायनिक अभिक्रिया सुरू झाल्या व अनेक प्रकारचे सेंद्रिय रेणू तयार झाले. या रासायनिक अभिक्रियांना लागणारी ऊर्जा सूर्याची अतिनील किरण व पावसाबरोबर कडकडणाऱ्या विजेतून प्राप्त झाली. या रासायनिक अभिक्रियांमुळे वेगवेगळ्या प्रकारच्या शर्करा, प्रथिने आम्ले (अमिनो ॲसिड्स), स्निग्ध आम्ले, न्यूक्लिओटाइडस्, एटीपी (ATP) चे अनेक सेंद्रिय रेणू तयार झाले. एटीपी हे सजीवांना झटपट ऊर्जा देणारे सेंद्रिय रेणू आहेत.

अनेक प्रथिन आम्लांच्या एकीकरणाने प्रोटिन्स तयार झाले. प्रोटिन्स सजीवांच्या शरीर बांधणीसाठी लागणारा मुख्य घटक आहे. म्हणून प्रोटिन्स त्यार होऊन सजीवांच्या उत्पत्तीसाठी मैलाचा दगड ठरणारी घटना घडली. याच प्रकारे स्निग्धाम्लाच्या एकीकरणाने स्निग्ध पदार्थ तयार झाले. रायबोझ शर्करा, फॉस्फेट व नायट्रोजनचे घटक यांचा एक एक रेणू एकमेकांना जोडून न्यूक्लिओटाइड्स तयार झाले. अनेक न्यूक्लिओटाइड्सच्या एकीकरणाने (polymerization) रायबोझ न्यूक्लीक ॲसीड आरएनए हे सजीवातील

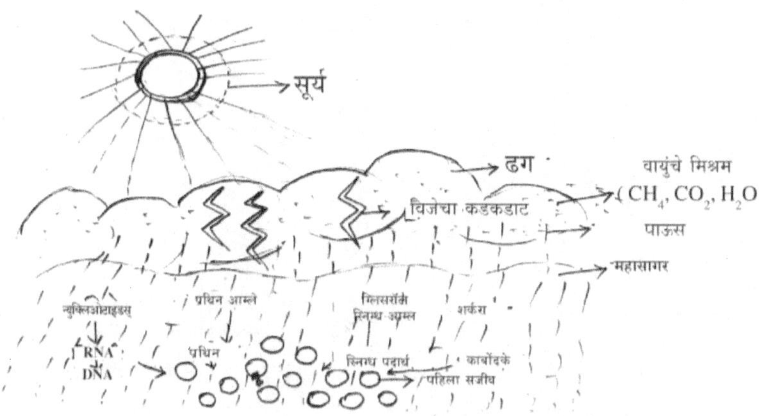

३.५ अब्ज वर्षांपूर्वी महासागरात रासायनिक प्रक्रियांनी सेंद्रिय घटक तयार झाले व थेंबाच्या स्वरूपात पहिल्या सजीवाची उत्पत्ती झाली.

पहिले आनुवंशिक द्रव्य तयार झाले. आरएनए, प्रथिने, मेद, शर्करा यासारखे स्थिर महारेणू पाण्यात एकत्र जमा होऊन त्यांचे सूक्ष्म, घट्ट, चिकट गोल थेंब तयार झाले, हेच पृथ्वीवरचे पहिले सजीव होते. या सूक्ष्म थेंबात मध्यभागी आरएनए, शर्करा, इतर केंद्रीय रेणू व असेंद्रिय रेणू एकत्रित येऊन सभोवताली मेद व प्रथिनांचे दुहेरी आवरण तयार झाले. या आवरणातून पाण्यात विरघळलेले आवश्यक घटक ते शोषून घेऊ शकत होते. सभोवताली पाणी असूनसुद्धा ते स्थिर होते. त्यांनी त्यांचे अस्तित्व व अंतर्गत स्वायत्तता अभंग राखली. विभाजनाने एका सूक्ष्म थेंबापासून अनेक त्यांच्यासारखेच सूक्ष्म थेंब तयार होत असत. सुमारे ३.५ अब्ज वर्षांपूर्वी समुद्राच्या पाण्यात आरएनए प्रथिने, स्निग्ध पदार्थ, शर्करा यांचे अनेक महारेणू व सेंद्रिय घटकांचे अनेक रेणू एकत्रित येऊन स्वायत्त सूक्ष्म गोल थेंब तयार झाले. हेच पृथ्वीवरील पहिले सजीव आहेत. तेच मानवासह सर्व सजीवांचे समान पूर्वज आहेत. अशा प्रकारे पृथ्वीच्या इतिहासातील अत्यंत विलक्षण व अद्‌भुत घटना घडली व पहिल्या सजीवाची उत्पत्ती महासागराच्या पाण्यात झाली.

प्रायोगिक पडताळा :

युरे आणि मिलरचा प्रयोग (१९५३)

ओपॅरिन आणि हॅल्डेन या शास्त्रज्ञांनी मांडलेला रासायनिक प्रक्रियेने

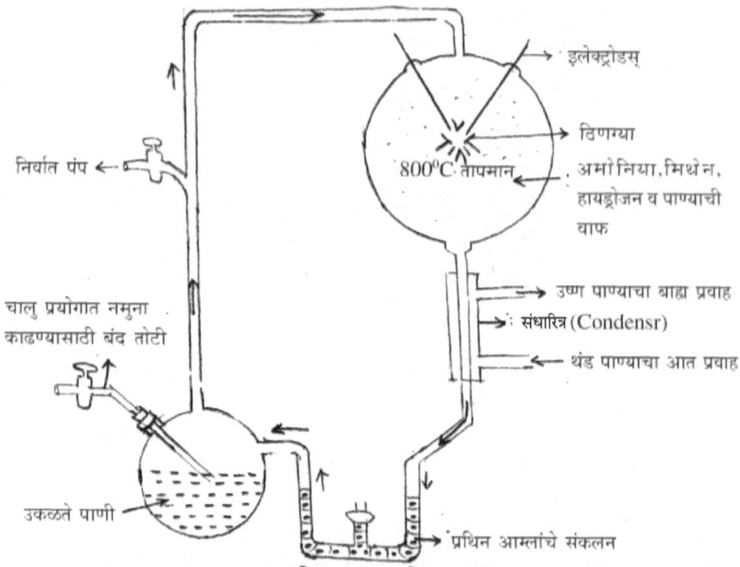

मिलरचा प्रयोग

जीवरासायनिक प्रक्रियेने सजीवाची उत्पत्ती झाली याचा पडताळा

सजीवांची उत्पत्ती झाली हा सिद्धान्त तर्कावर आधारित होता. तो पडताळून पाहाण्यासाठी अमेरिकन संशोधक स्टॅनली मिलर आणि त्याचे गुरू हॅराल्ड युरे यांनी १९५३मध्ये अमेरिकेतील शिकागो विद्यापीठात एक प्रयोग केला. या प्रयोगाची आकृती बाजूच्या पानावर दिलेली आहे. त्यांनी गोलबुडाचा काचेचा एक मोठा चंबू घेतला. त्यात पृथ्वीच्या आरंभीच्या काळातील वातावरणात असलेले वायू मिथेन, अमोनिया आणि हायड्रोजन २:१:२ या प्रमाणात घेतले. या चंबुत त्यांनी टंगस्टन धातूचे दोन इलेक्ट्रोड टाकले ते विद्युत घटकांशी जोडलेले होते. सदरील चंबू एका बाजूने संधारित्राशी (कंडेन्सरशी) व दुसऱ्या बाजूने सातत्याने उकळते पाणी ठेवलेल्या दुसऱ्या गोलबुडाच्या छोट्या चंबूशी नळीने जोडले. मोठ्या चंबुत विद्युत प्रवाह सुरू केला. दोन इलेक्ट्रोडमध्ये अंतर असल्यामुळे त्यांच्या टोकाला ठिणग्या पडतात. या पद्धतीने त्यांनी सजीवांच्या उत्पत्तीच्या अगोदर पृथ्वीवर जी परिस्थिती होती, ती चंबूत निर्माण केली. दोन इलेक्ट्रोडच्या टोकांना पडणाऱ्या ठिणग्या म्हणजे त्या काळी होणारा विजेचा कडकडाट जो रासायनिक प्रक्रियेसाठी उर्जेचा स्त्रोत बनला. सततच्या उकळत्या

पाण्यामुळे आणि ७५०० व्होल्ट उच्च विद्युत प्रवाहामुळे चंबुतील तापमान ८००° अंश सेल्सियसपर्यंत वाढले. त्यामुळे अमोनिया, हायड्रोजन, मिथेन व पाण्याची वाफ यांच्यात रासायनिक अभिक्रिया सुरू झाली. हा प्रयोग काही आठवडे याच स्थितीत सुरू ठेवला. वायू, पाण्याची वाफ यांच्यासह रासायनिक प्रक्रियेत तयार झालेले वायुरूपातील घटक चंबू व संधारित्रातून सतत फिरते ठेवले. वायुरूपातील हे घटक संधारित्रातून जात असताना थंड होऊन लालसर द्रवरूपात आले आणि नळीशी जोडलेल्या U आकाराच्या चंबूत जमा झाले. चंबूत जमा झालेल्या द्रवाचे पृथक्करण केले असता, त्यात वेगवेगळ्या प्रकारचे अमायनो ॲसिड्स, मेदाम्ले, व न्यूक्लिओटाइड्स हे सजीवासाठी आवश्यक असणारे सेंद्रिय घटक तयार झाले. अमायनो ॲसिड्स प्रथिनांचे मूलभूत घटक आहेत. प्रथिने तयार होणे म्हणजे सजीवांच्या उत्पत्तीच्या प्रक्रियेतील महत्त्वाची घटना आहे. न्यूक्लिओटाइड्स तयार होणे म्हणजे आरएनए व डीएनए तयार होण्याचे पूर्वसंकेत (पूर्वचिन्ह) आहेत. वरीलप्रमाणे तयार झालेल सर्व सेंद्रिय रेणू सजीवांच्या उत्पत्तीसाठी आवश्यक आहेत. म्हणून या प्रयोगाने स्पष्टपणे सिद्ध होते, की अनेक रासायनिक अभिक्रियांद्वारे महासागरातील पाण्यात मूळ सजीवांची उत्पत्ती झाली. अशा प्रकारे युरे आणि मिलरच्या प्रयोगाने रासायनिक प्रक्रियेने सजीवाची उत्पत्ती समुद्रात झाली याचा प्रायोगिक पडताळा मिळतो. रेणूंचे अत्यंत सुसंघटित सहकार संघ म्हणजे सजीव. ते शरीरातून ऊर्जेचा व पदार्थांचा स्रोत सतत वाहता ठेवून जडणघडण वाढ आणि पुनरुत्पादन टिकवून ठेवतात.

मूळ पेशी : मूळ सजीवाची उत्पत्ती झाली, त्या वेळेस वातावरणात मुक्त ऑक्सिजन नव्हता, म्हणून या प्राथमिक सजीवाचे विघटन झाले नाही. विभाजनाने पाण्यात त्यांची संख्या भरमसाठ वाढली. आरएनए हे सजीवातील पहिले जनुकसंच आहे. त्यानंतर आरएनएतील युरासिलची जागा थायमिन या न्यूक्लिओटाइडने घेतली व रायबोझ शर्करामधून एक ऑक्सिजनची घट होऊन डिऑक्सिरायबोझ शर्करा तयार झाली आणि डीएनएची निर्मिती झाली. यानंतर आरएनएची जागा डीएनएने घेतली व सजीव पेशीरूपात स्थिर झाले. ते सध्याच्या जीवाणू (मोनेरा) सारखे असावेत. हे सजीव पाण्यातील सेंद्रिय घटकांचे विनॉक्सि प्रक्रियेने विघटन करून ऊर्जा मिळवू लागले. या प्रक्रियेत CO_2 मुक्त होऊन वातावरणात साठू लागला. कालांतराने वातावरणातील CO_2ची तीव्रता वाढली. त्यामुळे काही सजीवांतील डीएनएच्या रचनेत बदल

(म्युटेशन) झाले व त्यांच्या पेशीत रंगीत द्रव्यांचा विकास झाला व २.५ अब्ज वर्षांपूर्वी स्वयंपोशी पेशींची (सायनोबॅक्टेरिया) उत्क्रांती झाली. त्यांनी प्रकाश संश्लेषणाच्या (फोटोसिंथेसिस) प्रक्रियेने पाणी, हवेतील कार्बनडाय ऑक्साइड CO_2 व सूर्यप्रकाशाची ऊर्जा वापरून शर्करा तयार करण्यास सुरुवात केली. प्रकाश संश्लेषणाच्या प्रक्रियेत पाण्याचे विघटन होऊन ऑक्सिजन मुक्त होण्यास सुरुवात झाली. मुक्त झालेला ऑक्सिजन वातावरणात साठला. पृथ्वीच्या वातावरणात मिथेन (CH_4) व अमोनिया (NH_3) होते. मुक्त झालेल्या ऑक्सिजनची मिथेन व अमोनियाबरोबर अभिक्रिया झाली व वातावरणात मुक्त नायट्रोजन व कार्बन डायऑक्साइड तयार झाले.

मिथेन + ऑक्सिजन = कार्बन डायऑक्साइड + पाणी

$CH_4 + 2O_2 = CO_2 + 2H_2O$

अमोनिया + ऑक्सिजन = नायट्रोजन + पाणी

$4NH_3 + 3O_2 = 2N_2 + 6H_2O$

अशा प्रकारे दोन अब्ज वर्षांपूर्वी वातावरणात बदल होऊन आधुनिक वातावरण तयार झाले यात नायट्रोजन - ७८%, ऑक्सिजन - २१%, अॅर्गान ०.९%, कार्बन डायऑक्साइड ०.०३ ते ०.०४%, अत्यल्प पाण्याची वाफ व इतर वायू तयार झाले. पूर्वीचे क्षपणकारक (Reducing) वातावरण बदलून ऑक्सिडायझिंग (Oxidizing) ऑक्सिकारक वातावरण तयार झाले व या वातावरणात सेंद्रिय घटकाचे विघटन सुरू झाले. वातावरणातील या बदलानंतर महासागरात रासायनिक प्रक्रियांनी तयार होणाऱ्या सेंद्रिय रेणू व महारेणूंचा प्राणवायूशी संयोग होऊन विघटन सुरू झाले व त्यानंतर रासायनिक प्रक्रियेने होणारी सजीवांची उत्पत्ती थांबली. म्हणूनच सुमारे ३.५ अब्ज वर्षांपूर्वी महासागरातील पाण्यात अनेक रासायनिक प्रक्रियांनी पहिल्या सजीवाची उत्पत्ती झाली, ही पृथ्वीवरील एक अलौकिक आणि विलक्षण घटना आहे.

वरीलप्रमाणे विकसित झालेल्या स्वयंपोषी व विनॉक्सिपरपोषी सजीवात केंद्र नव्हते ते जीवाणूच्या स्वरूपात (Prokaryotes) होते. वातावरणात ऑक्सिजन साठल्यामुळे विनॉक्सि परपोषी जीवाणूंना मोठ्या अडचणींना तोंड द्यावे लागले. ऑक्सिजनमुळे त्यांच्या बाहेरील आवरणाचे विघटन सुरू झाले. त्यामुळे बरेच विनॉक्सि जीवाणू त्यात नष्ट झाले; परंतु त्यातील काही जीवाणूंनी ऑक्सिजनचा खुबीने वापर करून सेंद्रिय घटकातून जास्त ऊर्जा मिळवण्याचा मार्ग शोधला व अॅरोबिक जीवाणू उत्क्रांत झाले.

काही विनॉक्सि जीवाणूंनी प्रथिनांचा वापर करून स्वतः भोवती नवीन लवचिक आवरण तयार केले व विघटनापासून स्वतःचे संरक्षण केले. लवचिक आवरणामुळे त्यांना अन्नघटक पेशीच्या आतमध्ये घेता येऊ लागले व नको असलेले घटक बाहेर टाकता येऊ लागले आणि अशा पद्धतीने त्या भक्ष्य पेशी बनल्या. या भक्ष्य पेशींनी आपल्या विचारांना चक्रावून टाकणारी एक युक्ती शोधली. त्यांनी या आवरणाचा फायदा घेऊन इतर जीवाणूंना गिळंकृत केले व त्यांचा डीएनए स्वतःच्या डीएनएला जोडला. पेशींचा आकार मोठा झाला व डीएनएची लांबी वाढल्यामुळे पेशीत केंद्र तयार झाले. अशा प्रकारे केंद्र असलेल्या प्रपेशींची (युकॅरिऑट्स) ची उत्पत्ती १.६ अब्ज वर्षांपूर्वी झाली.

पहिली वनस्पती पेशी : काही भक्ष्य प्रपेशींनी ॲरोबिक जीवाणू व स्वयंपोशी जीवाणूंना (सायनोबॅक्टेरिया) गिळून टाकले व स्वतःच्या पेशीत सामावून घेऊन सहजीवनास सुरुवात केली. गिळंकृत केलेल्या ॲरोबिक जीवाणूचे रूपांतर मायटॉकॉंड्रियात झाले व स्वयंपोषी पेशीचे (सायनोबॅक्टेरिया) रूपांतर हरित लवकेमध्ये (क्लोरोप्लास्ट) झाले. अशा प्रकारे पहिल्या वनस्पती पेशीचा विकास एक अब्ज वर्षांपूर्वी झाला, हीच वनस्पती पेशी जगातील विविध वनस्पतींची समान पूर्वज आहे.

पहिली प्राणीपेशी : काही भक्ष्य प्रपेशींनी ॲरोबिक जीवाणूंना गिळंकृत केले व स्वतःच्या पेशी द्रव्यात त्यांना सामावून घेतले व निवारा दिला, त्या मोबदल्यात ॲरोबिक जीवाणूंनी ऑक्सिजनचा उपयोग करून भक्ष्य पेशींना जास्त ऊर्जा मिळवून दिली. अशा प्रकारे एकमेकांना साह्य करून त्यांनी सहजीवन सुरू केले, पुढे एरोबिक जीवाणूंचे रूपांतर मायटॉकॉंड्रियात झाले. या पद्धतीने एक अब्ज वर्षांपूर्वी पहिल्या प्राणी पेशीची उत्पत्ती झाली. या प्राणी पेशीपासून मानवासह सर्व प्राण्यांची उत्पत्ती झाली म्हणून हा आपला सर्वांत प्राचीन समान पूर्वज आहे.

सजीवांचा पुढील विकास व वंशवृक्ष बाजूच्या पानावर दिलेला आहे त्याचे अवलोकन केल्यास आपल्याला सर्व प्राण्यांची वंशावळी लक्षात येईल.

एकपेशीय सजीवांचा विकास ७५ ते ७० कोटी वर्षांपूर्वी स्पंज व जलव्यालासारख्या बहुपेशीय प्राण्यात झाला. जलव्यालांचे परिवर्तन ६० कोटी वर्षांपूर्वी किडे व जंतात झाले. जंताचा विकास ४२ कोटी वर्षांपूर्वी माशात (मासे) झाला. माशांपासून ३६ कोटी वर्षांपूर्वी उभयचर उत्क्रांत झाले. ३० कोटी वर्षांपूर्वी उभयचराचे परिवर्तन सरिसृप प्राण्यात झाले. सरिसृपचे परिवर्तन दोन शाखांत झाले. पहिल्या शाखेवर २० कोटी वर्षांपूर्वी मूळ सस्तन प्राण्यांची

वेगवेगळ्या प्राण्यांची उत्पत्ती व पूर्वज रेखा

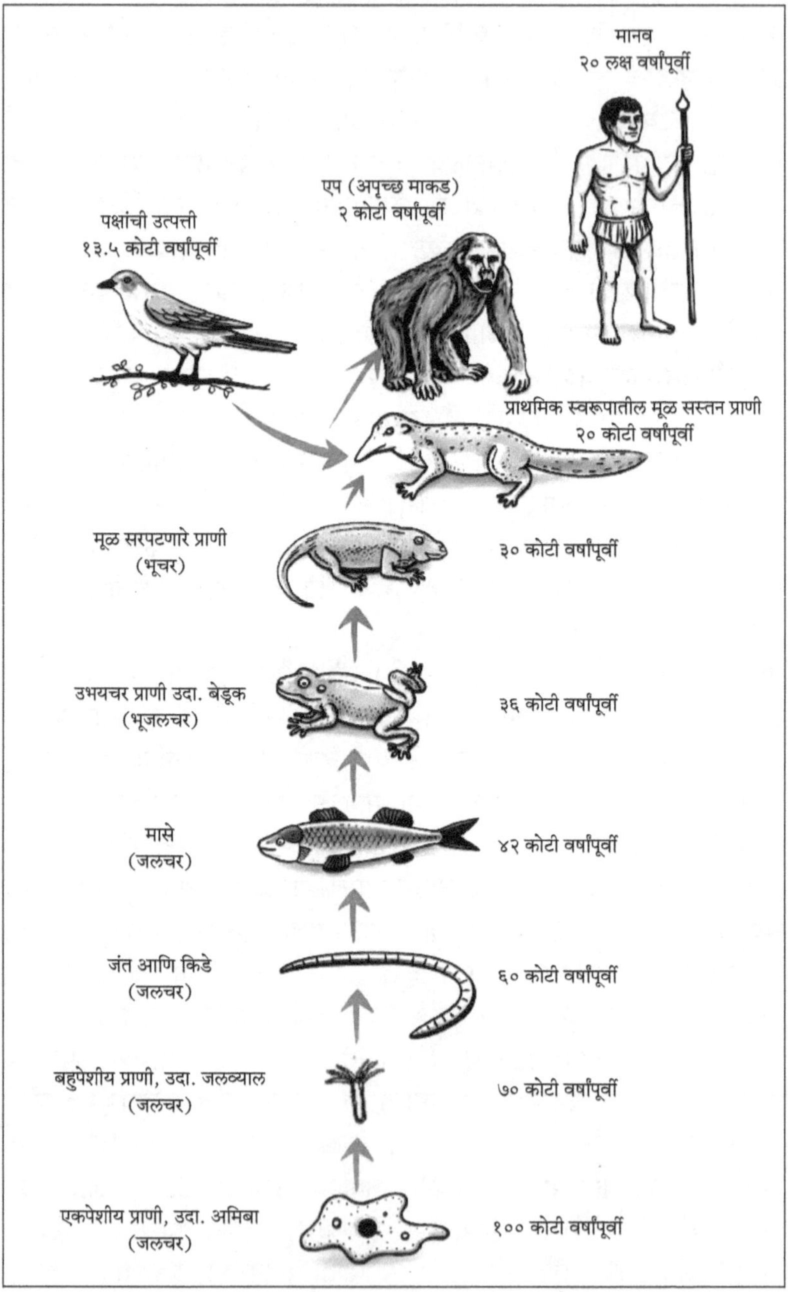

उत्क्रांती झाली व १३.५ कोटी वर्षांपूर्वी दुसऱ्या शाखेवर पक्षांची उत्पत्ती झाली. काही मूळ सस्तन ६.५ कोटी वर्षांपूर्वी झाडावर स्थलांतरित झाले व माकडवर्गीय प्राण्यांची उत्क्रांती झाली. अशाच प्रकारे अपुच्छ माकडाचे परिवर्तन ४० लक्ष वर्षांपूर्वी एप मानवात व नंतर २० लक्ष वर्षांपूर्वी मानवात परिवर्तन झाले.

जीवाश्म : पृथ्वीच्या भौगोलिक रचनेत व पर्यावरणात सातत्याने बदल होत असतात. भौगोलिक स्थित्यंतराचा व पर्यावरणातील बदलांच्या सजीवांच्या जगण्यावर व विकासावर परिणाम होतो आणि त्याच्यात अनेक प्रकारचे बदल होऊन विविधता निर्माण होते. जीवाश्मांच्या साह्याने प्राचीन काळातील प्राणी व वनस्पतींचा अभ्यास करता येतो, जीवाश्मांचा अभ्यास म्हणजे पृथ्वीच्या भूतकाळातील सहल आहे, असे भूगर्भशास्त्रज्ञ मानतात. त्यामुळे जैविक उत्क्रांती, वेगवेगळ्या सजीवातील आनुवंशिक संबंध आणि त्यांच्या पूर्वजांचा अभ्यास करता येतो. भूपृष्ठातील खडकात किरणोत्सर्गी घटकांच्या रूपात नैसर्गिक घड्याळ असते, त्यांच्या साह्याने खडकांचे व जीवाश्मांचे वय निश्चित करता येते. भूकाल-गणना आणि जैविक उत्क्रांतीच्या अभ्यासात जीवाश्मांना लेखी पुराव्याएवढे महत्त्व आहे.

उत्खननात सापडलेल्या भूतकाळातील प्राणी आणि वनस्पतींच्या खडकात जतन झालेल्या अवशेषांना जीवाश्म म्हणतात. त्यांचे जतन स्तरित खडकात होते. गाळ अथवा वाळूचे एकावर एक थर साचून अनेक थरांनी असे खडक बनलेले असतात. हे थर एकावर एक आडवे व समांतर असतात. स्तरित खडकांचे खालचे थर सर्वांत प्राचीन तर वरचे थर क्रमाने नवे असतात. गाळाचे थर साचत असताना त्या त्या काळातील सजीवांचे मृतदेह जमिनीत गाडले जातात व त्यांच्या काही भागांचे जीवाश्मरूपात जतन होते. सर्वांत खालच्या थरात सापडलेले जीवाश्म सर्वांत प्राचीन असतात व वरच्या थरात सापडलेले जीवाश्म क्रमाने त्यानंतरचे असतात.

बर्फात किंवा ज्वालामुखीच्या राखेत कधी कधी प्राण्यांच्या पूर्ण शरीराचे जतन होते, त्याला मॅमथ म्हणतात. सायबेरियात २०,००० पूर्वीचे मोठमोठ्या ५० हत्तींचे मॅमथ बर्फात आढळून आलेले आहेत. त्यांचे शरीर, मांस, त्वचा व केसासह जसेच्या तसे जतन झालेले आहेत.

कधी कधी कीटक वृक्षांच्या चिकट स्रावात (Resins) अडकून पडतात त्यांच्या शरीराभोवती स्राव गोळा होता. हवेच्या संपर्कात आल्यामुळे तो स्राव पारदर्शक, पिवळसर घन पदार्थात रूपांतरित होतो व पूर्ण कीटकाचे जसेच्या

तसे जतन होते. युरोपातील बाल्टिक भागात ४० दशलक्ष वर्षांपूर्वीचे कीटकांचे जीवाश्म मिळाले आहेत.

अश्मीभूत अवशेष : मृत शरीरातील सेंद्रिय पदार्थांची जागा सिलिका, कॅल्शियम, कार्बन, गंधकासारखे खनिज घेतात आणि संबंध शरीर अश्मात रूपांतरित होते. तो खडकाचा दगड प्राचीन प्राण्याच्या किंवा वनस्पतीच्या शरीराचा आकार घेतो, यात मूळ सजीवाच्या कोणत्याही भागाचे जतन होत नाही.

ठसे (साचा) : जमिनीत गाडल्या गेलेल्या प्राचीन प्राण्यांचे शरीर सडते आणि खडकात त्याच्या शरीराच्या आकाराची पोकळी निर्माण होते. त्यालाच साचा म्हणतात. ल्युसी या आदिमानवाच्या पायांचे ठसे इथोपियात ज्वालामुखीच्या राखेत जसेच्या तसे जतन झालेले आहेत.

जीवाश्मांचे वय निश्चित करणे : महत्त्वाचा प्रश्न हा आहे, की उत्खननातून सापडलेल्या जीवाश्मांचे वय निश्चित कसे करायचे? विलार्ड लिबी (Willard Libby) या अमेरिकन शास्त्रज्ञाने १९४०मध्ये जीवाश्मांचे वय निश्चित करण्याचे एक विशेष तंत्र शोधून काढले. या तंत्राला रेडिओकार्बन डेटिंग असे म्हणतात. या संशोधनाबद्दल त्याला १९६०मध्ये नोबेल पारितोषिक मिळाले.

कार्बन^{१४} (C^{14}) हा किरणोत्सर्गी मूलद्रव्य कार्बनचा एक विशेष प्रकार आहे. अशी मूलद्रव्य अस्थिर असतात. त्यांचा सतत ऱ्हास होत असतो. वातावरणात साधा कार्बन, कार्बनडाय ऑक्साइडच्या रूपात असतो. पृथ्वीच्या वातावरणात सतत वैश्विक किरणांचा आघात होत असतो, त्यामुळे वातावरणातील रेणूमधून न्यूट्रॉनचे कण वेगळे होतात. हे असंख्य वेगवान न्यूट्रॉन कण वातावरणातील नायट्रोजन रेणूवर आदळतात व त्याच्या केंद्रातील एका प्रोटॉनला हुसकावून लावतात व तिथे थांबतात व या प्रक्रियेने कार्बन^{१४} (C^{14}) या किरणोत्सर्गी मूलद्रव्याची निर्मिती होते ज्याच्या केंद्रात ६ प्रोटॉन्स व ८ न्यूट्रॉन्स असतात.

न्यूट्रॉन कण + नायट्रोजन १४ = कार्बन १४ + प्रोटॉन

पृथ्वीवर एकूण ११८ मूलद्रव्ये आहेत, त्यापैकी ९४ मूलद्रव्य नैसर्गिकपणे आढळून येतात. मूलद्रव्याच्या लहानात लहान कणाला अणू म्हणतात. प्रत्येक अणू तीन प्रकारच्या कणांनी बनलेला असतो. प्रोटॉन, इलेक्ट्रॉन आणि न्यूट्रॉन. अणूच्या केंद्रात प्रोटॉन हा धनभारित कण असतो, त्याला वजन असते. इलेक्ट्रॉन अणूच्या भोवती घिरट्या घालत असतो, तो ऋणभारित असतो व

त्याचे वजन नगण्य असते. न्यूट्रॉन केंद्रात असतो. त्याला वजन असते व तो भाररहित असतो. प्रत्येक अणूत जेवढे प्रोटॉन असतात, तेवढेच इलेक्ट्रॉन असतात. प्रत्येक मूलद्रव्यात अणूतील प्रोटॉन्सची संख्या विशिष्ट असते, त्याला ॲटोमिक नंबर म्हणतात. ॲटोमिक नंबर बदलला, की मूलद्रव्य बदलते. उदा. - हायड्रोजनचा ॲटोमिक नंबर १, हीलियमचा २, लिथियमचा ३, बेरिलियमचा ४, बोरोनचा ५, कार्बनचा ६, नायट्रोजनचा ७ इत्यादी. प्रत्येक अणूच्या केंद्रात जेवढे प्रोटॉन असतात. तेवढेच किंवा जास्त न्यूट्रॉन असतात. प्रोटॉन आणि न्यूट्रॉन्सची बेरीज करून जी संख्या येते त्यास मास नंबर म्हणतात.

सामान्य कार्बनमध्ये ६ प्रोटॉन्स आणि ६ न्यूट्रॉन्स असतात. म्हणून कार्बनचा मासनंबर १२ आहे. नायट्रोजनमध्ये ७ प्रोटॉन्स व ७ न्यूट्रॉन्स असतात, म्हणून नायट्रोजनचा नंबर १४ आहे. कार्बन^{१४} मध्ये ६ प्रोटॉन्स व ८ न्यूट्रॉन्स असतात, त्याचा नंबर १४ आहे. किरणोत्सर्गी कार्बन अस्थिर असतो.

किरणोत्सर्गी कार्बन^{१४} वातावरणातील साध्या कार्बनबरोबर मिसळून जातो आणि कार्बन^{१४}डायऑक्साइड रूपांतरित होतो. प्रकाश संश्लेषणाच्या प्रकियेद्वारे साध्या CO_2बरोबर किरणोत्सर्गी $C^{14}O_2$ वनस्पतींच्या शरीरात प्रवेश करतो व कार्बोदके तयार होतात. वनस्पतींकडून अन्नसाखळीबरोबर प्राण्यांच्या शरीरात प्रवेश करतात. साधे कार्बन^{१२} व किरणोत्सर्गी कार्बन^{१४}चे प्रमाण सजीवांच्या शरीरात स्थिर असते. सजीवांच्या मृत्यूनंतर कार्बन^{१४} चा हळूहळू ऱ्हास सुरू होतो. मृत शरीरात कार्बन^{१४} चे प्रमाण किती शिल्लक आहे, त्यावरून त्या जीवाश्माचे वय निश्चित करता येते.

किरणोत्सर्गी मूलद्रव्याच्या मूळ वस्तुमानाचा ऱ्हास होऊन अर्धे वस्तुमान शिल्लक राहण्यासाठी जो कालावधी लागतो, त्याला त्या द्रव्याचे अर्धे आयुष्य (हाफ लाइफ) म्हणतात. किरणोत्सर्गी कार्बन^{१४} चे अर्धे आयुष्य ५७३० वर्षे आहे. म्हणजे ५७३० वर्षांनंतर मूळ कार्बन^{१४} चे अर्धे वस्तुमान शिल्लक राहते; तसेच ११४६० वर्षांनंतर पाव वस्तुमान शिल्लक राहते. या त्याच्या शिल्लक राहिलेल्या वस्तुमानाच्या प्रमाणावरून त्या जीवाश्माचे व खडकाचे वय निश्चित करता येते. कार्बन डेटिंगच्या पद्धतीने ७०,००० वर्षांपूर्वीच्या जीवाश्माचे वय निश्चित करता येते. त्यात + ४० वर्षे एवढी अचूकता आहे. वरीलप्रमाणे खडकातील किरणोत्सर्गी मूलद्रव्यांच्या विघटनाच्या प्रमाणावरून जीवाश्मांचे वय निश्चित करता येते. या पद्धतीला रेडिओमेट्री पद्धती असेही म्हणतात.

वेगवेगळ्या किरणोत्सर्गी मूलद्रव्यांचे अर्धे आयुष्य खालीलप्रमाणे आहे.

रुबेडियम ८७ ते स्ट्राँशियम - ६ अब्ज वर्षे
युरेनियम २३८ ते लेड २०६ - ४.५ अब्ज वर्षे
कार्बन १४ - ५५६८ वर्षे
पोटॅशियम ४० ते ऑर्गान ४० - १.३ अब्ज वर्षे

पोटॅशियम - ऑर्गान पद्धत : पोटॅशियममध्ये सर्वसाधारणपणे ०.०१९ किरणोत्सर्गी पोटॅशियम असते ते सर्व खडकात आढळून येते. म्हणून ही पद्धत जीवाश्मांचे वय निश्चित करण्यासाठी वापरली जाते. किरणोत्सर्गी पोटॅशियमचे विघटन कॅल्शियम व ऑर्गानमध्ये होते. त्याचे अर्धे आयुष्य १.३ अब्ज वर्षे आहे. वर्तमानात ही पद्धत वापरून पूर्व आफ्रिकेत सापडलेल्या मानवाच्या पूर्वजांच्या जीवाश्मांचे वय निश्चित केले आहे.

विभाग - २

पूर्वजांची श्रृंखला

प्रकरण सहावे

आपले आप्त

विज्ञानातील पुढील संशोधनानंतर आता हे स्पष्ट झालेले आहे, की मानवाची उत्क्रांती ही वस्तुस्थिती आहे तो केवळ सिद्धान्त नव्हे. मानवाच्या एकानंतर एक येणाऱ्या प्रत्येक पिढीचे निरीक्षण केल्यास आपल्या लक्षात येते, की जन्मणारी प्रत्येक पिढी पहिल्या पिढीपेक्षा वेगळी असते. मुलात व आई-वडिलांत साम्य असले, तरी मुले हुबेहूब आईसारखी किंवा वडिलांसारखी नसतात. त्यांच्या रंगात, उंचीत, चेहऱ्यात, नाकाच्या ठेवणीत, डोळ्यांत फरक असतो.

यावरून हे स्पष्टपणे लक्षात येते, की माणसाच्या आनुवंशिकतेत प्रत्येक पिढीत व प्रत्येक मुलात बदल होतात. एखाद्या अनोळखी व्यक्तींच्या समूहात प्रथमदर्शनी आपल्याला सर्व व्यक्ती सारख्या दिसतात. उदा. - जपानी व्यक्तींचा समूह; परंतु निरीक्षणानंतर हळूहळू प्रत्येक व्यक्तीतील फरक आपल्या लक्षात येतो. घरात एखादे लहान मूल जन्मले, तर आपण म्हणतो, 'अरे हा तर त्याच्या आईकडील आजोबांसारखा दिसतो.' काही झाले, तरी त्याला हे गुण त्याच्या आईकडून मिळालेले असतात, तरी पण तो हुबेहूब आजोबांसारखा नसतो. जन्माला येणाऱ्या मुलाबद्दल आपल्याला कोणतेच भाकीत करता येत नाही, की तो आईसारखा असेल की वडिलांसारखा, यावरून उत्क्रांती ही प्रक्रिया अनियमित असते.

मागील शतकात मानवाच्या उत्क्रांतीसंबंधी अनेक प्रकारचे जीवाश्म सापडलेले आहेत. उत्खननात सापडलेल्या प्राचीन सजीवांच्या खडकातील जतन झालेल्या

अवशेषांना जीवाश्म असे म्हणतात. सध्या अस्तित्त्वात असलेल्या सजीवांच्या जतन झालेल्या मृत अवशेषांना जीवाश्म म्हणत नाहीत. मानवाच्या सांगाड्याशिवाय, एप व माकड यांचे विविध प्रकारचे जीवाश्म सापडलेले आहेत. त्याचबरोबर काही सांगाडे एपसारखा मानव, मानवासारखा एप, एपसारखे माकड व मानवासारखे माकड या मधल्याच प्रकारच्या दोन गटांना सांधणारे दुवे मिळालेले आहेत; तसेच भूजलचरसारखे मासे, सरिसृपसारखे भूजलचर, सस्तनसारखे सरिसृप यासारखे दोन भिन्न वर्गांच्या सजीवांना जोडणारे मधलेच अनेक दुवे सापडले आहेत. या जीवाश्मांच्या साह्याने माणूस, एप व माकड यांच्यातील आनुवंशिक संबंध काय आहेत? ते प्रस्थापित करता येणे सोपे झालेले आहे. उत्क्रांतीचा अभ्यास फक्त इतिहास नाही, तर तो इतिहास आणि विज्ञान या दोन्हींचा अभ्यास असतो. इतिहास म्हणजे भूतकाळातील घटनांची पुनर्बांधणी करणे, तो काही वेळेस गोष्टीसारखा असतो; परंतु उत्क्रांतीत इतिहासाशिवाय विज्ञानातील अनेक मूलतत्त्वांचा पडताळा असतो. वस्तुस्थिती जाणून घेण्याचा प्रयत्न केलेला असतो.

आतापर्यंत जगाच्या वेगवेगळ्या भागात; तसेच आफ्रिकेत मानवाच्या विकास अवस्थांचे अनेक जीवाश्म मिळाले. जीवाश्मांच्या अभ्यासानंतर लक्षात येते, की मानवाच्या उत्क्रांतीस फार प्रदीर्घ कालावधी लागला आहे. या प्रक्रियेची सुरुवात सुमारे ६.५ कोटी वर्षांपूर्वी पूर्व आफ्रिकेत झाली. आनुवंशिकतेने मानवाच्या जवळच्या पूर्वजांची उत्पत्ती १.५ कोटी वर्षांपूर्वी झाली असावी आणि प्राचीन मानवाची उत्क्रांती सुमारे ३० लक्ष वर्षांपूर्वी झाली, असे अनुमान आहे. आधुनिक मानवाचा म्हणजे आपला विकास केवळ ५०,००० वर्षांपूर्वी आफ्रिकेत झाला आणि १५,००० - १०,००० वर्षांपूर्वी तो जगाच्या वेगवेगळ्या भागात स्थलांतरित झाला असावा, असे मानववंश शास्त्रज्ञांचे मत आहे.

समजा एखादे लहान मूल हरवले, घराबाहेरच लहानाचे मोठे झाले. तरुण झाल्यावर त्याला प्रश्न पडतो, आपले आईवडील कोण? आपले घर कुठे आहे? तो या प्रश्नांची उत्तरे शोधण्याचा प्रयत्न करतो व आपल्या आईवडिलांचा शोध घेत असताना जेव्हा त्याला त्याच्या चुलत भावंडांचा शोध लागतो, तेव्हा खूप आनंद होतो, कारण आता त्याला त्याचे आई-वडील, सख्खी भावंडे आणि स्वत:चे घर शोधणे सोपे होते. चिम्पांझी आपला चुलत आप्त आहे हे डीएनए परीक्षणाने सिद्ध झालेले आहे, म्हणून आता आपल्या पूर्वजांचा शोध घेणे सोपे आहे. जीवशास्त्रात एखाद्या सजीवाचा व त्याच्या आप्त आणि पूर्वजांचा अभ्यास करायचा असेल, तर सर्व प्रथम त्याच्या वर्गीकरणाचा अभ्यास करणे आवश्यक आहे. म्हणून मानवाचे

वर्गीकरणातील स्थान कोणते आहे, हे निश्चित केल्यानंतर वाटेत भेटणाऱ्या आपल्या आप्तांचा अभ्यास करत-करत आपण पूर्वजांच्या शोधमोहिमेवर पुढे जाऊ.

मानवाचे वर्गीकरण :

कार्ल लिनियस (१७०७-१७७८) या स्वीडिश निसर्ग शास्त्रज्ञाने इसवी सन १७५३मध्ये अनेक वनस्पती व प्राण्यांच्या बाह्यरूपाचा अभ्यास करून त्यांचे वेगवेगळ्या गटात वर्गीकरण केले, म्हणून त्याला वर्गीकरण शास्त्राचा जनक म्हणतात. त्याने सजीवांतील समान व भिन्न भिन्न गुणांचा अभ्यास करून सारखे गुणधर्म असणाऱ्या सजीवांचे वर्गीकरण एकाच गटात केले व भिन्न भिन्न गुणधर्म असणारे सजीव वेगळ्या गटात टाकले. त्याने मानव, एप व माकडांच्या शरीररचनेतील समान गुणधर्मांचा अभ्यास करून मानवाचे वर्गीकरण माकडवर्गीय प्राण्यांत केले. त्यामुळे मानववंश शास्त्रज्ञांनी मानव, एप व इतर माकडांचा तुलनात्मक अभ्यास करण्यास सुरू केले. लिनियसने १७५८मध्ये द्विनाम पद्धतीचा शोध लावला. त्यामुळे प्रत्येक सजीवाला अर्थपूर्ण अशी दोन नावे मिळाली १) प्रजाती (जीनस) २) जाती (स्पेसीज) याप्रमाणे त्याने मानवाला *होमो सॅपियन्स* (Homo sapiens) हे शास्त्रीय अर्थपूर्ण नाव दिले.

प्रजाती (जीनस): *होमो* = माणूस

जाती (स्पेसीज) *सॅपियन्स* = शहाणा, विवेकशील.

लिनियसने मानवाचे वर्गीकरण प्राणी जगतात करून खालीलप्रमाणे त्याचे स्थान निश्चित केले.

मानवाचे वर्गीकरण:

१) **राज्य (किंगडम)** : प्राणी जगत (ॲनिमालिया)
   वैशिष्ट्ये : सर्वांना श्वासोच्छ्वासासाठी ऑक्सिजन लागतो. अन्न गिळणारे व विष्ठा बाहेर फेकणारे सजीव. उदा. - मानवासह सर्व प्राणी.

२) **संघ (फायलम)** : पृष्ठवंशीय (कोरडेटा)
   वैशिष्ट्ये : कुर्चा (कार्टीलेज) व अस्थी (बोन्स) असणारे प्राणी

३) **उपसंघ (सबफायलम)** : व्हर्टिब्रेटा
   वैशिष्ट्ये : पाठीचा कणा, कवटी व जबडे असणारे सर्व प्राणी
   उदा. - मासा, बेडूक, सरडा, पक्षी, ससा, माकड, एप, माणूस इत्यादी.

४) **वर्ग (क्लास)** : सस्तन (मॅमलिया)
   वैशिष्ट्ये : स्तन, बाह्य कान, अंगावर केस, उष्ण रक्त असणारे, पिलांना

जन्म देणारे व त्यांचे स्तनपानाने पोषण करणारे सर्व प्राणी या वर्गात येतात.
उदा. - ससा, गाय, मांजर, माकड, एप, मानव इत्यादी

५) **पंथ (ऑर्डर)** : माकडपूर्व गट (प्रायमेट्स)
वैशिष्ट्ये : समोरच्या दोन पायांचा हातासारखा कौशल्यपूर्ण वापर करणारे, मेंदूचा आकार मोठा असणारे हुशार प्राणी, डोळे समोर कपाळाखाली असल्यामुळे दोन्ही डोळ्यांना एकच वस्तू पाहता येते, म्हणून नजर तीक्ष्ण असते. बोटावर चपटी नखे त्यामुळे त्यांना मूठ बंद करता येते.
उदा. - लिमर्स, टर्सियर्स, माकडे, एप व माणूस.

६) **उपपंथ (सबऑर्डर)** : माकडगट (अँथरापॉडी)
वैशिष्ट्ये : त्यांना चेहऱ्यावर हावभाव व्यक्त करता येतात. मादीत मासिक पाळी (मेंन्स्टुअल सायकल) असते.
उदा. - नवीन जगातील माकडे, जुन्या जगातील माकडे, एप व माणूस.

७) **मुख्य कुल (सुपर फॅमिली) वानरगट** : शेपटी नसलेला वानर गट (होमिनायडी)
वैशिष्ट्ये : झाडावर किंवा जमिनीवर राहणारे, हत्यार वापरणारे 'स्व'ची जाण (आत्मभान) असणारे, एकमेकांशी संपर्क करणारे हुशार प्राणी. उदा. - एप व माणूस.

८) **कुल (फॅमिली)** : मानवाचे कुल (होमिनिडी)
वैशिष्ट्ये : दोन पायांवर जलदगतीने चालणारे, बुद्धिमान प्राणी.
उदा. - ऑस्ट्रालोपिथिकस, होमो इरेक्टरस, निअँडरथल, क्रोमॅग्नॉन व आधुनिक मानव.

९) **प्रजाती (जीनस) *होमो*** : माणूस
वैशिष्ट्ये : बुद्धिमान, संभाषण कला अवगत असणारा व भाषेचा विकास झालेला मानव.
उदा. - निअँडरथल, क्रोमॅग्नॉन व आधुनिक मानव

१०) **जाती (स्पेसीज)** : *सॅपियन्स सॅपियन्स*
वैशिष्ट्ये : समंजस, बुद्धिमान, विवेकी, विचारी व जाणिवांची जाणीव असणारा मानव.
उदा. - या जातीचे सध्या अस्तित्वात असणारे एकमेव उदाहरण आहे आधुनिक मानव म्हणजे आपण सर्व.

सस्तन प्राण्यांचा विकास (क्लास मॅमेलिया):

मानव सस्तन प्राण्यांचा सदस्य आहे म्हणून आपण सस्तन प्राण्यांची वैशिष्ट्ये समजून घेऊन त्यांच्या उत्पत्तीबद्दलची माहिती जाणून घेऊ. यांना स्तनांच्या जोड्या असतात. ते पिलांना जन्म देतात. अंडी घालत नाहीत. स्तनपानाने पिल्लांचे पोषण करतात. त्यांच्या अंगावर केस असतात. त्यांना बाह्य कान असतात. त्यांच्या शरीराचे तापमान स्थिर असते. वातावरणातील तापमान बदलांचा परिणाम त्यांच्या तापमान बदलण्यावर होत नाही (वॉर्म ब्लडेड). म्हणजे उन्हामुळे त्यांचे तापमान वाढत नाही किंवा थंडीमुळे कमी होत नाही. उदा. - मानव, माकड, गाय, वाघ, उंदीर इत्यादी.

सुमारे २१ कोटी वर्षांपूर्वी ज्युरासिक महायुगात सरिसृप प्राण्यापासून प्राथमिक स्वरूपातील सस्तन प्राण्यांची उत्पत्ती झाली. ते आकाराने लहान चिचुंद्रीसारखे, कीटकभक्षी, चार पायांवर चालणारे निशाचर होते. रात्री क्रियाशील असणाऱ्या प्राण्यांना निशाचर म्हणतात. त्या काळी डायनोसॉर या अतिविशाल सरिसृप प्राण्यांचा प्रभाव असल्यामुळे सस्तन प्राण्यांचा विकास झाला नाही त्यांना त्यांचे अस्तित्व टिकवणेच कठीण होते. ते कसेबसे तग धरून आहे त्या स्थितीत जगत

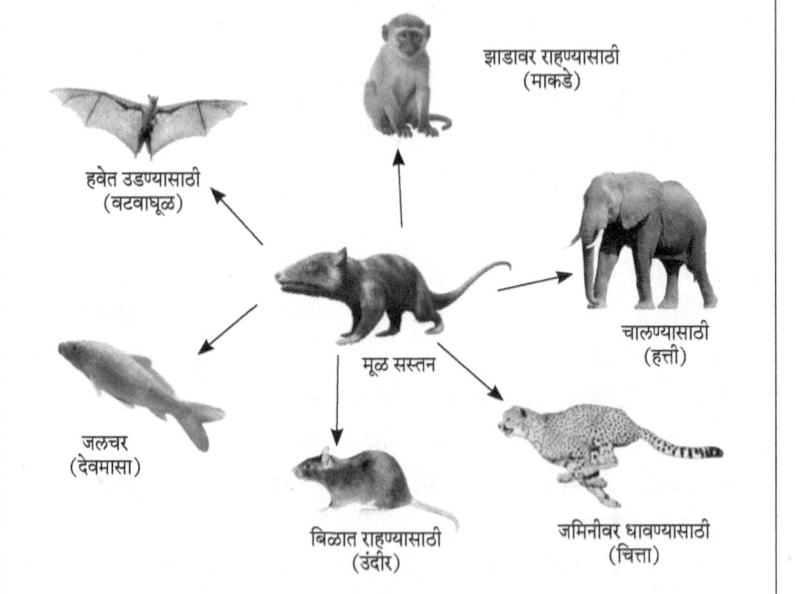

सस्तन प्राण्यांत अधिवासाप्रमाणे अनुकलन विकसित झाले.

राहिले. ६.५ कोटी वर्षांपूर्वी डायनोसॉरच्या ऱ्हासानंतर हे अविकसित लहान चिचुंद्रीसारखे दिसणारे सस्तन सुरक्षित, निर्भय व जास्त क्रियाशील झाले. सुमारे ६ ते ४.५ कोटी वर्षांपूर्वी ते वेगवेगळ्या पर्यावरणात व विभिन्न भौगोलिक अधिवासात स्थलांतरित झाले. त्या त्या भिन्न भिन्न परिस्थितीशी जुळवून घेण्यासाठी त्यांच्या पायांचा विकास वेगवेगळ्या दिशेने वेगवेगळे कार्य करण्यासाठी झाला.

उदा. - झाडावर राहाण्यासाठी, जमिनीवर धावण्यासाठी, जमिनीत बिळे करून राहाण्यासाठी, हवेत उडण्यासाठी, पोहण्यासाठी इत्यादी. अशा प्रकारे मूळ सस्तन प्राण्यांपासून विविध प्रकारच्या सस्तन जातींचा विकास झाला.

माकड वर्गीय प्राण्यांचा विकास : (ऑर्डर : प्रायमेट्स)

सुमारे ६.५ कोटी वर्षांपूर्वी जमिनीवर राहणारे काही अविकसित लहान चिचुंद्रीसारखे सस्तन झाडावर स्थलांतरित झाले. हेच माकड वर्गीय प्राण्यांचे पूर्वज आहेत. ते कीटकभक्षी व निशाचर होते. हळूहळू त्यांनी झाडांची पाने खाण्यास सुरुवात केली. झाडावरील वास्तव्यांसाठी आवश्यक असणारे बदल त्यांच्या शरीररचनेत सुरू झाले. त्यांना प्रत्येक बोटाची हालचाल स्वतंत्रपणे करता येऊ लागली. हाताच्या व पायांच्या अंगठ्याची रचना इतर चार बोटांच्या विरुद्ध झाल्यामुळे त्यांना हाताने व पायाने झाडाच्या फांद्या पकडता येऊ लागल्या. तीक्ष्ण खिळ्यासारख्या नखांची जागा पसरट चपट्या नखांनी घेतली. त्यामुळे प्रत्येक बोटाच्या अग्रकांड्याला आधार मिळाला व त्यांना मूठ बंद करता येणे शक्य झाले. दात व पचनसंस्था बहुभक्षी (ओम्निव्होरस) आहारासाठी विकसित झाली. त्यांच्या डोळ्यांची जागा बदलली, दोन्ही डोळ्यांची रचना कपाळाखाली समोर हाडाच्या खोबणीत झाली. त्यामुळे डोळ्यांना संरक्षण मिळाले. दोन्ही डोळ्यांनी

चिचुंद्रीसारखा मूळ सस्तन माकड वर्गीय प्राण्याचा पूर्वज

एकच वस्तू पाहणे शक्य झाले (बायनाक्युलर व्हीजन) म्हणून त्यांची नजर तीक्ष्ण झाली. त्यांना वस्तूचा आकार व अंतर स्पष्टपणे लक्षात येऊ लागले. त्यामुळे त्यांना झाडांच्या फांद्यावर सहजपणे हालचाल करणे जमले. तोंडाच्या पुढे वाढलेला भाग (स्नाउट) कमी झाला. इतर सस्तन प्राण्यांपेक्षा मेंदूचा आकार मोठा झाला म्हणून त्यांची हुशारी वाढली. अशा प्रकारे मूळ माकड वर्गीय प्राण्यांचा विकास झाला. ते जीवन जगण्यात अत्यंत यशस्वी झाले व जंगलात त्यांची संख्या वाढली. या मूळ स्वरूपातील अस्तित्वात असलेल्या काही माकड वर्गीय प्राण्यांच्या उदाहरणांची आपण ओळख करून घेऊ कारण ते ४.५ कोटी वर्षांपूर्वीपासूनचे आपले आप्त आहेत.

४ कोटी वर्षांपूर्वी माकड वर्गीय प्राण्यांचे दोन गटात वर्गीकरण झाले.

(१) माकडपूर्व गट (Prosimians)

(२) माकड गट (Anthrapoids)

(१) माकडपूर्व गट - अविकसित माकडे आकाराने लहान, नाकासह जबडे पुढे आलेले, निशाचर, काही बोटांना तीक्ष्ण खिळ्यांसारखी नखे. यांची अस्तित्वात असलेली काही उदाहरणे आपण पाहू.

१) लिमर्स : प्राचीन काळापासून आजही हे प्राणी त्यांचे अस्तित्व टिकवून आहेत. ते मादागास्कर बेटावर आढळून येतात. ते आकाराने लहान, झाडावर राहाणारे निशाचर प्राणी आहेत. त्यांचे डोळे मोठे व समोर कपाळाखाली असतात. मेंदू लहान असतो. नाकासह जबड्याचा भाग (स्नाउट) पुढे आलेला असतो.

लिमर्स

त्यांना ३६ दात आहेत. हात पाय लांब व अंगठा इतर बोटाच्या विरुद्ध असल्यामुळे त्यांना फांद्या पकडता येतात. दुसऱ्या क्रमांकाच्या बोटावर तीक्ष्ण खिळ्यासारखी नखे असतात, तर इतर सर्व बोटांना चपटी नखे असतात. ते जुळ्यांना जन्म देतात.

२) टर्सियर्स : हे लिमर्सपेक्षा अधिक विकसित आहेत. ते झाडावर राहातात. निशाचर व कीटकभक्षी आहेत. त्यांची शेपटी लांब आहे, ते शेपटीने फांद्या पकडतात. त्यांचे डोळे समोर व आकाराने खूप मोठे आहेत. दृष्टी अधिक तीक्ष्ण आहे. त्यांना रंग ओळखता येतात. जबड्यांचा भाग सपाट आहे. त्यांना ३४ दात आहेत. मागचे पाय लांब असतात व त्यांचा विकास उड्या मारण्यासाठी झालेला आहे. त्यांच्या मेंदूचा आकार मोठा आहे, ते हुशार आहेत. मादी जातीमध्ये मासिक पाळी आहे. यापूर्वी विकसित झालेल्या कोणत्याही सस्तन प्राण्यात मासिक पाळी नाही. यांचे अस्तित्व फिलिपिन्स व इंडोमलायात आढळून येते. त्यांना डोके फिरवून आजूबाजूस व मागे वळून पाहता येते. मान फिरविता येते. ते जुळ्यांना जन्म देतात.

अशाच प्रकारच्या पूर्वजांपासून चार कोटी वर्षांपूर्वी माकड गटातील (अँथरापॉइड्स) प्राण्यांची उत्पत्ती झाली. त्यात सर्व प्रकारची माकडे, एप व मानव येतात. टर्सियर्स व माकड गटातील प्राण्यांचे पूर्वज समान होते; ते काळाच्या ओघात लुप्त झाले.

टर्सियर्स

माकड गट (सब ऑर्डर - अँथरापॉइड्स) :

सुमारे चार कोटी वर्षांपूर्वी आफ्रिकेत पूर्व माकडवर्गीय (प्रायमेट्स) प्राण्यापासून माकड गटातील (अँथरापॉइड्स) प्राण्यांचा विकास झाला. या गटातील प्राणी दिवसा अन्नाच्या शोधात बाहेर पडतात व रात्री आराम करतात. त्यांच्या डोळ्यांचा व दृष्टीचा अधिक विकास झाला. रंगदृष्टी विकसित झाली, निळ्या, हिरव्या, लाल रंगाला संवेदनाशील शंकूपेशी डोळ्यांत तयार झाल्या. त्यामुळे त्यांना वेगवेगळ्या रंगातील फरक कळू लागले. मेंदूचा आकार वाढल्यामुळे ते अधिक हुशार झाले. ज्ञानेंद्रियांची कार्यक्षमता व संवेदनशीलता वाढली म्हणून ते अधिक सावध झाले. सभोवतालच्या परिस्थितीत किंचित बदल झाला, तरी त्या बदलाचे ज्ञान त्यांना प्राप्त होऊ लागले. ते समूहाने राहतात. त्यांना चेहऱ्यावर हावभाव प्रकट करता येतात. मायोसिन युगाच्या आरंभी सुमारे ३ ते २.५ कोटी वर्षांपूर्वी माकड (अँथ्रपॉइड) गटाचे मुख्य तीन कुलात विभाजन झाले १) नवीन जगातील माकडे २) जुन्या जगातील माकडे ३) होमिनॉइड्स (पुच्छ विरहित माकडे)

१) नवीन जगातील माकडे : ३ कोटी वर्षांपूर्वी काही माकडे पूर्व आफ्रिकेतून अमेरिकेत स्थलांतरित झाली. तेथील नवीन वातावरणात ती स्वतंत्रपणे विकसित झाली, त्यांच्या वंशजांना नवीन जगातील माकडे म्हणतात. ती सर्व झाडांवर राहतात. त्यांचे नाक चपटे आणि पसरट आहे, शेपटी लांब असते व ते शेपटीने झाडाची फांदी धरू शकतात. त्यांना ३६ दात असतात. दक्षिण आणि मध्य अमेरिकेत त्यांचे वास्तव्य आढळून येते. अविकसित माकडाप्रमाणे ते जुळ्यांना जन्म देतात.

नवीन जगातील माकडे

जुन्या जगातील माकडे

२) जुन्या जगातील माकडे : २.५ कोटी वर्षांपूर्वी काही माकडांचे आफ्रिकेतून अमेरिकेत स्थलांतर झाल्यानंतर आफ्रिका खंडात शिल्लक राहिलेल्या माकडांचे विभाजन (१) जुन्या जगातील माकडे व (२) होमिनॉइड्स या दोन गटात झाले. जुन्या जगातील माकडे आफ्रिका आणि दक्षिण आशिया खंडात प्रामुख्याने आढळून येतात. त्यांचे नाक उंच, निमुळते, पुढे झुकलेले व नाकपुड्या जवळ जवळ आहेत. त्यांचा वावर झाडावर व जमिनीवर असतो त्यांची शेपटी आखूड आहे, त्यामुळे शेपटीने त्यांना झाडाची फांदी धरता येत नाही. दीर्घ काळ बसता यावे म्हणून त्यांना बैठकीच्या जागी त्वचेचे मजबूत पॅड आहे. जुन्या जगातील माकडे, एप आणि माणूस यांच्यात काही समान गुणधर्म आहेत. इतर अविकसित माकडांपेक्षा त्यांचा मेंदू मोठा आहे. काही माकडांत शेपटी नाही. बाह्य कान लहान. तळवे पसरट, बोटावर पसरट नखे आहेत. चेहऱ्यावर हावभाव प्रकट करू शकतात, मादी माकडात मासिक पाळी आहे. तोंडात ३२ दात असतात, तर पाठीच्या मणक्यांची संख्या कमी आहे (लेस नंबर ऑफ लंबर व्हर्टिब्रे). ते कळप करून राहतात, सामान्यपणे माकडे झाडावर राहतात व सर्व भक्षक असतात.

बबून

उदा. - बबून :- जुन्या जगातील माकडाच्या अनेक उदाहरणांपैकी बबून हे एक उदाहरण आहे. आपण त्याची माहिती घेऊ. बबून शाकाहारी आहेत. ते झाडावर राहतात. त्यांचे तोंड कुत्र्यासारखे

असते. स्वसंरक्षणासाठी त्यांचे दात मोठे असतात. ते चार पायांच्या तळव्यावर चालतात. बोटे आणि अंगठे आखूड आहेत. शेपटी आखूड व तोल सांभाळण्यासाठी उपयुक्त आहे. नाक, तोंड व जबडा लांब आहे. मोठे दात लांब जबड्यात सहज सामावतात. आपल्या भागात आढळणारे काळ्या तोंडाचे वानर व लाल तोंडाची माकडे याच गटातील उदाहरणे आहेत.

३) शेपटी नसलेला वानर गट (सुपर फॅमिलीः होमिनायडी):

पुच्छविरहित सर्व वानर (एप) या मुख्य कुलात येतात. यांचा उदय २.५ कोटी वर्षांपूर्वी माकड वर्गीय गटापासून (अँथरापॉइड्स) आफ्रिका खंडात झाला. या मुख्य कुलाचे विभाजन खालील दोन उपकुलात झाले.

उपकुल क्र. १. एप (पाँजिडी):- सर्व प्रकारचे एप या कुलात येतात. ते सर्व शेपटी नसलेले वानर आहेत. उदा. - गोरिला, चिम्पांझी, ओरांगउटान, गिबन इत्यादी.

उपकुल क्र. २ होमिनिडी :- आदिमानव व मानवाचे हे कुल आहे.

एप आणि आदिमानव समान पूर्वजांपासून उत्क्रांत झाले, त्यामुळे ते एकमेकांचे चुलत आप्त आहेत. आपल्याला मानवाच्या पूर्वजांचा शोध घेण्यासाठी पाँजिडी म्हणजेच एपच्या शरीररचनेतील वैशिष्ट्ये काय आहेत; तसेच एप आणि आधुनिक मानवाच्या शरीररचनेत काय साम्य आहे व काय फरक आहे ते समजून घेणे आवश्यक आहे.

१) एप (पाँजिडी) : हे सर्व पुच्छविरहित वानर आहेत. उदा. - गिबन, ओरांगउटान, गोरिला आणि चिम्पांझी या कुलात येतात. हे मानवाचे जवळचे नातेवाईक आहेत. ते नात्याने आपले चुलत आप्त आहेत; कारण एप व प्राचीन मानवाची उत्पत्ती पुच्छविरहित वानर या समान पूर्वजांपासून झाली आहे. एपचा आकार, शरीररचना, शरीरविज्ञानशास्त्र व वर्तन मानवासारखे आहे. गिबन सोडता सर्व एपचा आकार माकडापेक्षा मोठा आहे. गिबनचा आकार मात्र माकडा एवढाच आहे. एप झाडावर राहातात, त्यांना शेपटी नाही. त्यांचे हात, पायापेक्षा लांब आहेत. ते लांब हातांनी झाडांच्या फांद्या पकडून हेलकावे (स्विंग) घेत अत्यंत गतीने झाडावर स्थलांतर करतात. हेलकावे घेण्यामुळे त्यांच्या लांब हातांचा विकास झाला. त्यांच्या सर्व अंगावर केस आहेत. त्यांच्या मेंदूचा आकार माकडांच्या मेंदूपेक्षा मोठा आहे, म्हणून ते मानव सोडून इतर प्राण्यांपेक्षा हुशार आहेत. ते अर्धवट कुबड काढून दोन पायांवर उभे राहतात. चालताना त्यांच्या गुडघ्यात बाक असतो. पायांचा

अंगठा इतर चार बोटांच्या विरुद्ध बाजूस आहे, म्हणून त्यांना पायानेदेखील फांद्या पकडता येतात. पाठीच्या कण्याला बाक नाही. मेंदूपासून निघणाऱ्या मज्जारज्जू (स्पायनल कॉर्ड) साठी कवटीला पाठी मागून छिद्र आहे, म्हणून यांना दोन पायांवर ताठ उभे राहता येत नाही व दोन पायांवर चालता येत नाही. ते चार पायांवर चालतात. नाकासह त्यांचे दोन्ही जबडे पुढे आलेले (स्नाउट) आहेत. भुवयांखालचे हाड वाढलेले आहे, हनुवटी नाही. मान आखूड आहे, खांद्यावर बसके डोके आहे व मानेची हालचाल कमी होते, म्हणून मानवासारखी त्यांना मान फिरवता येत नाही. जबडे मोठे आहेत. दातांची रचना इंग्रजीतील U च्या आकाराची आहे. समोरचे दात मोठे आहेत. सुळे मोठे आणि तिरपे आहेत. सुळ्या दातात आणि समोरच्या दातात फट आहे. (सीमियन गॅप). जबड्यात दोन्ही बाजूस अविकसित दाढा आहेत. नराचा आकार मादीपेक्षा व वजन मादीपेक्षा खूप जास्त असते. ओरांगउटान, गोरिला आणि चिम्पांझी चार पायांनी चालताना, समोरच्या पायांच्या मुठीवर चालतात (कंकल वॉकर). गोरिला आणि चिंपांझी अधिक हुशार आहेत. ते माणसाला लाजतात. साधे हत्यार वापरू शकतात. चिन्हरूपातील भाषा शिकण्याची त्यांच्यात क्षमता आहे. या आपल्या चुलत आप्तांची थोडक्यात माहिती घेऊन आपण आपल्या पूर्वजांच्या शोध मोहिमेला पुढे जाऊ या.

१) गिबन : यांचे वास्तव्य दक्षिण आशिया खंडात आढळून येते. ते झाडावर राहातात. हे अविकसित स्वरूपातील एप आहेत. ते आकाराने लहान असतात. त्यांचे वजन ११ ते १२ किलो असते. ते अत्यंत सराइतपणे व चपळतेने झाडाच्या एका फांदीवरून दुसऱ्या फांदीवर फिरतात. त्यांच्या लांब

गिबन

लांब हातांनी हेलकावे घेत कौशल्याने झाडांवरून फिरताना त्यांच्या पायांची घडी असते. यांच्यात नर आणि मादीच्या जोड्या ठरलेल्या असतात व त्यांचे क्षेत्रही ठरलेले असते. आईवडील दोघे मिळून पिल्ले प्रौढ होईपर्यंत त्यांचे संगोपन करतात. ते १.५ कोटी वर्षांपूर्वी आपल्या कुलातून विभक्त झालेले आहेत.

ओरांगउटान

२) ओरांगउटान : बोर्निओ आणि सुमात्रा या बेटावर आढळून येतात. हे आकाराने खूप मोठे आहेत. काही नरांचे वजन ९० ते ९५ किलोपर्यंत असते. पूर्ण वाढ झालेले नर सोडून बाकी सर्व झाडावर राहातात. जमिनीवर चार पायांवर चालतात समोरच्या पायांच्या बंद मुठीवर चालतात. ते गोरिला आणि चिम्पांझी यांच्या अगोदर मानव वंशावळीपासून विभक्त झाले आहेत. फळे हाच त्यांचा मुख्य आहार असतो. त्याच बरोबर ते पाने, फुले, झाडांची साल, मध, कीटक व पक्ष्यांची अंडी खातात. ते रोज रात्री झोपण्यासाठी झाडांच्या फांद्या व पाने वापरून घरटे बांधतात. मादी एखाद्या विशिष्ट ठिकाणी वास्तव्य करून राहते. नर एका मादीकडून दुसऱ्या मादीकडे फिरत असतात. नर-मादी संबंध आल्यानंतर त्यांचा घरोबा संपतो. मादीलाच पिल्लांना सांभाळावे लागते व त्यांचे संगोपन करावे लागते. त्यांचे आयुर्मान ३० वर्षांचे असते. हे एक कोटी वर्षांपूर्वी आपल्या वंशावळीतून विभक्त झालेले आहेत.

गोरिला

३) गोरिला : गोरिला आकाराने सर्वांत मोठे एप आहेत. नराचे वजन १३५ ते १८० किलो असते, तर काही नरांचे २४० किलोपर्यंत असते. उंची ५ फूट ६ इंच ते ५ फूट ९ इंच असते. मादीचे वजन ६८ ते ११३ किलो व उंची २ फूट ७ इंच

ते ३ फूट असते. नर आकाराने मादीपेक्षा फार मोठा असतो. ते आफ्रिका खंडात विषुववृत्ताच्या पट्ट्यात राहातात. पूर्ण वाढ झालेले नर जमिनीवर घरटे करून राहातात. झाडावर त्यांचे वास्तव्य कमीच असते. एक दणकट नर व त्याच्या आश्रयाने ८ ते ९ माद्या अशा कळपाने ते राहतात. दुसरा नर क्वचितच कळपात असतो. त्यांचा कळप विशिष्ट क्षेत्रात राहतो. क्षेत्र रक्षणाचे व कळपाच्या संरक्षणाचे काम नर करतात. मुख्य नर नरपिलांना प्रौढ होताच कळपातून हाकलून देतो; मात्र मादी-पिलांना त्रास देत नाही. मुख्य नर म्हातारा झाल्यानंतर दुसरा प्रौढ नर त्याचा पराजय करून माद्यांचा जनानखाना आणि क्षेत्र जिंकून घेतो. हे चिम्पांझी एवढे क्रियाशील नसतात. त्यांचा ९७% आहार शाकाहारी असतो व त्यात प्रामुख्याने फळे; तसेच झाडाची पाने, फळातील बी व लहान लहान फांद्या असतात. त्यांच्या ३% आहारात कीटक आणि अळ्या असतात. गोरिलाचे आयुर्मान ३०-४० वर्षांचे असते. हे ९० लक्ष वर्षांपूर्वी आपल्या वंशावळीतून विभक्त झाले आहेत.

४) चिम्पांझी : ते मध्य-आफ्रिका, टांझानिया आणि आफ्रिका खंडातील विषुववृत्तीय पट्ट्यात राहातात. ते ४० ते ५०च्या समूहाने कळप करून राहतात. एका कळपात ५ ते ६ नर, काही मादी व पिल्ले असतात. ते विशिष्ट क्षेत्रात राहतात. या क्षेत्रात इतर चिम्पांझी नराला येऊ दिले जात नाही. मादी मात्र एखाद्या नराशी किंवा गटाशी एकनिष्ठ राहत नाहीत. त्या एकीकडून दुसरीकडे भटकत असतात. एखादी मादी माजावर आली, की अनेक नर

चिम्पांझी

तिच्याशी समागम करतात. नंतर नर मादीकडे लक्ष देत नाहीत. तिलाच आपली पिल्ले सांभाळावी लागतात. नर तिला पिल्ले सांभाळण्यास मदत करत नाहीत. चिम्पांझी झाडावर राहातात. झाडावरच अन्न मिळवितात आणि झाडावर झोपतात; पण बराच वेळ जमिनीवर फिरण्यात घालवतात. ते चार पायांवर चालताना समोरच्या हाताच्या बंद मुठीवर गोरिलासारखे चालतात. ते जास्तीत जास्त शाकाहार घेतात; परंतु पांढऱ्या मुंग्या (वाळवी) ते आवडीने खातात; तसेच ते कधी कधी लहानलहान माकडे, खारी, उंदीर, क्वचित लहान चिम्पांझींची शिकार करून खातात, असे निरीक्षणात आलेले आहे. चिम्पांझीचे ओठ मोकळे असल्यामुळे ते चेहऱ्यावर वेगवेगळे हावभाव व्यक्त करू शकतात. ते वेगवेगळे आवाज काढतात. चिम्पांझीत पुनरुत्पादनास १० वर्षांनंतर सुरुवात होते. एक चिम्पांझी मादी पाच वर्षांनंतर एका पिल्लाला जन्म देते. तिच्या आयुष्यात ती ४ ते ६ पिल्लांना जन्म देते. गरोदरपणाचा कालावधी (जेस्टेशन पिरीयड) ८.५ महिन्यांचा (२५५ दिवसाचा) असतो. सर्वसाधारणपणे त्यांचे आयुर्मान ५० वर्षांचे असते. चिम्पांझी मानवाच्या सर्वांत जवळचा आप्त आहे. मानवाच्या व चिम्पांझीच्या डीएनएतील ९८.६% भाग सारखा आहे. नराचा आकार व उंची सर्वसाधारण ३ ते ४ फूट असते. वजन ३५ ते ७० किलो असते, तर मादीची उंची २ ते ३ १/२ फूट व वजन २६ ते ५० किलो असते. बोनिओ हा चिम्पांझीचाच एक प्रकार आहे. चिम्पांझी ७० लक्ष वर्षांपूर्वी आपल्या कुलातून विभक्त झालेले आहेत, असे शास्त्रज्ञांचे अनुमान आहे.

एप आणि मानवाच्या शरीररचनेतील फरक :

वर्गीकरणशास्त्र, शरीररचना, शरीर विज्ञानशास्त्र, जीवाश्म, डीएनए व रक्तातील सिरम चाचणीच्या अभ्यासानंतर एप हा मानवाचा जवळचा चुलत आप्त आहे हे सिद्ध झालेले आहे. एपच्या शरीररचनेतील सर्वसाधारण वैशिष्ट्ये काय आहेत याचा आपण अभ्यास केलेला आहे. एप आणि मानव यांच्या शरीररचनेत काय फरक आहे याचा अभ्यास केल्यानंतर आपल्याला मानवाच्या पूर्वजांची वंशावळ शोधणे सोपे जाते; तसेच त्याच्या पूर्वजांमध्ये कोणते बदल झाले आणि मानवाच्या उत्पत्तीस चालना कशी मिळाली याचासुद्धा आपल्याला अभ्यास करता येईल. म्हणून आपल्याला एप व मानव यांच्या शरीररचनेत काय फरक आहे हे स्पष्टपणे समजून घ्यायचे आहे.

एप व मानवाच्या शरीररचनेतील फरक

क्र.	एप	मानव
१)	एपला दोन पायांवर सरळ, ताठ उभे राहता येत नाही, तो उभे राहिल्यानंतर पुढे झुकतो.	मानवाला दोन पायांवर सरळ, ताठ उभे राहता येते.
२)	दोन पायांवर चालताना दोन्ही गुडघ्यांत बाजूने बाक येतो, तोल सांभाळला जात नाही; कारण शरीराचा गुरुत्वमध्य एका पायाकडून दुसऱ्या पायाकडे झुकतो.	दोन पायांवर चालताना गुडघे सरळ असतात, तो जलद चालतो, चालताना गुरुत्वमध्य नेहमी दोन पायांच्या मध्यभागी असते, म्हणून त्याचा तोल जात नाही.
३)	पाठीचा कणा सरळ असतो.	पाठीच्या कण्याला 'S' या इंग्रजी अक्षराचा आकार आहे, त्याला चार वक्र वळणे आहेत म्हणून तो स्प्रिंगसारखे काम करतो, शरीराला आधार व शक्ती देतो.
४)	हात, पायांपेक्षा लांब असतात, हाताने वस्तू हाताळण्याची क्षमता कमी आहे.	हातांची लांबी पायांच्या लांबीपेक्षा कमी आहे. हाताने वस्तू हाताळण्याची क्षमता जास्त आहे.
५)	सर्व शरीरावर दाट केस असतात.	शरीराच्या विशिष्ट भागावर केस असतात.
६)	कपाळ अरुंद व उतरते असते. नाक चपटे, जबडे मोठे, दोन्ही जबडे नाकासह पुढे आलेले, भुवयांखालचे हाड वाढलेले असते व हनुवटी नाही.	कपाळ रुंद, भव्य, नाक उंच, जबडे लहान व सपाट असतात, भुवयांखालचे हाड वाढलेले नसते व हनुवटी आहे.
७)	मान आखूड, त्यामुळे डोके खांद्यात बसके आणि मानेची हालचाल कमी होते.	मान लांब, डोके खांद्यापासून उंच, भव्य, मानेची हालचाल सहज करता येते, डोके फिरवता येते.

८)	कवटी लहान, सपाट व मज्जारज्जूसाठी कवटीला पाठीमागे छिद्र असते, म्हणून त्यांना दोन पायांवर सरळ ताठ उभे राहता येत नाही.	कवटी मोठी, गोल व मज्जारज्जू (Spinal cord) साठी कवटीला खाली छिद्र असते, त्यामुळे त्याला दोन पायांवर सरळ ताठ उभे राहता येते.
९)	दात मोठे, सुळे मोठे आणि तिरपे, वरच्या जबड्यातील सुळे व समोरच्या दातात मोठी फट असते. दातांची मांडणी U च्या आकारात असते.	दात लहान, सुळे लहान व सरळ, सुळ्यात व समोरच्या दातात फट नसते. दातांची मांडणी चंद्रकोरेच्या आकारात असते.
१०)	मेंदूचा आकार लहान असतो. मेंदूचे घनफळ ४०० घनसेंटिमीटर असते. म्हणून कवटी लहान आहे. त्यांचा मेंदू सर्वसाधारणपणे मोसंबीच्या आकाराएवढा असतो, म्हणून तुलनेने हुशारी कमी असते.	मेंदूचा आकार मोठा असतो, मेंदूचे घनफळ १४०० ते १४५० घन सेंटिमीटर असते. म्हणून कवटी गोल व मोठी आहे. मेंदू सर्वसाधारणपणे नारळाएवढा मोठा असतो. म्हणून मानव सर्व प्राण्यांपेक्षा जास्त हुशार आहे.
११)	कंबरेचे हाड अरुंद व लांब असते.	कंबरेचे हाड रुंद व आखूड असते.
१२)	नर मादीपेक्षा आकाराने व वजनाने खूप मोठे असतात. प्रमाण नर : मादी गोरिला २ : १ चिम्पांझी १.३५ : १	नर व मादीच्या आकारात व वजनात कमी फरक असतो. प्रमाण नर : मादी माणूस १.२ : १
१३)	पायांचे अंगठे इतर चार बोटांच्या विरुद्ध असल्याने त्यांना पायांनी फांदी पकडता येते.	पायांचे अंगठे इतर चार बोटांच्या सरळ रेषेत असतात. त्यामुळे त्यांना पायांनी वस्तू पकडता येत नाहीत.
१४)	चार पायांवर चालतात.	दोन पायांवर जलद गतीने चालतो.

कवटी आणि जबडे

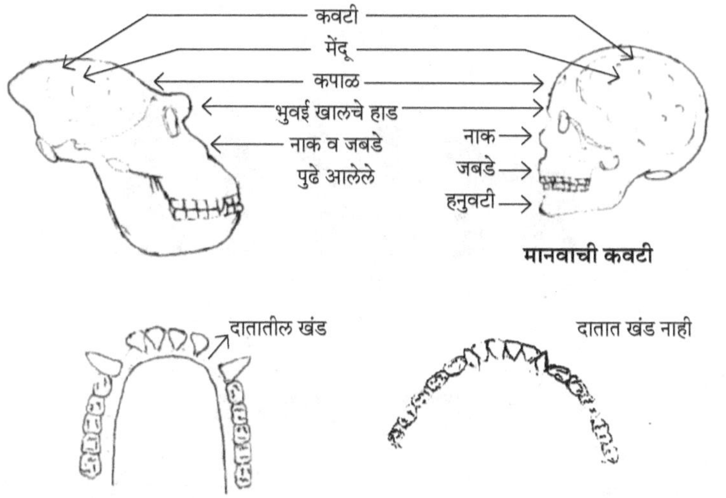

एपच्या दातांची रचना U च्या आकारांची **मानवाच्या दातांची रचना चंद्रकोरेसारखी**

एप आणि मानवाच्या शरीररचनेतील फरकाचा अभ्यास केल्यानंतर उत्खननातून सापडलेले जीवाश्म एपचे आहेत, की मानवाच्या पूर्वजांचे हे स्पष्टपणे आपल्या लक्षात येते. कवटीचे घनफळ, दातांची रचना व आकार, हातापायांची हाडे, कंबरेचे हाड यांच्या अभ्यासाने आपण आपल्या पूर्वजांची माहिती घेऊ शकतो. जर कवटीचे घनफळ ४०० घनसेंटीमीटर पेक्षा जास्त असेल, दात आकाराने लहान व मांडणी चंद्रकोराकृती, कंबरेचे हाड रुंद असेल व पाठीच्या कण्याला चार वक्र बाक असतील, तर ते जीवाश्म मानवाच्या पूर्वजांचे आहेत हे निश्चित होते. या पद्धतीने आपल्या पूर्वजांचा अभ्यास करून वंशावळी मांडता येते. जर कवटीचे घनफळ ४०० घनसेंटिमीटरपेक्षा कमी असेल तर तो एपचा पूर्वज आहे, मानवाचा नाही, हे निश्चित होते. या पद्धतीने मानववंश शास्त्रज्ञांनी जगातील वेगवेगळ्या भागातील उत्खननात सापडलेल्या जीवाश्मांचा अभ्यास करून मानवाचे पूर्वज कोण होते व आपले सगेसोयरे कोण कोण आहेत याचा शोध घेतलेला आहे. सर्व सजीवसृष्टीत प्रभावी असणारा सुसंस्कृत मानव आफ्रिकेतील एपसारख्या पूर्वजांपासून कसा उत्क्रांत झाला, याची कहाणी रंजक आहे, ती आपण पुढील भागात समजून घेऊ.

⋙

प्रकरण सातवे

शोध वंशवृक्षाचा

अनेक मानववंश शास्त्रज्ञांना जगाच्या वेगवेगळ्या भागात झालेल्या उत्खननातून माणसांच्या पूर्वजांचे वेगवेगळ्या प्रकारचे जीवाश्म प्राप्त झाले आहेत. जसे डोक्याची कवटी, जबडे, दात, पायांचे ठसे, हाडे इत्यादी. त्यांनी या जीवाश्मांचा सखोल अभ्यास केल्यानंतर मानवाच्या पूर्वजांची वंशावळी मांडण्याचा प्रयत्न केला आहे. प्राचीन एप, एप मानव, प्राचीन मानव ते आधुनिक मानव असे विकासाचे वेगवेगळे टप्पे प्राप्त करत मानवाला आजचे स्वरूप प्राप्त झाले आहे. मानवाच्या उत्क्रांतीचा कल उत्तरोत्तर प्रगती, अधिक प्रगती आणि पुरोगामित्वाच्या दिशेने राहिलेला आहे. उत्क्रांतीच्या प्रक्रियेत निसर्ग दिशादर्शकाचे काम करत असतो. पर्यावरणातील बदलत्या परिस्थितीत सर्व प्राणी आणि वनस्पती उत्तरोत्तर उत्क्रांत होत आहेत. सजीवासाठी पृथ्वीवरील परिस्थिती कधी अनुकूल, तर कधी प्रतिकूल असते, सजीवातील जगण्याची तीव्र इच्छा त्यांना अनेक प्रकारच्या अडचणींवर मात करून कसे यशस्वी जीवन जगायचे ते शिकवते. भूकंप, ज्वालामुखी, बदलणारे तापमान, महापूर, हिमयुग, भूस्खलन, दुष्काळ या प्रतिकूल बदलांचा सजीवसृष्टीवर फार मोठा परिणाम होतो. यामुळे त्यांच्यात बदल होतात व एका जातीच्या सजीवापासून दुसऱ्या जातीच्या सजीवांची उत्पत्ती होत असते. पृथ्वीवर एकानंतर एक येणाऱ्या महाप्रलयामुळे अनेक प्रकारच्या सजीवांचा लय होतो व यातून जे जगले त्यांच्यापासून अधिक समृद्ध, सक्षम सजीवांची उत्पत्ती होते. असे

या कालचक्राचे भ्रमण सातत्याने चालू असते. कालचक्राची गती, पर्यावरणातील बदल व नैसर्गिक निवड यामुळे जगातील सर्व सजीवांत प्रभावी असणारा सुसंस्कृत मानव आफ्रिकेतील एपसारख्या पूर्वजांपासून कसा विकसित झाला, याची कहाणी आपण समजून घेऊ या.

जंगल त्याग एक क्रांतिकारक पाऊल :

दीड कोटी ते एक कोटी वर्षांपूर्वी प्राचीन एप आफ्रिका खंडातील घनदाट जंगलात अत्यंत समृद्ध व यशस्वीपणे जीवन जगत होते; परंतु एक कोटी ते ५० लक्ष वर्षांपूर्वी पर्यावरणात बदल सुरू झाले. प्रचंड बर्फवृष्टीमुळे पृथ्वीचे तापमान थंड झाले. जमिनीवर बर्फाचे थरावर थर साचल्यामुळे आफ्रिका खंडातील अनेक घनदाट जंगले नष्ट झाली व त्या ठिकाणी सपाट मैदानी सॅव्हाना (उष्ण गवताळ) प्रदेश तयार झाले. त्याचा परिणाम प्राचीन एपच्या जीवनक्रमावर झाला. जंगलांचा ऱ्हास झाल्यामुळे जीवन जगण्यासाठी त्यांना अनेक अडचणी निर्माण झाल्या. अन्न व जागा मिळवण्यासाठी त्यांच्या टोळीतील सदस्यांत जीवघेणी स्पर्धा सुरू झाली. त्यामुळे त्यातील काही सदस्यांनी जीवन कलहाच्या संघर्षातून स्वतःचा व पिल्लांचा बचाव करण्यासाठी जंगल सोडले व ते जमिनीवर सॅव्हाना गवताळ प्रदेशात राहू लागले. जंगल सोडून गवताळ प्रदेशात रहायला आलेले प्राचीन एप हेच मानवाचे पूर्वज होते. जे प्राचीन एप जंगलात झाडावरच राहिले, त्यांचे पुढील वंशज गोरिला आणि चिम्पांझी आहेत, ते अद्याप आफ्रिकेतील जंगलात त्यांचे अस्तित्व टिकवून आहेत.

...आणि माणूस उभा राहिला :

मानवाचे पूर्वज प्राचीन एप प्रतिकूल परिस्थितीत स्वतःचे अस्तित्व टिकवण्यासाठी झाडावरून जमिनीवर आले व गवताळ प्रदेशात राहू लागले; परंतु यापूर्वीच गवताळ प्रदेशात तृण भक्षी प्राण्यांचे मोठमोठे कळप राहत होते. उदा. - हरीण, वनगायी, गवे, घोडे, झेब्रा, हत्ती, जिराफ इत्यादी; तसेच तृणभक्षी प्राण्यांची शिकार करून त्यांचे मांस खाऊन जगणारे लांडगे, तरस, वाघ, सिंहासारखे हिंस्त्र प्राणीदेखील राहत होते. त्यामुळे चार पायांवर चालणाऱ्या मानवाच्या या पूर्वजाने गवताळ प्रदेशात हिंस्त्र प्राण्यांवर लक्ष ठेवण्यासाठी व स्वसंरक्षणासाठी मागच्या दोन पायांवर चालण्यास आरंभ केला व समोरचे पाय खुले केले. समोरच्या पायांचा वापर अन्न गोळा करणे, पिल्लांना उचलून घेणे, वस्तू हाताळणे, खाणाखुणा करून

संपर्क करणे; तसेच संरक्षण व शिकारीसाठी हत्यारांचा वापर करण्यासाठी सुरू केला. मागच्या दोन पायांवर उभे राहून चालण्यामुळे त्यांची उंची वाढली व त्यामुळे गवताळ प्रदेशात दूरपर्यंत शत्रूवर लक्ष ठेवणे त्यांना जमले; तसेच दूरवरील अन्नाचा शोध घेणे शक्य झाले. अशा प्रकारे प्रतिकूल परिस्थितीमुळे प्राचीन एपला दोन पायांवर चालणे भाग पडले; परंतु त्याच्या मागच्या पायांचे अंगठे इतर चार बोटांच्या विरुद्ध दिशेने होते, जे त्याला झाडाच्या फांद्या पकडण्यासाठी अनुकूल होते; परंतु जमिनीवर चालताना या चार बोटांच्या विरुद्ध असलेल्या अंगठ्यांचा अडथळा होत असे. सतत जमिनीवर राहण्यामुळे त्यांच्या गुणसूत्रात व जीनमध्ये बदल झाले, डीएनएमध्ये उत्परिवर्तन होऊन आनुवंशिक वर्तनात बदल सुरू झाले व जमिनीवर जगण्यासाठी आवश्यक गुण त्यांनी प्राप्त करण्यास सुरुवात केली. हळूहळू अनेक पिढ्यांनंतर त्यांच्या वंशजांमध्ये पायांचे अंगठे इतर चार बोटांच्या सरळ रेषेत आले. त्यामुळे त्यांना दोन पायांवर उभे राहाणे व जलद गतीने चालणे सोपे झाले. दोन पायांवर चालण्याच्या सततच्या सरावामुळे त्याच्या पाठीच्या कण्याला चार ठिकाणी एकानंतर एक परस्पर विरुद्ध बाक निर्माण झाले व त्याचा आकार 'S' या इंग्रजी अक्षरासारखा झाला. त्यामुळे त्याच्या शरीराची लवचिकता वाढली व ते अधिक शक्तिशाली झाले.

त्याला प्रसंगानुसार एकदम जमिनीवर उंच उडी व लांब उडी मारणे जमले व तो अधिक चपळ झाला. पाठीच्या कण्यातील बाकामुळे त्याला दोन पायांवर सरळ ताठ उभे राहता येऊ लागले व जलद गतीने ढांगा टाकत चालणे व धावणे जमले. दोन पायावर चालण्याचे अनेक फायदे झाले. ऊर्जेची बचत झाली; कारण चार पायांवर चालण्यास जास्त ऊर्जा लागत असे. ऊर्जेच्या बचतीमुळे त्याला दूर दूरपर्यंत धावणे शक्य झाले. प्राण्यांची शिकार करणे व अन्न मिळवणे सोपे झाले. दोन पायांवर चालल्यामुळे त्याच्या शरीराचा उन्हापासून बचाव झाला. सरळ उभे राहाणे व दोन पायांवर चालणे यामुळे त्याच्या अंतर्गत शरीररचनेत बदल झाले. त्याचे कंबरेचे हाड पूर्वी लांब होते ते आखूड आणि रुंद घमेल्यासारखे झाले. चालताना त्याच्या शरीराच्या उभ्या मध्य अक्षावर गुरुत्वाकर्षण केंद्र आले म्हणून त्याला शरीराचा तोल सांभाळणे सोपे झाले. घमेल्यासारख्या कंबरेच्या हाडामुळे पोटातील लहान आतडे, मोठे आतडे, किडनी व पुनरुत्पादक अवयवांना आधार मिळाला. हळूहळू त्याच्या हातापेक्षा पायांची लांबी वाढली म्हणून त्याची चालण्याची व धावण्याची गती अजून वाढली. मज्जारज्जूसाठी कवटीमागील (पोस्टेरिअर) असलेल्या छिद्राची जागा बदलून ते कवटी खालून (व्हेंट्रल) तयार

झाले. त्यामुळे दोन पायांवर ताठ उभे राहाणे व चालणे यासाठी फार उपयुक्त अनुकूलन प्राप्त झाले. तो पूर्वी शाकाहारी होता, जमिनीवर आल्यानंतर तो सर्वभक्षक झाला. त्याच्या दातांचा आकार लहान झाला व त्यांची मांडणी चंद्रकोरीसारखी झाली. समोरचे दात आणि सुळेदातातील फट नष्ट झाली व हनुवटीचा विकास झाला.

मेंदूचा विकास झाला :

मेंदूचा विकास व हुशारी हीच माणसाच्या उत्क्रांतीची सर्वांत मोठी शक्ती आहे. मानवाचा पूर्वज प्राचीन एपची बुद्धी व हुशारी अत्यंत सुमार दर्जाची होती. त्याच्या मेंदूचा आकार माकडाच्या मेंदू एवढा लहान व आधुनिक मानवाच्या मेंदूच्या १/३ किंवा त्यापेक्षा कमीच होता. प्राचीन एप या आपल्या पूर्वजांने दोन पायांवर चालण्यास आरंभ केल्यानंतरच मेंदूच्या विकासाला चालना मिळाली. त्याने समोरचे पाय खुले केले व त्यांचा वापर अन्न गोळा करण्यासाठी, वस्तू हाताळण्यासाठी, स्वसंरक्षणासाठी व हत्यार वापरण्यासाठी सुरू केला. तेव्हापासूनच त्याच्या मेंदूच्या विकासाला प्रारंभ झाला. वस्तू हाताळताना, हत्यार वापरताना ते कसे हाताळावे याचा अनेक वेळा विचार करावा लागे. अन्नासाठी त्याला लहान प्राण्यांची शिकार करावी लागे, त्यामुळे त्या प्राण्यांच्या सवयी, त्यांच्या वास्तव्याचे ठिकाण व वर्तन त्याला लक्षात ठेवावे लागे, या सततच्या मेंदूच्या वापरामुळे मज्जापेशींची संख्या व गुंतागुंत वाढत गेली त्यामुळे त्याची हुशारी वाढली व मेंदूचा आकार वाढण्यास सुरुवात झाली. पर्यावरणात होणारे सततचे बदल, झाडावर राहाण्याऐवजी जमिनीवर राहाण्याचा त्याचा नवीन अधिवास, हिंस्र प्राण्यांबरोबर होणारा सततचा संघर्ष यामुळे त्याला सतत नवीन आव्हाने व अडचणींना तोंड द्यावे लागे, त्याला विचार करून निर्णय घ्यावे लागे, वेगवेगळ्या युक्त्यांचा वापर करावा लागे. नवीन नवीन हत्यारे तयार करून वापरण्यास व एकमेकांच्या सहकार्याने येणाऱ्या अडचणींवर मात करण्यास तो शिकला. दोन पायांवर चालण्यास आरंभ केल्यामुळे त्याला अलिबाबाच्या गुहेची चावी मिळावी तसे बौद्धिक विकासाची चावी त्याच्या हाताला लागली आणि एक एक बुद्धिमत्तेचे दालन त्याच्या पुढे खुले झाले. तो सर्वांत हुशार व बुद्धिवान प्राणी झाला. त्याचे आकलन, स्मरण, निर्णय क्षमता, अडचणींवर मात करणे, परस्परांना समजून घेणे, तर्क करणे, ज्ञान मिळवणे या सर्व प्रकारच्या बौद्धिक क्षमता वाढल्या आणि आधुनिक मानवाच्या विकासास आरंभ झाला.

जर प्राचीन एपने जंगल सोडले नसते आणि दोन पायांवर चालण्याचा प्रयत्न केला नसता, तर त्याच्या मेंदूचा विकास झाला नसता व हुशारीही वाढली नसती. जसे गोरिला आणि चिम्पांझीच्या पूर्वजांनी जंगल सोडले नाही, म्हणून यांच्या मेंदूचे घनफळ ५२० घन सेंटिमीटर व ४०० घन सेंटिमीटर एवढेच राहिले. मानवाच्या बरोबरीत जगण्याच्या स्पर्धेत ते अनेक योजने मागे पडले. त्याच्या पूर्वजांच्या सतत १ कोटी ते ५० लक्ष वर्षांच्या अनेक पिढ्यांच्या प्रयत्नानंतर व संघर्षानंतर तो अत्यंत बुद्धिमान झाला. आधुनिक मानवाच्या बुद्धीचे घनफळ १३३० ते १५०० घनसेंटिमीटर व वजन १.५ किलो आहे. तो हुशार व समाजप्रिय आहे. समाजातील गुंतागुंतीचे प्रश्न सोडवण्यासाठी त्याच्या बौद्धिक क्षमता वाढत गेल्या व येणाऱ्या प्रत्येक अडचणीवर मात करणे त्याला सहज जमले, म्हणून मानवाच्या पूर्वजाने जंगल सोडून जमिनीवर येण्याचा व दोन पायांवर चालण्याचा घेतलेला निर्णय हा मानवी विकासाच्या इतिहासातील मैलाचा दगड आहे!

एप ते मानव हा विकास एकाच टप्प्यात अचानकपणे झालेला नाही, तर त्याला २ ते ३ कोटी वर्षांचा प्रदीर्घ कालावधी लागलेला आहे. या दरम्यान आपल्या अनेक पूर्वजांचा उदय झाला व काळाच्या ओघात ते लुप्त झाले. आतापर्यंत सापडलेल्या अनेक प्रकारच्या जीवाश्मांचा अभ्यास करून मानववंश शास्त्रज्ञांनी आपल्या पूर्वजांची वंशावळ मांडलेली आहे; परंतु पूर्वजांचा हा इतिहास काही पाने हरवलेल्या पुस्तकासारखा तुटक आहे, उत्खननातून जसे पुरावे हाती येतील, तशी हरवलेल्या पानातील माहिती मिळेल, असे शास्त्रज्ञांचे मत आहे. प्रोप्लायोपिथिकस, ड्रायोपिथिकस रामापिथिकस, ऑस्ट्रालोपिथिकस, *होमो हॅबिलीस, होमो इरेक्टस*, हायडलबर्ग, निअँडरथल मानव, क्रोमॅग्नॉन व आधुनिक मानव (*होमो सेपियन्स सेपियन्स*) हा आपल्या वंशावळीचा क्रम आहे, तो आपण समजून घेऊ.

१) प्रोप्लायोपिथिकस

हे एक प्रकारचे विकसित माकड होते. इ. स. १९११मध्ये इजिप्तमध्ये खडकातील उत्खननात खालच्या जबड्याची दोन हाडे आणि दात मिळाले. त्यांचा अभ्यास केल्यानंतर ती माकडसदृश प्राण्याची आहेत हे सिद्ध झाले. ते ऑलिगोसिन युगात ३ कोटी वर्षांपूर्वी पृथ्वीवर राहत होते. त्यांच्या दातांची रचना जुन्या जगातील माकडाच्या दातांसारखी (२:१:२:३) होती. त्यांचे समोरचे दात व सुळे दात एपच्या दातांसारखे होते. त्यांच्या दाढांची रचना अविकसित

माकडांच्या दाढांसारखी होती. ग्रेगरी (१९५१) व गोल्बर्ट (१९५५) या शास्त्रज्ञांनी ते जीवाश्म एक प्रकारच्या एपचे आहे असे म्हटले आहे. प्रोप्लायोपिथिकस हा मानवाचा दूरचा पूर्वज काळाच्या ओघात लुप्त झाला, आता त्याचे अस्तित्व जगात कुठेही नाही. त्याच्यापासून पुढील वंशावळीच्या दोन शाखा विकसित झाल्या, त्यापैकी पहिली शाखा एप आहे व दुसरी शाखा ड्रायोपिथिकस या प्राचीन एपची आहे. ड्रायोपिथिकस हा आधुनिक एप (गोरिला चिम्पांजी) व एम मानवाचा समान पूर्वज असावा.

प्रोप्लायोपिथिकस

२) ड्रायोपिथिकस (प्राचीन एप) :

दोन ते अडीच कोटी वर्षांपूर्वी ड्रायोपिथिकस हे प्राचीन एप आफ्रिका आणि आशिया खंडातील जंगलात राहत होते. इ. स. १९३० मध्ये डॉ. लेविस लिके या शास्त्रज्ञाला त्याच्या दोन पायांची हाडे आफ्रिकेतील खडकात सापडली. त्यानंतर त्यांची अनेक जीवाश्म युरोपात व भारतातील शिवालिक पर्वतीय टेकड्यातील उत्खननात सापडली. भारतात सापडलेल्या जीवाश्मास शिवापिथिकस असे नाव देण्यात आले. हे सर्व जीवाश्म प्राचीन एपची असावीत, असा निष्कर्ष शास्त्रज्ञांनी

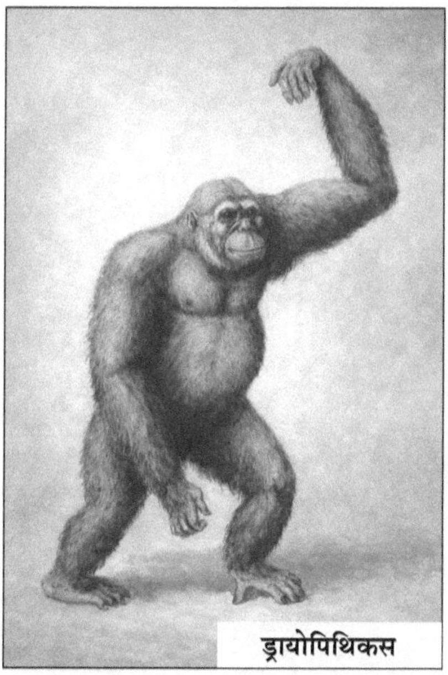
ड्रायोपिथिकस

काढला व त्यांना ड्रायोपिथिकस असे नाव दिले. ते सध्या आफ्रिका खंडात आढळून येणाऱ्या गोरिला व चिम्पांझीसारखे दिसत असत. त्यांच्या हातांची व पायांची लांबी समान होती, ते अर्धवटपणे दोन पायांवर उभे राहत असत. सध्याच्या माकडासारखे व गोरिलासारखे ते चार पायांवर चालत; पण काही वेळेस दोन पायांवर देखील चालत असत. त्याचे कपाळ माणसाच्या कपाळासारखे पसरट होते; पण सुळे दात मात्र एपसारखे इतर दातांपेक्षा मोठे, लांब आणि तीक्ष्ण होते. चेहरा उतरता व पसरट होता. त्यांची कवटी, मेंदू, पुढे आलले जबडे व हात नवीन जगातील माकडासारखे होते. ते जंगलाच्या काठाने झाडावर राहत असत. ड्रायोपिथिकस आधुनिक एप व एप मानवाचा समान पूर्वज आहे असे मानतात.

रामापिथिकस :

ड्रायोपिथिकसचा विकास दोन शाखांत झाला, हे आपण यापूर्वीच पाहिले आहे. एका शाखेवर एपचा विकास झाला, तर दुसऱ्या शाखेवर रामापिथिकसचा विकास झाला असावा असे काही शास्त्रज्ञ मानतात.

सुमारे १.४ ते १ कोटी वर्षांपूर्वी, मायोसिन युगाच्या उत्तरार्धात रामापिथिकस आशिया आणि आफ्रिका खंडात राहत असत. (जी. ई. ल्युइस) या शास्त्रज्ञाला १९३०मध्ये भारत आणि आफ्रिका खंडात त्यांचे दात व जबड्यांची हाडे मिळाली, काही जीवाश्म भारतातील हिमालयाच्या परिसरात शिवालिक टेकड्यांच्या उत्खननात सापडले, म्हणून त्यांना हिंदूंचा देव रामामुळे रामापिथिकस असे नाव देण्यात आले.

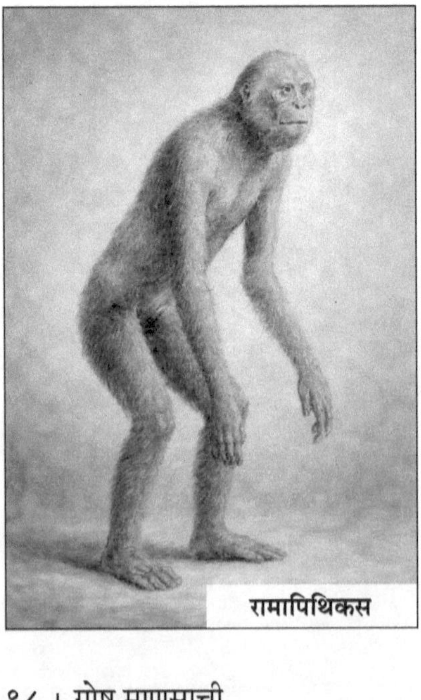
रामापिथिकस

गुणविशेष :

त्यांचे समोरचे दात (इन्साइझर) आणि सुळे (कॅनाइन) समान आकाराचे होते; तसेच दातांची मांडणी माणसाच्या दातांसारखी अर्धचंद्रकोराकृती होती, समोरच्या आणि सुळेदातात फट नाही. ते

अर्धवट कुबडे उभे राहून दोन पायांवर चालत असत. त्यांची कवटी लहान होती म्हणून मेंदू एपच्या मेंदूसारखा लहान होता, त्यांचे चालणे व आहार घेण्याची पद्धत माणसासारखी होती. यांच्या आनुवंशिकतेबद्दल शास्त्रज्ञांत मतभिन्नता आहे. काही शास्त्रज्ञांच्या मते तो सरळ मानवाचा पूर्वज आहे असे मानले जाते व काहींना तो एपचा विशेषत: ओरांगउटानचा पूर्वज आहे असे वाटते. त्याची उत्पत्ती १ कोटी ते १.४ कोटी वर्षांपूर्वी झाली व सुमारे ७० लक्ष वर्षांपूर्वी ते लुप्त झाले. जीवाश्मांच्या अभ्यासावरून त्यांची उत्पत्ती आफ्रिका खंडात झाली आणि नंतर ते जगात इतरत्र स्थलांतरित झाले असावेत. कारण त्यांचे सर्वात जुने जीवाश्म आफ्रिका खंडात मिळाले आणि नंतरचे जीवाश्म आशिया खंडात प्राप्त झालेले आहेत.

साहेलॅन्थ्रोपस : २००१मध्ये साहेलॅन्थ्रोपसच्या कवटीचे जीवाश्म पश्चिम-मध्य आफ्रिकेत मिळाले. ते तिथे ७० ते ६० लक्ष वर्षांपूर्वी जंगलात आणि गवताळ प्रदेशात राहत होते. त्यांच्या कवटीच्या परीक्षणानंतर ते चिम्पांझी व मानवाचे समानपूर्वज असावेत असे शास्त्रज्ञ मानतात. आता ते नामशेष झाले.

एप मानव

ऑस्ट्रालोपिथिकस (ल्युसी) :

सॅव्हाना गवताळ प्रदेशात स्थलांतरित झालेल्या प्राचीन एपपासून ऑस्ट्रालोपिथिकसची उत्पत्ती ५० लक्ष वर्षांपूर्वी आफ्रिका खंडात झाली, असे मानववंशशास्त्रज्ञ मानतात. ते आफ्रिका खंडात सर्वत्र राहत असत, तेथून ते जगातल्या वेगवेगळ्या भागात स्थलांतरित झाले. त्यांना आफ्रिकन एप मानव असे म्हणतात, त्यांचे जीवाश्म पूर्व व दक्षिण आफ्रिकेत आढळून आले. प्रोफेसर रेमंड डार्ट हे जोहान्स बर्ग येथे दक्षिण आफ्रिकेत शरीर-रचना शास्त्राचे प्रोफेसर होते. इसवी सन १९२४मध्ये दक्षिण आफ्रिकेत जोहान्सबर्ग येथील खाणीत काम करणाऱ्या कामगारांना वेगळ्याच प्रकारचा कापलेला खडकाचा तुकडा मिळाला. तो त्यांनी रेमंड डार्टकडे आणून दिला. त्याने त्या खडकासारख्या दिसणाऱ्या तुकड्यावरील रेती आणि मातीचा भाग काढून टाकल्यानंतर त्याच्या लक्षात आले, की ती एक प्रकारची कवटी होती. यापूर्वी सापडलेल्या एपच्या कवटीपेक्षा वेगळी होती. डार्टने या कवटीचा सखोल अभ्यास केला. उतरते कपाळ, पुढे आलेले जबडे, लहान मेंदू ही एपची वैशिष्ट्ये त्या कवटीत आढळून आली. त्याचबरोबर गोलाकार जबडे, कवटीच्या खाली मज्जारज्जूसाठी छिद्र (व्हेंट्रल) ही मानवाची वैशिष्ट्येदेखील आढळून आली. यावरून तो दोन पायांवर चालणारा जीव होता

हे स्पष्टपणे सिद्ध होते. रेमंड डार्टने ही कवटी माणसाच्या पूर्वजांची आहे असे सांगितले. खडकात व्यवस्थित जतन झालेली ती कवटी ५ वर्षे वयाच्या मुलाची होती. त्याच्या जबड्यात दुधाचे दात शिल्लक होते. नंतर डार्टचे लक्ष जिथे हे जीवाश्म सापडले होते त्या खाणीतील खडकाकडे गेले, त्याला या जीवाश्माचा कालावधी निश्चित करावयाचा होता. यापूर्वी मानवाच्या पूर्वजांचे एवढे पुरातन जीवाश्म कोणत्याही शास्त्रज्ञाला सापडलेले नव्हते. या कवटीच्या अभ्यासानंतर डार्टने अत्यंत आश्चर्यकारक आणि उत्साहवर्धक निष्कर्ष काढले होते, म्हणून मानवाच्या उत्क्रांतीचा अभ्यास करणाऱ्या जगातील सर्व शास्त्रज्ञांचे लक्ष त्याच्या संशोधनाकडे केंद्रित झाले. ती सापडलेली खडकातील कवटी २८ लक्ष वर्षांपूर्वीची जुनी होती असे सिद्ध झाले. डार्टने त्याचे नामकरण ऑस्ट्रालोपिथिकस असे केले. ऑस्ट्रालो म्हणजे दक्षिणेतील व पिथिकस म्हणजे एप असा या ग्रीक शब्दाचा अर्थ होतो. म्हणजेच त्याने या जीवाश्मास दक्षिणेतील एप असे नाव दिले. यानंतर दक्षिण आफ्रिकेतील पुढील उत्खननात ऑस्ट्रालोपिथिकसचे समकालीन अनेक जीवाश्म मिळाले. इसवी सन १९३८मध्ये दक्षिण आफ्रिकेत ऑस्ट्रालोपिथिकस रोबस्टसचे जीवाश्म मिळाले. त्याचे जबडे आणि दात मोठे होते. पूर्व आफ्रिकेतील उत्खननात इसवी सन १९५९मध्ये मेरी लिकेला ऑस्ट्रालोपिथिकस बोइसीचे जीवाश्म सापडले. त्यांचा बांधा अधिक मजबूत होता आणि २० लक्ष वर्षांपूर्वी पूर्व आफ्रिकेत राहत होते.

डॉन जॉन्सन हा अमेरिकन संशोधक इथिओपियातील दुर्गम वाळवंटात माणसाच्या पूर्वजांचा शोध घेण्यासाठी फिरत होता. इसवी सन १९७४मध्ये त्याला त्या वाळवंटी भागात चांगल्या स्थितीत जतन झालेला ऑस्ट्रालोपिथिकसचा हाडांचा सांगाडा सापडला आणि त्याला एखादा सोन्याचा हंडा मिळाल्याएवढा आनंद झाला. त्याने त्याला ल्युसी असे टोपननाव दिले. हा सांगाडा ३० लक्ष वर्षांपूर्वी जतन झालेला होता. त्याच्या कंबरेच्या हाडांच्या (Pelvis) आकारावरून तो सांगाडा स्त्रीचा होता. पायांच्या रचनेवरून ती सरळ दोन पायांवर चालत असावी, असे त्याने अनुमान काढले. दात माणसाच्या दातासारखे होते; परंतु डोक्याचा आकार मात्र एपच्या डोक्याच्या आकारासारखा आणि मेंदू चिम्पांझीच्या मेंदूपेक्षा मोठा होता. ल्युसीचे शास्त्रीय नाव *ऑस्ट्रालोपिथिकस ॲफरेन्सीस* असे ठेवले. ॲफरेन्सीस म्हणजे दूर वाळवंटातील एप असा त्याचा अर्थ होतो. नंतर *ऑस्ट्रालोपिथिकस ॲफरेन्सीस*चे ३००पेक्षा जास्त जीवाश्म सापडले.

दोन पायांवर चालण्याची सुरुवात :

ल्युसी म्हणजेच ऑस्ट्रालोपिथिकस या मानवाच्या पूर्वजाने सर्व प्रथम दोन पायांवर चालण्यास सुरुवात केली. विसाव्या शतकात मानवाच्या उगमाचा शोध घेणाऱ्या अनेक शास्त्रज्ञांमध्ये वादविवादाच्या फैरी झडत होत्या; त्यात मुद्दा होता, मानवाच्या पूर्वजांत बुद्धीचा विकास अगोदर झाला, की त्याने दोन पायांवर चालण्याची सुरुवात अगोदर केली? असे दोन प्रकारचे विचारप्रवाह होते.

१) मेंदूचा विकास अगोदर झाला व त्यानंतर त्याने दोन पायांवर चालण्यास सुरुवात केली; हा एक विचारप्रवाह होता. या मतप्रणाली नुसार मानवाच्या पूर्वजांमध्ये बुद्धीचा विकास अगोदर झाला. प्राचीन काळी १ कोटी ते ५० लक्ष वर्षांपूर्वी बर्फवृष्टीमुळे आफ्रिका खंडातील अनेक जंगलांचा ऱ्हास झाला. त्यामुळे जंगलात झाडावर राहणाऱ्या प्राचीन एपच्या सदस्यांमध्ये अन्न मिळवण्याची स्पर्धा तीव्र झाली. या संघर्षात अन्नाअभावी अनेकांचे मृत्यू झाले. त्यांच्या काही सदस्यांमध्ये मेंदूचा विकास झालेला होता. त्यामुळे हुशारीने त्यांनी जंगल सोडून जमिनीवर राहण्याचा निर्णय घेतला व या जीवनकलहामुळे निर्माण झालेल्या अडचणीवर मात केली. जमिनीवर रहायला सुरूवात केल्यानंतर त्यांनी दोन पायांवर चालणे सुरू केले. ही विचारप्रणाली तर्कावर आधारित आहे; त्याला दुजोरा देणारा एकही पुरावा उपलब्ध नाही.

२) प्राचीन एप या मानवाच्या पूर्वजाने दोन पायांवर चालण्याची सुरुवात अगोदर केली व नंतर त्याच्या बुद्धीचा विकास झाला ही दुसरी विचारप्रणाली आहे. दोन पायांवर चालण्यास आरंभ केल्यामुळे त्याचे समोरचे पाय खुले झाले. त्याने त्यांचा वापर हातासारखा करण्यास सुरुवात केली. उदा. - वस्तू हाताळणे, हत्यार बनवणे व वापरणे, अन्न गोळा करणे, खाणाखुणा करून एकमेकांत संपर्क करणे इत्यादी. नवीन नवीन हत्यारे बनवण्यास व ती वापरण्यास त्याला जास्त विचार करावा लागे, त्यामुळे त्याच्या बुद्धीच्या विकासाला चालना मिळाली व त्याच्या मेंदूचा विकास सुरू झाला. ल्युसी (ऑस्ट्रालोपिथिकस) या मानवाच्या पूर्वजाने ५० लक्ष वर्षांपूर्वी दोन पायांवर चालण्यास सुरुवात केली होती, हे त्याच्या सांगाड्याच्या अभ्यासाने सिद्ध झालेले आहे. त्याच्या गुडघ्यांचे सांधे, कंबरेचे हाड, पायांच्या हाडांची रचना दोन पायांवर चालण्यासाठी परिपूर्ण विकसित झालेली होती; परंतु सांगाड्यातील कवटीचे घनफळ मात्र केवळ ४०० घनसेंटिमीटर होते. दोन पायांवर चालण्यास सुरुवात केल्यानंतरदेखील पुढील २० लाख वर्षांपर्यंत त्याच्या कवटीचा आकार लहानच होता, म्हणून मेंदूचा आकारही लहान होता. यावरून हे स्पष्ट होते,

की मानवाच्या पूर्वजाने दोन पायांवर चालण्यास अगोदर सुरुवात केली व नंतर त्याच्या मेंदूचा विकास झाला.

अगोदर दोन पायांवर चालण्यास सुरुवात केली, याचा जबरदस्त पुरावा पायांच्या ठशांच्या रूपात शास्त्रज्ञांना मिळालेला आहे. पूर्व आफ्रिकेत लटोली येथे ऑस्ट्रालोपिथिकसने दोन पायांवर चालल्याचे एकूण ६९ पावलांचे ठसे ज्वालामुखीच्या राखेत उमटलेले आढळून आले आहेत. एक मोठी आणि दुसरी लहान व्यक्ती असे दोघेही दोन पायांवर ताठ एकमेकांच्या सोबत शेजारी शेजारी २७ मीटर लांब चालत गेले होते, त्यांचे ३७ लक्ष वर्षापूर्वीचे पायांचे ठसे जसेच्या तसे जतन झालेले आहेत. हे ठसे एपचे नसून, एप मानवाचेच (ल्युसीचे) आहेत हेदेखील सिद्ध झालेले आहे. यावरून माणूस अगोदर दोन पायांवर चालायला लागला आणि नंतर त्याच्या मेंदूचा विकास झाला, हे पुराव्याने सिद्ध झाले.

ऑस्ट्रालोपिथिकसच्या शरीररचनेतील वैशिष्ट्ये :

ऑस्ट्रालोपिथिकसच्या शरीररचनेत मानव आणि एप या दोन्हींची वैशिष्ट्ये आढळून येतात, म्हणून त्याला एप मानव असेदेखील म्हणतात. ते ५० लक्ष ते २० लक्ष वर्षांपूर्वी आफ्रिका खंडात राहत होते, त्यानंतर ते लुप्त झाले आता कुठेही त्यांचे अस्तित्व नाही. त्याच्या शरीररचनेतील अनेक वैशिष्ट्ये मानवासारखी आढळून येतात, म्हणून तो मानवाचा सरळ सरळ पहिला पूर्वज आहे. यापूर्वी सापडलेले जीवाश्म एप आणि मानव यांच्या समान पूर्वजांचे होते. ऑस्ट्रालोपिथिकसच्या शरीररचनेत मानवाची वैशिष्ट्ये खालीलप्रमाणे आहेत.

तो दोन पायांवर ताठ उभे राहत असे व दोन पायांवर ताठ चालत असे, त्यामुळे गवताळ प्रदेशात त्याला हिंस्र प्राण्यांवर व शत्रूंवर लक्ष ठेवता येत असे. त्याची उंची सरासरी ४ फूट व वजन १८ किलो होते. त्याच्या पाठीच्या कण्यास चार ठिकाणी वक्रबाक असल्यामुळे 'S'चा आकार होता, तो लवचिक होता त्यामुळे त्यास जलद गतीने चालणे, धावणे व उडी मारणे जमत असे. त्याच्या कंबरेचे हाड रुंद होते व त्याचा आतून आकार घमेल्यासारखा होता. त्यामुळे पोटातील अवयवांना आधार मिळत असे. त्याच्या डोक्याच्या कवटीस खालून छिद्र (व्हेंट्रल) होते. यावरून तो दोन पायावर चालत असे. त्याच्या दातांची मांडणी आधुनिक माणसाच्या दातांसारखी अर्धचंद्रकोराकृती होती. त्याच्या समोरच्या दातात आणि सुळे दातात फट नव्हती (नो सीमियन गॅप). तो हातांचा उपयोग अन्न गोळा करणे, हत्यार वापरणे व वस्तू हाताळण्यासाठी करत असे. तो दगडी

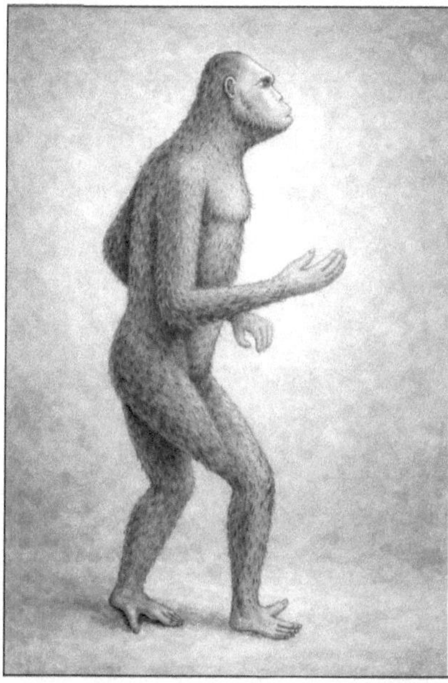

सामर्थ्य :

- दोन पायांवर चालणे
- समोरच्या पायाचा हातासारखा वापर करणे.
- दगडगोटे, लाकूड व हाडाचा हत्यारासारखा वापर करणे.
- मेंदूचा आकार ४०० घनसेंटिमीटर

ऑस्ट्रालोपिथिकस

गोट्यांचा उपयोग हत्यार म्हणून करत असे. ते समूहाने राहत असत, लहान लहान प्राण्यांची शिकार करून खात असे. कारण त्यांच्या जीवाश्माबरोबर अनेक पक्षी व सशांच्या हाडांचे ढीग सापडले आहेत. विस्तवाचा शोध लागला नव्हता, म्हणून तो विस्तवाचा वापर करत नसे. प्राण्यांची हाडे, लाकूड, दगड, गोटे यांचा तो हत्यार म्हणून वापर करत असे. कवटीचा आकार लहान होता, म्हणून त्याच्या मेंदूचा आकार एपच्या मेंदूसारखा लहान होता. दात माणसाच्या दातांपेक्षा मोठे होते. भुवयांखालचे हाड डोळ्यांच्या पुढे आलेले होते व हनुवटी नव्हती. यांच्या मेंदूतील ब्रोकास केंद्राचा विकास झालेला नव्हता म्हणून त्याला बोलता येत नसे. त्याच्या शरीररचनेतील जास्तीत जास्त गुणवैशिष्ट्ये मानवासारखी आहेत म्हणून तो मानवाचा सरळ पूर्वज आहे. त्याच्या शरीररचनेतील काही एपसारखी वैशिष्ट्ये हे सिद्ध करतात, की तो मानवी विकासाच्या टप्प्यातील माणूस आणि प्राचीन एप यांना जोडणारा दुवा आहे.

अस्ताची कारणे :

ऑस्ट्रालोपिथिकस या एप मानवाचा अस्त कोणत्या कारणांनी झाला याबद्दल शास्त्रज्ञांत मतभिन्नता असली, तरी सर्व साधारणपणे खालील तीन कारणांनी त्याचा

अस्त झाला असावा, असे मानववंश शास्त्रज्ञांचे मत आहे.

जीनोममध्ये परिवर्तन झाले : ऑस्ट्रालोपिथिकसच्या डीएनएमध्ये परिवर्तन झाले म्हणून मेंदूतील मज्जापेशींची लांबी वाढली. त्यामुळे मेंदूचा आकार व कार्यक्षमता वाढली आणि त्याचे *होमो हॅबिलिस* या पुढील वंशजात परिवर्तन झाले त्यामुळे त्यांचे अस्तित्व संपुष्टात आले.

स्पर्धेत नष्ट झाले : ऑस्ट्रालोपिथिकसचे दात खूप मोठे व मजबूत होते दातांच्या रचनेवरून प्रामुख्याने त्याचा आहार शाकाहारी होता. मांसाहाराचे प्रमाण अत्यल्प होते. तो फळे, फळातील बीज, झाडांची पाने व फांद्या खात असे. ते जंगलाच्या काठावर राहत असत. मैदानी गवताळ प्रदेशात राहण्यासाठी ते पूर्णतः विकसित झालेले नव्हते. गोरिला, चिम्पांझी या शक्तिशाली स्पर्धकांबरोबर अन्न मिळवण्याच्या स्पर्धेत जंगलाच्या काठावर तो टिकू शकला नाही; तसेच दुसऱ्या बाजूने सॅव्हाना मैदानी प्रदेशात त्याचा स्पर्धक *होमो हॅबिलिस* हा बहुभक्षक त्याचाच वंशज त्याच्यापेक्षा हुशार होता. तो हत्यारे वापरण्यात व शिकार करण्यात निपुण होता, त्यामुळे ऑस्ट्रालोपिथिकसचा निभाव लागला नाही, त्याची उपासमार झाली आणि कालांतराने तो नष्ट झाला.

ज्वालामुखीचे उद्रेक : सुमारे २० लक्ष वर्षांपूर्वी आफ्रिकेत जंगलांच्या काठावर मोठमोठ्या ज्वालामुखीचे उद्रेक झाले व त्यातच ऑस्ट्रालोपिथिकसचा अस्त झाला असावा, असे अनुमान आहे. या किंवा वरील तिन्ही कारणांनी ते लोप पावले असावेत, असे शास्त्रज्ञ मानतात. ऑस्ट्रालोपिथिकस या एप मानवापासून *होमो हॅबिलिस* या आपल्या पहिल्या मानव पूर्वजाची उत्पत्ती झाली. तो आपल्या कुलातील पहिला मानव आहे, म्हणून त्याचे नाव शास्त्रज्ञांनी होमो असे ठेवले आहे. *होमो* म्हणजे माणूस, *हॅबिलिस* म्हणजे कौशल्याने हाताचा वापर करणारा. यापुढे आपण जाणून घेऊ या आपल्या पहिल्या मानव पूर्वजांची माहिती.

⋙

प्रकरण आठवे

पृथ्वीवर पहिल्या मानवाचे आगमन झाले!

***होमो हॅबिलीस* :** एप मानवाच्या डीएनएत उत्परिवर्तन होऊन *होमो हॅबिलिस* या प्राचीन मानवाची उत्पत्ती झाली. तो पृथ्वीवरील पहिला मानव आहे, असे शास्त्रज्ञ मानतात. सुमारे २४ लक्ष वर्षांपूर्वी *होमो हॅबिलीस* हे *ऑस्ट्रालोपिथिकस आफ्रिकानस* या एप मानवापासून आफ्रिका खंडात उत्क्रांत झाले. त्यांचे २४ लक्ष ते १४ लक्ष वर्षांपूर्वीचे जीवाश्म एल. बी. एस. लिके या ब्रिटिश शास्त्रज्ञास १९६४मध्ये आफ्रिकेतील टांझानियात आढळून आले. त्याचे वैज्ञानिक नाव *होमो* म्हणजे मानव आहे, तो आधुनिक माणसाचा पहिला पूर्वज आहे, असे शास्त्रज्ञ मानतात. त्याच्या शरीररचनेतील वैशिष्ट्ये मानवासारखी आहेत. ल्युसीच्या मेंदूचा आकार ४०० घनसेंटिमीटर होता; परंतु होमो हॅबिलिसचा मेंदू ६५० ते ८०० घन सेंटिमीटर होता, म्हणून तो ल्युसीपेक्षा जास्त हुशार होता. त्याची उंची १.५ मीटर म्हणजेच ४ १/२ फूट व वजन ४७ किलो होते. तो दोन पायांवर ताठ चालत असे. हातांचा कौशल्यपूर्ण वापर करणारा हा पहिला मानव आहे. त्याने दगडांची ताशीव हत्यारे बनवण्यास सुरुवात केली (चिप्ड स्टोन टूल्स). यापूर्वीच्या आपल्या पूर्वजांनी गोल दगडांचा उपयोग हत्यार म्हणून केला; परंतु हा हवी तशी दगडाची तीक्ष्ण हत्यारे बनवून वापरू लागला. तो समूहाने गुहेत राहून सामाजिक जीवन जगत असे. गोळा केलेले अन्न सर्वांना वाटप करत असे, त्यांच्यात सामाजिक जीवन होते, त्यांना सर्वांच्या हिताची जाणीव होती, ते एकमेकांना सहकार्य करत असत. स्त्री व पुरुष

सामर्थ्य :

- हा पृथ्वीवरील पहिला मानव आहे.
- त्याने दगडांची ताशीव हत्यारे बनवण्यास सुरुवात केली.
- विविध कौशल्यांमध्ये निपुण होता.
- नर-मादी जोड्या ठरलेल्या असत. कुटुंबव्यवस्था होती.
- त्याला बोलता येत असावे.
- मेंदू ६५० ते ४०० घनसेंटिमीटर

होमो हॅबिलीस

यांच्या जोड्या ठरलेल्या असत, त्यांच्यात कुटुंब व्यवस्था होती. पुरुष शिकार करत व स्त्रिया फळे व कंदमुळे गोळा करून छावणीत आणत असत व सर्वांना वाटप करून खात असत. या मानवात नर-मादीच्या जोड्या ठरण्याचे महत्त्वाचे कारण म्हणजे त्याने जंगल सोडून सॅव्हाना प्रदेशात स्थलांतर केल्यामुळे फळे, फुले, कंदमुळे या प्रकारचा शाकाहार मिळणे कठीण झाले. त्यामुळे त्याला छोट्या छोट्या प्राण्यांची शिकार करून अन्न मिळवावे लागले. स्त्रियांना लहान अपत्य घेऊन शिकारीसाठी बाहेर पडणे, शिकार करणे व अन्न मिळवणे कठीण झाले. भटक्या शिकारी पुरुषांना लहान अपत्यासह महिलांना घेऊन शिकार करणे अडचणीचे ठरू लागले; तसेच अशा महिलांना अहोरात्र भटकंती करून शिकार करणे व स्वत:साठी अन्न मिळवून बाळाचे संगोपन करणे कठीण झाले. महिला शिकार करणाऱ्या टोळीसाठी अडथळा ठरू लागल्या. स्त्रियांना बिलगलेल्या बाळाला घेऊन वाघ, सिंहासारख्या हिंस्र प्राण्यांना टाळून लहानात लहान शिकार करणेही कठीण झाले, म्हणून महिलांची व बाळांची उपासमार होत असे. भटकंतीत अनेक बाळं जखमी होत, त्यामुळे बाळांचे व स्त्रियांचे मृत्यू होऊ लागले. हे टाळण्यासाठी टोळीत नर-मादी जोड्या ठरल्या. नरांनी मादीच्या पोषणाची जबाबदारी स्वीकारली. पुरुष मंडळी बाळाला व महिलांना सुरक्षित ठिकाणी ठेवून शिकारीला जाऊ लागली व

आपापल्या जोडीदार महिला आणि बाळासाठी शिकार घरी आणून त्यांचे पोषण करू लागली. या पद्धतीने महिलांची व बाळांची उपासमार थांबली. जोडीतील स्त्री-पुरुषांत स्नेह व विश्वास वाढला, दोघे मिळून बाळाचे संगोपन करू लागले. कुटुंब व्यवस्था प्रस्थापित झाली. अशा प्रकारे स्त्री आणि पुरुषांच्या कायमच्या जोड्या ठरणे टोळीच्या फायद्याचे ठरले, कुटुंबात व समाजात ऐक्य भावना वाढली.

चिम्पांझी, गोरिला किंवा बबून यांच्या शाकाहार पद्धतीत बदल न झाल्यामुळे त्यांना नर-मादी जोड्या ठरवण्याची गरज भासली नाही; परंतु मानवाच्या पूर्वजाला दोन पायावर चालणे, शिकार करून अन्न मिळवणे व भटके जीवन यामुळे अस्तित्व टिकवण्यासाठी स्त्री-पुरुष जोड्या कायम ठरवणे फायद्याचे ठरले. त्यामुळे बाळाचे, स्त्रियांचे व वयस्कांचे संगोपन व संरक्षण झाले. स्त्री-पुरुष, मुले व आईवडील असे नातेसंबंध प्रस्थापित झाले. कुटुंबातील सदस्यांत जोडीदार स्त्रीच्या अन्नाची व संरक्षणाची जबाबदारी स्वीकारल्यामुळे सामाजिक जीवन समृद्ध झाले. एकमेकांतील विश्वास व सहकार्य वाढले. कुटुंबातील सदस्यात त्याग, निःस्वार्थ व परोपकार व जबाबदारीची भावना वृद्धिंगत झाली.

त्यांच्या मेंदूत ब्रोकास केंद्राचा विकास झाला, म्हणून त्यांना बोलता येत असावे. त्यांच्यात संभाषण कौशल्य वाढल्यामुळे एकमेकांच्या विचारांची देवाणघेवाण करता येत असे. त्यामुळे टोळीतील सदस्यांत संपर्क वाढला, परस्परांत सहकार्य वाढले आणि टोळी अधिक एकसंध व दृढ झाली. त्यांची लहान मुले दीर्घ काळ आईवडिलांवर अवलंबून राहत असत. शिकार कशी करावी, अन्न कसे गोळा करावे ते अनुकरणाने शिकत असत. ते लहान लहान सरडे, उंदीर, डुक्कर व हरणांची शिकार करत असत. ते मेलेल्या मोठ्या प्राण्यांचे मांस दगडी हत्यारांच्या साह्याने तोडून खात असत. पूर्व व दक्षिण आफ्रिकेत यांचे जीवाश्म सापडले यावरून २२ ते १८ लक्ष वर्षांपूर्वी ते तिथे राहत असावेत. हा सर्वांत पहिला प्राचीन मानव काळाच्या ओघात लुप्त झाला. १८ लक्ष वर्षांपूर्वी *होमो हॅबिलीस*च्या जिनोममध्ये परिवर्तन होऊन त्याच्यापेक्षा अधिक प्रगत *होमो इरेक्टस* या मानवाची उत्पत्ती झाली असावी, असे शास्त्रज्ञांचे अनुमान आहे.

हत्यार : हातांचा कौशल्यपूर्ण वापर करणारा पहिला मानव होता, तो दगडाची ताशीव तीक्ष्ण हत्यारे तयार करून वापरू लागला.

लय : डीएनएमध्ये उत्परिवर्तन होऊन १८ लक्ष वर्षांपूर्वी *होमो इरेक्टस* मानवाचा विकास झाला. अशा प्रकारे होमो हॅबिलिसचे परिवर्तन *होमो इरेक्टस* या प्रगत मानवात झाले असावे. *होमो हॅबिलीस* व *होमो इरेक्टस* हे समकालीन

मानव आफ्रिकेत सॅव्हाना प्रदेशात राहत होते. *होमो इरेक्टस* अधिक बुद्धिमान, धडधाकट, दोन पायांवर जलद गतीने चालण्यात, धावण्यात व शिकार करण्यात अधिक पारंगत होते. त्यामुळे जीवन कलहातील स्पर्धेत *होमो हॅबिलीस* अयशस्वी ठरले व काळाच्या ओघात नष्ट झाले असावेत असे अनुमान आहे.

काही शास्त्रज्ञांच्या मते १४ लक्ष वर्षांपूर्वी आफ्रिकेतील सॅव्हाना गवताळ प्रदेश पाण्याअभावी शुष्क झालेले होते. त्यामुळे हरीण व गवत खाऊन जगणाऱ्या तत्सम गुरांची संख्या कमी झालेली होती. त्या प्रदेशातील तरस, वाघ, सिंह या हिंस्र प्राण्यांनी भक्ष्यासाठी असहाय्य व अशक्त *होमो हॅबिलीस*ची मोठ्या प्रमाणात शिकार केली असावी. *होमो इरेक्टस* अधिक बलवान, चपळ व बुद्धिवान असल्यामुळे हिंस्र प्राण्यांना सहज चकवा देत असत, उलटपक्षी त्यांना पिटाळून लावून स्वसंरक्षण करत असत. *होमो हॅबिलीस* मोठ्या प्रमाणात हिंस्र प्राण्यांच्या भक्ष्यस्थानी पडले व नष्ट झाले असावेत असेही अनुमान आहे. वरील दोन्ही कारणांनी १४ लक्ष वर्षांपूर्वी त्यांचे अस्तित्व संपुष्टात आले असावेत, असे शास्त्रज्ञ मानतात.

मूळ मानव : *होमो इरेक्टस* :

१५ ते १८ लक्ष वर्षांपूर्वी आफ्रिका खंडात *होमो हॅबिलीस* या पूर्वजांपासून *होमो इरेक्टस*ची उत्पत्ती झाली. तो १८ लक्ष ते ३ लक्ष वर्षांपूर्वी जगातील वेगवेगळ्या भागात राहत असे. १० लक्ष वर्षांपूर्वी आफ्रिकेतून त्याने युरोप आणि आशिया खंडातील थंड प्रदेशात गटागटाने स्थलांतर केले. मेयर या मानवंशशास्त्रज्ञाने *होमो इरेक्टस* हा खरा मूळ मानव आहे असे म्हटले. तो *होमो हॅबिलीस* व आधुनिक मानव यांच्यातील आनुवंशिकतेने जोडणारा दुवा आहे.

जावा माणूस (*पिथेकॅन्थ्रोपस इरेक्टस*) : दुबॉइस (दुबॉइस) या शास्त्रज्ञाला १८९१मध्ये जावा येथे सोलो नदीच्या काठावर याचे जीवाश्म मिळाले म्हणून त्याचे नाव 'जावा माणूस' असे ठेवले. हे जीवाश्म १५ लक्ष वर्षांपूर्वीचे असावेत. त्याच्या मेंदूचे घनफळ ७०० ते ९०० घनसेंटिमीटर होते. जे *होमो हॅबिलीस* या मानवाच्या मेंदूपेक्षा जास्त आहे.

पेकिंग माणूस (*सिनॅन्थ्रोपस इरेक्टस*) : डब्ल्यू. सी. पै या शास्त्रज्ञाला इ. स. १९२४मध्ये चीनमध्ये पेकिंग येथील गुहेत याचे जीवाश्म मिळाले म्हणून त्यास पेकिंग मानव असे म्हणतात. याच्या मेंदूचा आकार जावा मानवाच्या मेंदूच्या आकारापेक्षा मोठा होता, जो सर्वसाधारणपणे ८५० ते १३०० घनसेंटिमीटर होता.

वरील दोन्ही उदाहरणे *होमो इरेक्टस*ची आहेत. त्याची सर्वसाधारण वैशिष्ट्ये

बलस्थान :

- दोन पायांवर ताठ उभे राहून जलद चालण्यात पारंगत

- मेंदूचा बराच विकास झाला.
- ८ लक्ष वर्षांपूर्वी विस्तवाचा शोध लागला. त्याचा उपयोग अन्न शिजवण्यासाठी व हिंस्त्र प्राण्यांपासून स्वत:चे संरक्षण करण्यासाठी करू लागला.
- गुहेत कायम घर करून राहू लागला.
- तराफे बांधून पाण्यातून प्रवास करू लागला. (आशिया खंडात)
- कधी कधी नरमांसभक्षक होता.
- अन्नसाखळीतील सर्वोच्च स्थान प्राप्त केले.
- मेंदूचे घनफळ १३०० घनसेंटिमीटर

होमो इरेक्टस

खालीलप्रमाणे आहेत. तो दोन पायांवर ताठ (इरेक्ट) उभे राहून जलदगतीने चालण्यात पारंगत होता, म्हणूनच त्याला *होमो इरेक्टस* असे नाव दिले. *होमो* म्हणजे माणूस. *इरेक्टस* म्हणजे दोन पायांवर ताठ उभे राहणारा. त्याची उंची सर्वसाधारपणे ५ फूट व वजन ७० किलो होते, जे ऑस्ट्रालोपिथिकस व *होमो हॅबिलीस* या दोन्ही पूर्वजांपेक्षा जास्त आहे. त्याच्या मेंदूचे घनफळ १३०० घनसेंटिमीटर होते, जे आधुनिक मानवाच्या मेंदूपेक्षा थोडे लहान; परंतु ल्युसीच्या मेंदूपेक्षा तिप्पट मोठे होते म्हणून तो खूप हुशार होता. त्याचे डोके सपाट व चपटे, तर कपाळ उतरते, भुवयांखालचे हाड वाढलेले व डोळ्यांपुढे आलेले होते, जबडे नाकासह पुढे आलेले होते व हनुवटी नव्हती. त्याच्या कवटीला आधुनिक माणसाच्या कवटीसारखे मज्जारज्जूसाठी खालून छिद्र (व्हेंट्रल ओपनिंग टू स्कल) होते. यावरून तो दोन पायांवर सरळ ताठ उभे राहून चालण्यात निष्णात होता. त्याच्या अंगावर विरळ काळे केस होते, तो रंगाने काळा होता. त्यांच्यात स्त्री-पुरुषांच्या जोड्या ठरलेल्या

असत, दोघे मिळून अपत्यांची काळजी घेत असत. तो पूर्ण वेळ शिकारी होता, वेगवेगळ्या प्रकारची दगडी हत्यारे व प्राण्यांची हाडे हत्यारे म्हणून वापरीत असे. तो हातकुऱ्हाडींचा वापर करत असे. अनेक जण मिळून डुकरे, हरणे, गुहेतील अस्वले अशा मोठमोठ्या प्राण्यांची शिकार करत असत. तो मांस साठवून ठेवत असे व अन्न गोळा करून ठेवीत असे. अन्नाचे वाटप करून सर्व मिळून खात. सामाजिक जीवन होते. तो नरमांसभक्षकसुद्धा होता. गुहेत कायम घर करून टोळीने राहत असे. आठ लक्ष वर्षांपूर्वी त्याच्याच काळात विस्तवाचा शोध लागला. थंडीपासून, हिंस्त्र प्राण्यांपासून बचाव करण्यासाठी व अन्न शिजवण्यासाठी विस्तवाचा वापर करत असे; तसेच हत्यारे बनवतांना मोठमोठे दगड फोडण्यासाठी अग्नीचा वापर करू लागला.

हा मूळ प्राचीन मानव हुशार होता, शिकारी व मांसभक्षक होता. तो अत्यंत यशस्वीपणे, एकमेकांच्या सहकार्याने सामाजिक जीवन जगत असे; जीवनात निर्माण झालेले वैयक्तिक व सामाजिक प्रश्न सोडवण्यासाठी तंत्रज्ञानाचा उपयोग करून सर्वांच्या हिताचा निर्णय घेत असे. त्यांच्या मेंदूतील ब्रोकास केंद्राचा विकास झालेला होता. हे केंद्र संभाषणाशी संबंधित आहे. त्यामुळे त्याला संभाषण-कला अवगत असावी. आशिया खंडात तराफे बांधून त्यांच्या साह्याने पाण्यातून प्रवास करणारा हा पहिला मानव होता असे शास्त्रज्ञ मानतात.

लय : निसर्गात स्थिर असे काहीच नाही, सतत परिवर्तन होत असते. सजीवांची कोणतीच जीवजात स्थिर नसते, त्यांच्यात सतत बदल होऊन नवीन जीवजात उत्क्रांत होते. *होमो इरेक्टस* या मानवाचे कालांतराने परिवर्तन होऊन सात लक्ष वर्षांपूर्वी इथियोपियात *हैडेलबर्ग* मानवाची उत्क्रांती झाली असे मानण्यात येते. काही आनुवंशशास्त्रज्ञ *हैडेलबर्ग होमो इरेक्टस*चे दुसरे रूप (व्हरायंट) आहे असे मानतात. *हैडेलबर्ग होमो इरेक्टस*पेक्षा अधिक प्रगत, शरीररचनेत व हुशारीत वरचढ होते म्हणून अस्तित्वाच्या स्पर्धेत *होमो इरेक्टस* टिकू शकले नाहीत. तीन लक्ष वर्षांपूर्वी ते लुप्त झाले असावेत, असे मानववंश शास्त्रज्ञ मानतात.

⋙

प्रकरण नववे

प्राचीन मानव

हैडेलबर्ग मानव (*होमो हैडलबर्जेनिमिस*)

याला *होमो ऱ्होडेसिएन्सिस* असेसुद्धा म्हणतात. *हैडेलबर्ग* हा आधुनिक मानवाची प्राचीन आवृत्ती आहे. तो ६,००,००० (सहा लक्ष) वर्षांपूर्वी आफ्रिका खंडात इथियोपियात राहत असे. *होमो इरेक्टस* व *हैडेलबर्ग* यांचे वास्तव्य एकाच वेळी समांतर होते. हा *होमो इरेक्टस*पेक्षा जास्त विकसित होता, शरीररचनेत अधिक प्रगत होता, त्याच्या मेंदूचा आकार आधुनिक मानवाच्या मेंदू एवढाच मोठा होता म्हणून तो हुशार होता. आधुनिक मानवासारखे त्याचे कपाळ भव्य होते, नाक सरळ व उंच होते, ते सामुदायिकपणे मोठमोठ्या प्राण्यांची शिकार करत असत.

तो निअँडरथल मानवाचा पूर्वज होता. हैडेलबर्ग या मानवाचा विकास आफ्रिका खंडात झाला, त्याचे जीवाश्म हैडेलबर्ग नदीच्या खोऱ्यात जर्मनी येथे सापडले म्हणून त्याला हैडेलबर्ग मानव असे म्हणतात. ते २,००,००० वर्षांपूर्वी लुप्त झाले असावेत. हैडेलबर्गच्या उत्पत्तीबद्दल शास्त्रज्ञांत एकमत नाही, *होमो हैडेलबर्ग* हे *होमो इरेक्टस*पेक्षा भिन्न होते; परंतु दोघांचीही उत्क्रांती *होमो हॅबिलीस* या समान पूर्वजांपासून इथियोपियात झाली असावी, असेही मानण्यात येते. ते एकाच कालखंडात अस्तित्वात होते; परंतु त्यांच्यात विषमता होती. *हैडेलबर्ग* मानव *होमो इरेक्टस*चेच एक रूप आहे असे काही शास्त्रज्ञांचे मत आहे. ७ लक्ष वर्षांपूर्वीचे त्यांचे जीवाश्म इथियोपिया, नामिबिया आणि दक्षिण आफ्रिकेत आढळून आले. ३

बलस्थान :

- मेंदूचा विकास आधुनिक मानवाच्या मेंदू एवढा झाला म्हणून तो हुशार होता.
- भव्य कपाळ, सरळ व उंच नाक.
- निअँडरथर व क्रोमॅग्नोनचा समान पूर्वज आहे.
- मेंदूचे घनफळ १२५० ते १४०० घनसेंटिमीटर होते.

हैडेलबर्ग मानव

ते ४ लक्ष वर्षांपूर्वी हैडेलबर्गने युरोप आणि पश्चिम आशियात स्थलांतर केले. तिथे *हैडेलबर्ग*पासून *निअँडरथल* मानवाची उत्पत्ती झाली असावी, असे काही शास्त्रज्ञांचे मत आहे. आफ्रिका खंडात होमो हैडेलबर्गपासून २ लक्ष वर्षांपूर्वी क्रोमॅग्नॉन उत्क्रांत झाले, असे मानण्यात येते. यावरून हे स्पष्ट होते, की हायडलबर्ग निअँडरथल व क्रोमॅग्नॉनचा समान पूर्वज आहे.

निअँडरथल मानव (*होमो नियंदरथलेन्सिस*) : निअँडरथल मानवाची उत्पत्ती आफ्रिका खंडात सुमारे ३ ते १.५ लक्ष वर्षांपूर्वी हैडेलबर्ग या पूर्वजापासून झाली. इ. स. १८५६मध्ये त्याचे जीवाश्म जर्मनीतील निअँडर घाटीत (निअँडर व्हॅली) सापडले म्हणून त्याला निअँडरथल मानव असे म्हणतात. १,००,००० ते ४०,००० वर्षांपूर्वी उत्तर आफ्रिका, युरोप, पूर्व आणि मध्य आशियात अत्यंत प्रभावीपणे जगणारा मानव समूह होता. सुरुवातीच्या काळात आफ्रिकेच्या बाहेर त्याचे वास्तव्य नव्हते; परंतु ७०,००० वर्षांपूर्वी त्याची लोकसंख्या युरोप आणि आशिया खंडात मोठ्या प्रमाणात वाढली. तो प्राचीन काळातील प्रगतीशील मानव आहे. त्याच्याच काळात मानवाच्या प्रगतीला सुरुवात झाली व धार्मिक आणि सांस्कृतिक विकासाला प्रारंभ झाला.

निअँडरथल मानवाची वैशिष्ट्ये खालीलप्रमाणे आहेत. त्याच्या मेंदूचा आकार १४०० घनसेंटिमीटर होता, जो आधुनिक माणसाच्या मेंदूएवढा आहे. तो बुद्धिमान व हुशार होता. त्याचे शरीर शक्तिशाली स्नायूंनी बनलेले होते. तो मजबूत बांध्याचा, लठ्ठ व ठेंगू होता. पुरुषांची उंची ५ फूट ४ इंच व वजन ५० ते ७० किलो होते, स्त्रियांची उंची पुरुषापेक्षा फारच कमी होती. त्याचे कपाळ उतरते, भुवयांखालचे हाड पुढे वाढलेले होते, जबडे मोठे, पुढे आलेले व जबड्यांचे स्नायू मजबूत होते, दात आकाराने मोठे होते व हनुवटी नव्हती. त्याच्या मांडीच्या हाडात (Femur) बाक असल्यामुळे तो अर्धवट ताठ उभे राहून कुबडा चालत असावा. शास्त्रज्ञांच्या मते तो युरोप व आशियात राहत होता, तेव्हा हिमयुगास आरंभ झालेला होता. त्यामुळे मोठ्या प्रमाणात बर्फवृष्टी होत असे, जमिनीवर बर्फाचे थर होते, थंडीपासून बचाव करण्यासाठी तो गुहेत राहत असे. गुहेत सूर्यप्रकाश पोहोचत नसे, त्यामुळे त्याच्या शरीरात 'ड' जीवनसत्वाचा अभाव निर्माण झाला, म्हणून

बलस्थान :

- मेंदू आधुनिक मानवाच्या मेंदू एवढा मोठा.

- मेलेल्याचे विधिवत दफन.
- धार्मिक आणि सांस्कृतिक विकास सुरू झाला.
- आत्मा अमर आहे, असे तो मानू लागला.
- विचारविनियम करत असे.
- शिकारीत तरबेज, सापळे रचून हत्तीसारख्या प्राण्याची शिकार करत असे. त्याचे शरीर शक्तिशाली स्नायूंनी बनलेले होते.
- कधी कधी नरमांसभक्षक होता.
- मेंदूचे घनफळ १४०० घनसेंटिमीटर होते.

निअँडरथल मानव

त्याची हाडे ठिसूळ झाली व मांडीच्या हाडात बाक निर्माण झाला असावा, असे शास्त्रज्ञ मानतात.

शिकार करण्यात तो फारच तरबेज होता, मोठमोठ्या हत्तीसारख्या प्राण्यांचीदेखील तो शिकार करत असे. मोठ्या प्राण्यांची शिकार करण्यासाठी तो सापळे रचत असे व सावधपणे फटका मारण्यासाठी विशिष्ट पवित्रा घेत उभे राहत असे. तो मांसभक्षक तर होताच; परंतु, कधी कधी तो नरमांसभक्षकसुद्धा होता. तो वेगवेगळ्या प्रकारची हत्यारे बनवत असे; त्याला हत्यार बनवण्याचे कौशल्य प्राप्त होते. तो भाले, कुऱ्हाडी व रुंद पात्यांच्या (स्क्रेपर्स) दगडी हत्यारांचा वापर करत असे. तो विस्तवाचा वापर अन्न शिजवण्यासाठी; तसेच थंडी व हिंस्र प्राण्यांपासून बचाव करण्यासाठी करत असे. तो भांडे व दागिन्यांचा वापर करत असे. आजारी आणि जखमी माणसांची काळजी घेत असे. मेलेल्यांचे विधिवत दफन करत असे. दफन करत असताना मृताच्या देहाबरोबर अन्न, हत्यारे, दागिने व फुले ठेवत असे, यावरून त्याचा पुनर्जन्मावर विश्वास असावा. आत्मा अमर आहे असे तो मानत असावा, असे शास्त्रज्ञांचे मत आहे. याच्याच काळात धार्मिक आणि सांस्कृतिक विकास सुरू झाला. त्याला सामाजिक जबाबदारीची जाणीव होती, तो सुसंस्कृत व विचारवंत होता. सामुदायिकपणे विचार करून सर्वांच्या हितासाठी कल्याणकारी निर्णय घेत असे. त्याला संभाषणकला चांगलीच अवगत होती, ते एकमेकांशी बोलून विचारांची देवाणघेवाण करत असत. निअँडरथल या प्रगतीशील मानवाचा सुमारे २५,००० वर्षांपूर्वी लय झाला.

डेनिसोवन मानव :

रशियन मानववंश शास्त्रज्ञांना २००८मध्ये सैबेरियात अल्टाइ पर्वतांच्या गुहेत उत्खनन करत असताना बोटाच्या हाडाचा तुकडा सापडला. तो ५ ते ७ वर्षे वयाच्या मुलीचा होता, जी ४०,००० वर्षांपूर्वी मृत झालेली असावी. सैबेरियातील अतिथंड वातावरणामुळे हाडात डीएनएचे जतन झालेले होते. इ. स. २०१०मध्ये जर्मनी येथे शास्त्रज्ञांनी त्या हाडाच्या तुकड्यातील डीएनए मिळावला. डीएनएच्या अभ्यासानंतर त्या मुलीची आनुवंशिकता बऱ्याच अंशी निअँडरथल व आधुनिक मानवासारखी असली, तरी काही गुण वेगळे होते. म्हणून शास्त्रज्ञांनी तिला डेनिसोवन नाव दिले व मानवाच्या वेगळ्या उपजातीत तिचे वर्गीकरण केले. त्यानंतर नोव्हेंबर २०१५मध्ये डीएनए जतन असलेले दातांचे जीवाश्म मिळाले.

डेनिसोवन, निअँडरथल व क्रोमॅग्नॉनची उत्पत्ती आफ्रिकेत राहणाऱ्या हैडेलबर्ग

मानव या समान पूर्वजांपासून झाली. ३ ते ५ लक्ष वर्षांपूर्वी हैडेलबर्ग मानवाचा काही समूह आफ्रिकेतून युरोप व आशियात स्थलांतरित झाले. जो समूह युरोपमध्ये गेला त्यांचे परिवर्तन निअँडरथल मानवात व जो समूह आशियात गेला त्यांचे रूपांतर डेनिसोवन मानवात झाले असे शास्त्रज्ञांचे मत आहे. यानंतर २ लक्ष वर्षांपूर्वी आफ्रिकेत क्रोमॅग्नॉनची हैडेलबर्गपासून उत्पत्ती झाली असावी, त्याने युरोप व आशियात स्थलांतर केले. ४०,००० ते ६०,००० वर्षांपूर्वी क्रोमॅग्नॉन व डेनिसोवन आशियाच्या वेगवेगळ्या भागात एकत्रित राहिले. निअँडरथल, क्रोमॅग्नॉन व डेनिसोवन सैबेरियातील गुहेत एकत्र राहिले व त्यांच्यात वर्णसंकर झाल्याचे पुरावे मिळालेले आहेत. निअँडरथल व क्रोमॅग्नॉन यांच्यात संकरण होऊन युरोपातील आधुनिक मानवाची उत्पत्ती झाली व डेनिसोवन व क्रोमॅग्नॉन यांच्यात संकरण होऊन पूर्व आशियातील आधुनिक मानवाची उत्पत्ती झाली असावी, असे काही आनुवंशशास्त्रज्ञांचे मत आहे. तिबेटियन आणि पूर्व चिनी लोकांत काही जीन डेनिसोवनचे आढळून येतात. पूर्व चिनी व तिबेटीय लोकांना समुद्र सपाटीपासून उंच प्रदेशात श्वासोच्छ्वासासाठी मदत करणारे जीन डेनिसोवन या पूर्वजांपासून प्राप्त झाल्याचा शोध इसवी सनपूर्व २०१४मध्ये शास्त्रज्ञांनी लावला आहे. पूर्व आशियाई लोकांना ५% डीएनए डेनिसोवन या पूर्वजांकडून प्राप्त झालेला आहे.

काही शास्त्रज्ञ डेनिसोवन हा निअँडरथल मानवाचा प्रकार आहे असे मानतात, कारण दोघांची शरीररचना सारखीच आहे. ते बांध्याने मजबूत, बुटके व बलदंड होते

निअँडरथल मानवाच्या अस्ताची कारणे :

आधुनिक मानवासारखाच बुद्धिमान आणि हुशार असणारा निअँडरथल सुमारे २५,००० वर्षांपूर्वी नामशेष झाला. त्यांचा का लोप झाला याबद्दल शास्त्रज्ञांत मतभिन्नता आहे, तरी त्याच्या अस्ताची प्रामुख्याने खालील तीन कारणे असावीत.

१) हिमयुग : काही शास्त्रज्ञांच्या मते निअँडरथल राहत होता, तो हिमयुगाचा काळ होता. पृथ्वीवर मोठ्या प्रमाणात बर्फवृष्टी होत असे, त्यामुळे जमिनीवर बर्फाचे थरावर थर साचत. थंडीपासून व बर्फवृष्टीपासून स्वत:चा बचाव करण्यासाठी तो गुहेत राहत असे. सतत गुहेत राहण्यामुळे सूर्यप्रकाशापासून वंचित राहिला त्यामुळे त्याच्या शरीरात ड-जीवनसत्वाची कमतरता निर्माण झाली. तो ऑस्टिओमॅलासिया या अस्थीच्या आजाराला बळी पडला आणि त्यातच त्याचा अस्त झाला असावा, असे मानण्यात येते; परंतु या विचारप्रणालीस अनेक शास्त्रज्ञ दुजोरा देत नाहीत.

२) स्पर्धेत नष्ट झाले : निअँडरथल युरोप, आशिया आणि आफ्रिकेत राहत

असताना त्याच्या समकालीन क्रोमॅग्नॉन या पूर्व आधुनिक मानवाचा उदय सुमारे २ लक्ष वर्षांपूर्वी आफ्रिका खंडात झाला. तेथून ते आफ्रिका, युरोप व आशिया खंडात सर्वत्र पसरले जिथे यापूर्वीच निअँडरथल राहत होते. त्यांच्यात सतत संघर्ष होत राहिले, अस्तित्वाच्या संघर्षात निअँडरथल कमी पडले व सुमारे २५,००० वर्षांपूर्वी त्यांचा अस्त झाला. यानंतर जगात कुठेही त्यांचे अस्तित्व आढळून आल्याचे पुरावे नाहीत.

३) संकरण झाले : क्रोमॅग्नॉन आणि निअँडरथल हे समकालीन मानव जगात अनेक भागात एकत्रित राहत होते. त्यांच्यात सुरुवातीला संघर्ष झाले; परंतु पुढील काळात त्यांच्यात संकरण (हायब्रीडायझेशन) झाले आणि आधुनिक मानवाची (होमो सेपियन्स सेपियन्स) उत्पत्ती झाली. आधुनिक मानवाच्या जिनोममध्ये क्रोमॅग्नॉन आणि निअँडरथल या दोघांचेही गुणसमूह आढळून येतात. या विचारास अनेक जीवशास्त्रज्ञांची मान्यता आहे.

डी.एन.ए. (डीएनए) च्या अभ्यासावरून स्पष्टपणे लक्षात येते की ४५,००० ते ८०,००० वर्षांपूर्वी क्रोमॅग्नॉन आणि निअँडरथल यांच्यात संकरण झाले. आधुनिक मानवात १% ते ४% डीएनए निअँडरथलकडून प्राप्त झालेले आहे. अशाप्रकारे संकरणामुळे किंवा वरील तिन्ही कारणामुळे निअँडरथलल लुप्त झाले असावेत, असे शास्त्रज्ञ मानतात.

कहाणी बुटक्यांची

होमो फ्लोरेसियन्सिस :

इ. स. २००३मध्ये व्हिएतनाम येथील फ्लोअर्स बेटावर अतिशय बुटक्या मानवाचे जीवाश्म सापडले आहेत, बेटाच्या नावामुळे मानवाला *होमो फ्लोरेसियन्सिस* हे शास्त्रीय नाव देण्यात आले. या बेटावरील त्यांचे वास्तव्य १,००,००० वर्षे ते १२,००० वर्षांपूर्वीपर्यंत होते. त्यानंतर ते लुप्त झाले. जगात इतरत्र कुठेही आढळून येत नाहीत. त्यांची उंची ३.५ फूट (एक मीटर) व मेंदूचे घनफळ ३८० घनसेंटीमीटर म्हणजे चिम्पांझीच्या मेंदू एवढे होते. त्याचे अनेक आनुवंशिक गुण आधुनिक मानवापेक्षा भिन्न होते. म्हणून ते आपल्या वंशावळीपासून फार पूर्वी विभक्त झालेले असावेत व नंतर त्यांचा स्वतंत्रपणे विकास झाला असावा असे शास्त्रज्ञ मानतात. २००३मध्ये सापडलेले जीवाश्म स्त्रीचे होते व ते १८००० वर्षांपूर्वीचे असावे.

काही शास्त्रज्ञ ते आधुनिक मानवाशी संबंधित असावेत आणि हा बुटकेपणा

त्यांना कुठल्या तरी आजारामुळे आला असावा असे मानतात. या बेटावरील सध्या राहत असलेला आधुनिक मानवदेखील बुटका (पिग्मीज) आहे. म्हणून वरील मताला दुजोरा मिळतो; तसेच त्यांच्या जीवाश्माबरोबर आधुनिक मानव वापरत होता, तशी हत्यारे मिळालेली आहेत; परंतु त्यांच्या कवटी व हातापायांच्या अस्थींचा अभ्यास केल्यानंतर आधुनिक मानवाशी त्यांचा काहीही संबंध नाही हे स्पष्टपणे सिद्ध झालेले आहे. त्यानंतर तिथे मोठ्या संख्येने जीवाश्म मिळालेले आहेत व हे सर्व अतिशय बुटक्या मानवाचे आहेत. म्हणून व्हिएतनाम येथील फ्लोअर्स बेटावर १२,००० वर्षांपूर्वी बुटक्यांची फार मोठी लोकसंख्या होती; ही मानवाची वेगळी जात होती, याबद्दल मानववंश शास्त्रज्ञात एकमत झालेले आहे. आपल्या पूर्वजांच्या साखळीत त्यांना स्थान नाही, त्यांचा विकास स्वतंत्रपणे झालेला होता.

⋙

प्रकरण दहावे

आधुनिक मानव

क्रोमॅग्नॉन (*होमो सेपियन्स फॉसिल्स* / आधुनिक प्राचीन मानव)

याला आधुनिक प्राचीन मानव असेही म्हणतात. त्यांची उत्पत्ती आफ्रिका खंडात २ लक्ष वर्षांपूर्वी हैडेलबर्ग या पूर्वजांपासून झाली असे मानण्यात येते आणि नंतर त्यांनी युरोपमध्ये स्थलांतर केले. इ. स. १८६८मध्ये फ्रान्स येथे त्यांच्या जीवाश्मांचा शोध लागला. त्यानंतर इटली, पोलंड आणि झेकोस्लोव्हाकिया येथून त्यांचे जीवाश्म मिळाले. पश्चिम आणि मध्य युरोपातील ५०,००० ते २०,००० वर्षांपूर्वीचा कालावधी त्याच्या भरभराटीचा होता. ७०,००० वर्षांपूर्वी युरोपात सगळीकडे निॲंडरथलचे वास्तव्य होते. क्रोमॅग्नॉनने त्यांच्याशी संघर्ष करून आपले वर्चस्व प्रस्थापित केले आणि युरोपात त्यांची जागा घेतली. हा आधुनिक प्राचीन मानव २०,००० वर्षांपूर्वी काळाच्या पडद्याआड गेला. त्यानंतर जगात कुठेही त्यांचे वास्तव्य आढळून आले नाही.

वैशिष्ट्य : तो उंच होता. सर्वसाधारणपणे त्याची उंची १८० सें.मी. होती. त्याचे कपाळ भव्य होते व भुवयांखालचे हाड पुढे आलेले नव्हते. तो देखणा होता, त्याचे नाक उंच, सरळ व अरुंद होते. त्याला हनुवटी होती. त्याच्या मेंदूचे घनफळ १६०० घनसेंटिमीटर म्हणजेच आधुनिक माणसाच्या मेंदू एवढे किंवा त्यापेक्षाही थोडे जास्त होते; तो हुशार, विचारी व तत्त्वज्ञानी होता. तो सरळ ताठ उभे राहत असे, दोन पायांवर धावण्याची व चालण्याची त्याला विशेष गती प्राप्त होती. तो धावण्यात

बलस्थान :

- उंच उंची १८० सें.मी., कपाळ भव्य, देखणा, नाक उंच, सरळ, अरुंद, हनुवटी आहे.
- मेंदूचे घनफळ १६०० घनसेंटिमीटर आधुनिक मानवाच्या मेंदूपेक्षा जास्त.
- हुशार, विचारी, तत्त्वज्ञानी (आत्मसंयमी)
- धनुष्यबाणाचा वापर.
- कुत्रे पाळले.
- उत्तम पेंटर.

क्रोमॅग्नॉन

व चालण्यात पारंगत होता. तो कुटुंबासह गुहेत राहत असे. हत्यारे व अवजारे तयार करण्यात कुशल होता. तो चांगल्या दर्जाची अवजारे तयार करत असे. तो भाला, धनुष्यबाण, गोफण या हत्यारांचा वापर अत्यंत कौशल्याने करत असे. तो शिकार करण्यात तरबेज होता. मांसभक्षक होता. विस्तवाचा उपयोग अन्न शिजवण्यासाठी करत असे. प्राण्यांच्या कातड्यांचे कपडे वापरत असे. मेलेल्यांचे धार्मिक पद्धतीने विधीपूर्वक दफन करत असे. त्याने कुत्रे पाळण्यास सुरुवात केली. इतर प्राणी पाळल्याचे किंवा शेती करत असल्याचे कुठलेही पुरावे नाहीत. यापूर्वी कोणत्याही मानवाने प्राणी पाळल्याचे पुरावे नाहीत. कुत्रा हा मानवाने पाळलेला पहिला पाळीव प्राणी आहे. तो उत्तम पेंटर होता, त्याने युरोपात अनेक गुहेतील भिंतीवर वेगवेगळ्या रंगांत प्राण्यांची चित्रे काढलेली आढळून आली आहेत. क्रोमॅग्नॉन हा आधुनिक मानवाचा (*होमो सेपियन्स सेपियन्स*) म्हणजेच आपला सर्वांत जवळचा पूर्वज आहे. डीएनएत बदल होऊन याच्यापासूनच आधुनिक मानवाची उत्क्रांती सुमारे ५०,००० वर्षांपूर्वी झाली असावी. हा आधुनिक माणसासारखाच हुशार, देखणा, विचारवंत व तत्त्वज्ञानी असूनसुद्धा जीवनकलहात आपल्या बरोबर टिकू शकला नाही. सुमारे २०,००० वर्षांपूर्वी त्याचे अस्तित्व संपुष्टात आले आणि तो लोप पावला.

आधुनिक मानव (होमो सेपियन्स सेपियन्स)

आधुनिक मानवाचे वैज्ञानिक नाव *होमो सॅपियन्स सॅपियन्स* आहे. होमो म्हणजे माणूस व *सॅपियन्स* म्हणजे शहाणा, जाणिवांची जाणीव असलेला, समंजस, विवेकशील, विचारी व बुद्धिवान. पृथ्वीवर सध्या आधुनिक मानव ही मानवाची एकमेव जैविक जात अस्तित्वात आहे. तो सजीवसृष्टीत सर्वांत प्रभावी प्राणी समूह असून, जगात सर्वत्र त्याचे वर्चस्व आहे. ४५,००० ते ८०,००० वर्षांपूर्वी *क्रोमॅग्नान* व *होमो निअँडरथलेंसिस* या त्याच्या नजीकच्या पूर्वजांच्या संकरणातून त्याची उत्पत्ती झाली असावी, असे काही शास्त्रज्ञ मानतात, तर काहींच्या मते क्रोमॅग्नॉनच्या डीएनएत बदल होऊन ५०,००० वर्षांपूर्वी याचा विकास झाला असावा. त्याची उत्पत्ती पूर्व आफ्रिकेत झाली आणि सुमारे १०,००० वर्षांपूर्वी तो जगातील सर्व भागांत पसरला. तो प्रथम युरोप, आशिया आणि रशिया खंडात स्थलांतरित झाला. त्याच्या स्थलांतराच्या कालावधीबद्दल वेगवेगळी अनुमाने आहेत; परंतु १० ते १५ हजार वर्षांपूर्वी जगाच्या वेगवेगळ्या भागांत त्याने स्थलांतर केले असावे असे अनुमान आहे. तो रशियातून सैबेरियामार्गे उत्तर अमेरिकेत गेला, तो कालावधी साधारणपणे १३,००० वर्षांपूर्वीचा असावा. १०,००० वर्षांपूर्वी पृथ्वीवर फक्त आधुनिक मानवाचेच अस्तित्व होते, यापूर्वीचे त्याचे पूर्वज *होमो इरेक्टस*, *निअँडरथल* व *क्रोमॅग्नॉन* लुप्त झालेले होते. त्या वेळेसची त्याची पृथ्वीवरील लोकसंख्या केवळ ५० लक्ष एवढी अल्प होती, आज आपली लोकसंख्या ७५० कोटीपेक्षा जास्त आहे.

वैशिष्ट्य : आधुनिक मानव व क्रोमॅग्नॉन यांची शरीररचना सारखीच आहे. त्यांच्या जैविक उत्क्रांतीत बदल झालेला नसून, सांस्कृतिक विकासात फार झपाट्याने बदल झालेला आहे. तो दोन पायांवर ताठ उभे राहतो व जलद चालतो. त्याची उंची ५ ते ६ फूट, वजन ५० ते १०० किलो आहे. मेंदूचा आकार १३०० ते १५०० घनसेंटिमीटर असून तो अत्यंत बुद्धिवान आहे. त्याला भव्य कपाळ, उंच, सरळ व अरुंद नाक, हनुवटी आहे. जगात सर्वत्र भिन्न भिन्न पर्यावरणात तो वसाहती करून राहतो, त्याने अनेक खेडी व शहरे वसवली आहेत. आधुनिक पाषाणयुगात त्याने पशुपालन व शेती करण्यास सुरुवात केली. त्याने उत्तमोत्तम प्रकारची हत्यारे, यंत्र व अवजारे तयार करण्यास व त्यांचा वापर करण्यास सुरुवात केली. तो विचारवंत, तत्त्वज्ञानी व तंत्रज्ञानी आहे. त्याने संभाषणातून, भाषाशास्त्रांचा विकास केला, लिखाणाचा शोध लागला त्यामुळे तो त्याचे अनुभव इतरांना सांगायला लागला व त्याच्याकडे अनेक प्रकारच्या अनुभवांचे संचित तयार झाले. अनुभवाने मिळालेले ज्ञान एका

बलस्थान :

- सांस्कृतिक विकास.
- शेती व पशुपालन.
- धर्म व कलेचा विकास.
- लिखाणाचा शोध.
- भाषा समृद्ध झाली.
- कृषी क्रांती, धवल क्रांती, औद्योगिक क्रांती घडवली.
- यंत्रयुग, दूरध्वनी, दूरदर्शन, संगणक क्रांती, माहिती तंत्रज्ञान, जैवतंत्रज्ञान, कृत्रिम बुद्धिमत्ता.
- जलद वाहतुकीची साधने.
- वैद्यकीय ज्ञानाचा विकास झाला.
- सरासरी आयुर्मान वाढले.
- मेंदूचे घनफळ १३०० ते १५०० घनसेंटिमीटर आहे.

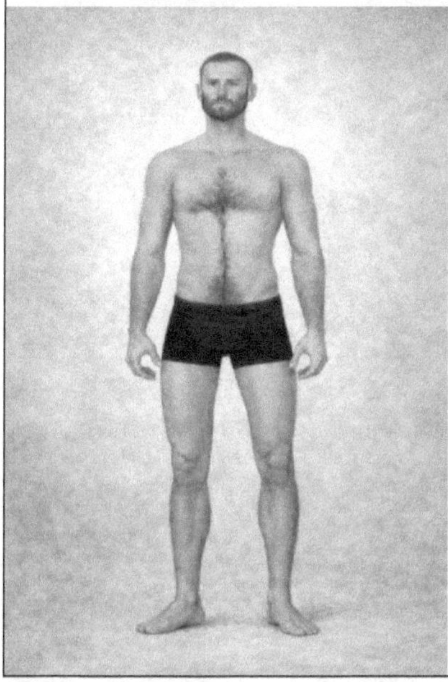

आधुनिक मानव

पिढीपासून दुसऱ्या पिढीस प्राप्त होत गेले व माणूस ज्ञानी झाला. त्याचे ज्ञान भांडार वाढले व त्याचा सांस्कृतिक विकास झाला. निसर्गात बदल घडवून आणून प्रतिकूल पर्यावरणावर मात करण्याची त्याची क्षमता पराकोटीला गेली आणि त्याचबरोबर निसर्ग जतन करण्याची त्याची जबाबदारी तेवढीच वाढली. त्याने विज्ञानात अनेक शोध लावले. हरितक्रांती व औद्योगिक क्रांती घडवून आणली, नवीन नवीन तंत्रांचा शोध लावला, संपर्कमाध्यमे वाढली, वैद्यकीय ज्ञानाचा व तंत्रज्ञानाचा विकास झाला. त्याने अनेक प्रकारच्या संसर्गजन्य आजारांवर नियंत्रण मिळवले, त्याचे सरासरी आयुर्मान वाढले. शिक्षणाचा प्रचार व प्रसार वाढला. जैवतंत्रज्ञान, माहितीतंत्रज्ञान व संगणकाचा शोध लावला. यंत्रांमुळे जलद वाहतुकीची साधने उपलब्ध झाली. तो कमीत कमी वेळेत पृथ्वीवर निरनिराळ्या भागात प्रवास करू शकतो, त्याच्यासाठी जग एखाद्या खेड्यासारखे लहान झालेले आहे.

भीमबेटका (मध्यप्रदेश, भारत) येथील गुहेत १० हजार वर्षांपूर्वी काढलेले चित्र.

फ्रान्स येथे गुहेत काढलेले चित्र

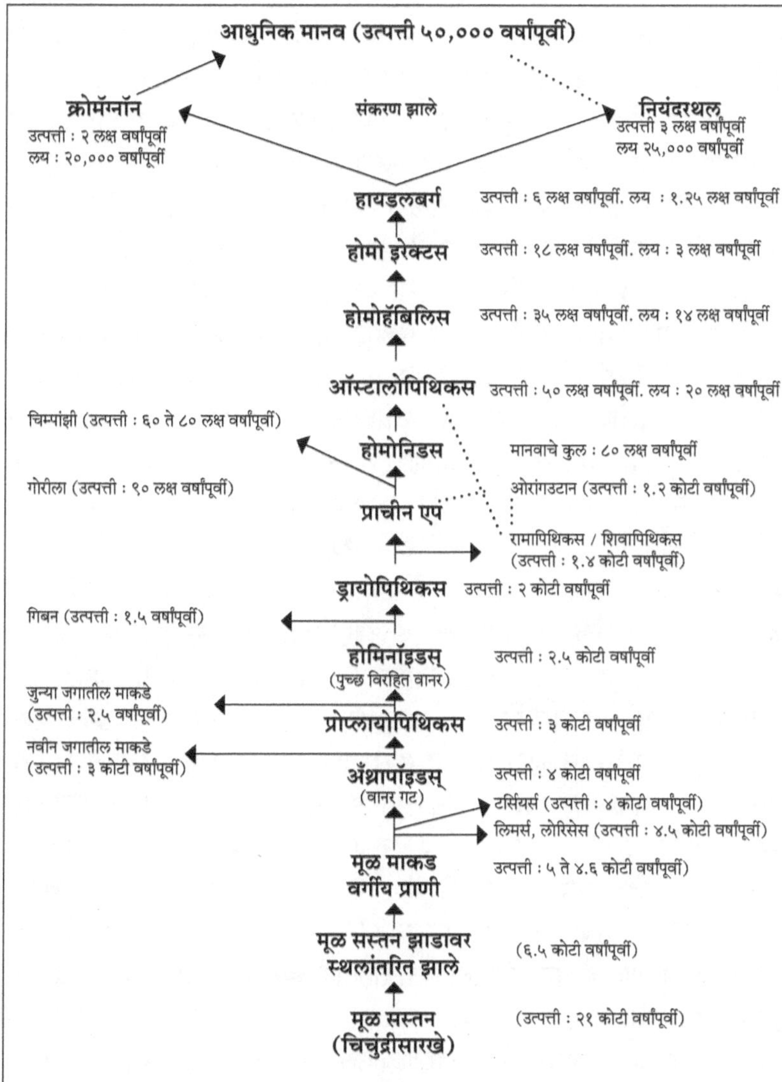

वंशवृक्ष

मानवाच्या उत्पत्तीचे मूळ स्थान कोणते ?

आतापर्यंत आपण मानवाच्या पूर्वजांची वंशावळ व आधुनिक मानवाच्या उत्पत्तीबद्दल माहिती घेतली. मानवाचे वास्तव्य जगात वेगवेगळ्या पर्यावरणात, भौगोलिक अधिवासात, सर्व भूखंडातील अनेक देशात आहे. तो जिथे राहतो, तो

मूळचा तिथलाच आहे का? असा प्रश्न मानववंश शास्त्रज्ञांना विचारला, तर ते याचे उत्तर नाही असेच देतात. म्हणजे आपण जिथे राहतो तिथे उपरेच आहोत. मग आपल्यापैकी प्रत्येकाला प्रश्न पडतो, आपण नेमके कुठले? ज्या गावात आपण राहतो ते आपले मूळ गाव नाही का? आपण इथेच जन्मलो, आपले वडील, आजोबा, पणजोबादेखील इथेच जन्मले, लहानाचे मोठे झाले, अनेक पिढ्यांपासून आपण इथे राहतो, म्हणून हेच आपले मूळ गाव आहे. ग्रामीण भागात आपण मूळचे कुठले? असा प्रश्न विचारला, तर प्रत्येक जण छातीठोकपणे सांगतो, की मी या गावचा वतनदार आहे. हे गाव माझेच आहे. मानवंश शास्त्रज्ञ व आपल्या उत्तरात अशी विसंगती का आहे? आपण आपल्या पूर्वजांच्या वास्तव्याच्या इतिहासाचे अवलोकन केल्यास असे लक्षात येते, की ते मूळचे इथले नाहीत. काही पिढ्यांपूर्वी भटकत भटकत आले आणि इथे स्थायिक झाले. एखाद्या खेड्याच्या किंवा शहराच्या वसाहतीचा पूर्व इतिहास पाहिल्यास बऱ्याचशा वसाहती काही शतकांपूर्वी निर्माण झालेल्या आहेत, असे लक्षात येते. पुरातन वसाहती फारच कमी, मग ही सर्व मंडळी यापूर्वी कुठे राहत होती? दहा हजार वर्षांपूर्वी संपूर्ण जगातील मानवी लोकसंख्या फक्त ५० लक्ष होती, आज मुंबईसारख्या एकाच शहराची लोकसंख्या त्या वेळच्या जगाच्या लोकसंख्येच्या चारपट आहे. त्या वेळी माणसाची लोकसंख्या फारच विरळ होती, तो अन्नाच्या शोधात सतत एका ठिकाणाहून दुसऱ्या ठिकाणी भटकत असे. दहा हजार वर्षांपूर्वी त्याला शेतीचा शोध लागला आणि भटक्या मानवाने नद्यांच्या काठावर वसाहती करून राहण्यास सुरुवात केली. म्हणून आजच्या सर्व खेडी व शहरातील वसाहती फार अलीकडच्या काळातील आहेत. पूर्वी सगळीकडे जंगल होते, जशी जशी लोकसंख्या वाढत गेली, तशा तशा नवीन वसाहती मानवाने उभ्या केल्या. यावरून हाच निष्कर्ष निघतो, की कोणताही माणूस आता जिथे राहतो तिथला मूळ रहिवासी नाही, त्याचे पूर्वज स्थलांतरित होते. माणसाच्या उत्क्रांतीसाठी ४० लक्ष एवढा प्रदीर्घ कालावधी लागला. त्यापूर्वी पृथ्वीवर त्याचे अस्तित्व नव्हते. त्याचा पहिला पूर्वज एप मानव (ऑस्ट्रालोपिथिकस) ४० लक्ष वर्षांपूर्वी आफ्रिकेत उत्क्रांत झाला. त्यानंतरचे पूर्वज *होमो हॅबिलिस* २५ लक्ष वर्षांपूर्वी, *होमो इरेक्टस* १५ ते १८ लक्ष वर्षांपूर्वी, हैडेलबर्ग मानव ६ लक्ष वर्षांपूर्वी, निअँडरथल मानव ३ ते दीड लक्ष वर्षांपूर्वी, क्रोमॅग्नॉन २ लक्ष वर्षांपूर्वी, आधुनिक मानवाची ५०,००० वर्षांपूर्वी यासर्व मानवांच्या पूर्वजांची व आधुनिक मानवाची उत्क्रांती आफ्रिका खंडात झाली व नंतर मानव युरोप, आशिया, रशिया, अमेरिका, ऑस्ट्रेलियात स्थलांतरित झाला. जीवाश्मांचा

अभ्यास, पुराणवस्तू संशोधन, डीएनए परीक्षण इत्यादी अभ्यासानंतर मानवाची उत्क्रांती आफ्रिका खंडात झाली हे सिद्ध झाले आहे.

मानवाची उत्पत्ती जगात वेगवेगळ्या अनेक ठिकाणी झाली की एकाच ठिकाणी, हा वादविवादाचा विषय आहे. काही शास्त्रज्ञांच्या मते जगात वेगवेगळ्या ठिकाणी मानवाची उत्पत्ती झाली असावी; परंतु या मताला कोणताही शास्त्रीय पुरावा नाही. जर मानवाची उत्पत्ती जगात वेगवेगळ्या ठिकाणी झाली असे मानले, तर त्याच्या शरीररचनेत व वर्तनात अनेक प्रकारचे बदल झालेले आढळून आले असते. बाह्यरूपात व रंगात जे बदल आढळून येतात ते त्या त्या भौगोलिक परिस्थितीत स्वत:ला जुळवून घेऊन यशस्वीपणे जीवन जगण्यासाठी तात्पुरते झालेले आहेत. त्याच्या आनुवंशिकतेत, डीएनए व जीनच्या रचनेत व मांडणीत कसल्याच प्रकारचे बदल झालेले नाहीत. पृथ्वीवरील सर्व मानव समूह जैविकदृष्ट्या एकाच कुलाचा म्हणजे एकाच जातीचा आहे. यावरून त्याची उत्पत्ती एकाच ठिकाणी झाली असावी आणि नंतर त्याने अन्न आणि पाण्याच्या शोधात जगात वेगवेगळ्या भागांत स्थलांतर केले असावे, असेच मानववंश शास्त्रज्ञ मानतात. या मतास जीवाश्म व डीएनएच्या अभ्यासाने दुजोरा मिळतो. मानवाची उत्पत्ती दक्षिण आफ्रिकेत झाली आणि नंतर त्याने जगात इतर अनेक ठिकाणी स्थलांतर केले याबद्दल खालील पुरावे उपलब्ध आहेत.

१) जीवाश्मांचा अभ्यास : जीवाश्म म्हणजे प्राचीन काळातील सजीवांचे खडकातील जतन झालेले ठसे, अवशेष व कठीण भाग जसे जबडे, कवटी, हाडे, हाडांचे सांगाडे इत्यादी. मानवाच्या पूर्वजांचे जीवाश्म जगाच्या वेगवेगळ्या भागांत उत्खननातून मिळालेले आहेत आणि त्यानुसार त्यांना नावे दिलेली आहेत.

सर्वांत प्राचीन ४० लक्ष वर्षांपूर्वीचे जीवाश्म दक्षिण आफ्रिका आणि इथियोपिया येथील उत्खननातून मिळाले आहेत, ते मानवाचे मूळ पूर्वज ऑस्ट्रालोपिथिकसचे (ल्युसीचे) आहेत. एवढे प्राचीन जीवाश्म अजून तरी जगात इतर कुठेही मिळालेले नाहीत, यावरून ऑस्ट्रालोपिथिकस या मानवाच्या मूळ पूर्वजांची उत्क्रांती पूर्व आफ्रिका खंडात इथियोपियात झाली हे सिद्ध होते.

होमो हॅबिलिस - या पहिल्या मानवाचे जीवाश्म १९६४मध्ये आफ्रिकेतील टांझानियात सापडले. तो २४ ते ३४ लक्ष वर्षांपूर्वी दक्षिण आफ्रिकेत राहत होता. जगात इतर कुठेही त्याचे जीवाश्म मिळाले नाहीत.

मूळ प्राचीन मानव *होमो इरेक्टस*चे सर्वांत जुने १८ लक्ष वर्षांपूर्वी जतन झालेले जीवाश्म आफ्रिकेतील उत्खननातून प्राप्त झालेले आहेत. जावा आणि पेकिंग येथून

मिळालेले जीवाश्म यानंतरचे आहेत. यावरून *होमो इरेक्टस*ची उत्पत्ती १८ लक्ष वर्षांपूर्वी आफ्रिकेत झाली आणि नंतर ते जावा आणि पेकिंग येथे स्थलांतरित झाले.

याचप्रमाणे हैडेलबर्ग, क्रोमॅग्नॉन यांचे सर्वांत जुने जीवाश्म आफ्रिकेत प्राप्त झालेले आहेत. जगात इतर ठिकाणी सापडलेल्या जीवाश्मांचा कालावधी नंतरचा आहे.

वरील जीवाश्मांच्या अभ्यासावरून मानवाच्या सर्व पूर्वजांचे पुरातन जीवाश्म आफ्रिकेत मिळाले, म्हणून मानवाची उत्पत्ती आफ्रिकेत झाली व त्यानंतर त्याने जगातील इतर ठिकाणी स्थलांतर केले असे दिसून येते.

डीएनए चाचणी : डीएनए चाचणीच्या आधुनिक तंत्रज्ञानाने आनुवंशिकतेचा अभ्यास करणे सोपे झाले आहे. शरीरातील कोणत्याही पेशी, रक्तपेशी किंवा केसांच्या मुळातील पेशीतून चाचणीसाठी डीएनए घेता येतो. त्याचे परीक्षण करून प्राण्यांचे पूर्वज, त्यांची उत्पत्ती, आनुवंशिकता, उत्पत्तीचे मूळ ठिकाण आणि स्थलांतर याचा सविस्तर अभ्यास करता येतो. डीएनएतील जीनची क्रमवारी व त्यातील नायट्रोजन घटकांची क्रमवारी किंवा त्यातील झालेले बदल यावरून आनुवंशिकता आणि स्थलांतर याची उकल करता येते. या संदर्भातील काही तपशील पुढे दिला आहे.

१) शोध मातृकुलाचा : मातृकुलाच्या संशोधनासाठी मायटोकाँड्रियातील डीएनएचे परीक्षण केले जाते. मायटोकाँड्रिया पेशीचे एक अंगक असून, त्यात स्वतंत्र डीएनएचे रेणू असतात त्यांना मायटोकाँड्रियल (एम्टी) डीएनए म्हणतात. एमटीडीएनए स्वायत्त असतो. तो पेशीच्या डीएनएच्या प्रभावाखाली नसतो, म्हणून स्वतंत्रपणे कार्य करतो. मायटोकाँड्रियांना पेशीतील ऊर्जागृहे असे म्हणतात, कारण ते श्वसनात भाग घेऊन पेशीला एटीपीच्या स्वरूपात ऊर्जा पुरवतात. प्रत्येक पेशीत (१०० पेक्षा जास्त) मायटोकाँड्रिया असतात म्हणून शरीरातील प्रत्येक पेशीत मायटोकाँड्रियल डीएनएच्या (एमटी-डीएनए) अनेक प्रती असतात, त्यामुळे संशोधकाला तो मिळवणे सोपे असते; परंतु प्रत्येक पेशीत केंद्रक डीएनएच्या केवळ दोन प्रती असतात. एमटी डीएनए हा गोलाकार महारेणू असून, त्यात १६,५६९ न्यूक्लिओटाइडच्या जोड्या आहेत, त्यांच्या मांडणीतील क्रम माहीत आहे. एका व्यक्तीत $१०^{१६}$ एमटी डीएनएचे महारेणू असतात. प्रत्येक व्यक्तीला आईकडून बीजांडाद्वारे मायटोकाँड्रिया प्राप्त होतात, म्हणून यातील डीएनएच्या चाचणीने मातृकुलाचा शोध घेता येतो. एमटी डीएनए, केंद्रक डीएनए किंवा अन्य कोणत्याही डीएनएबरोबर जोडला जात नाही. त्यांच्यात उत्परिवर्तनाशिवाय

बदल होत नाहीत, म्हणून तो पिढ्यान् पिढ्या न बदलता टिकून राहतो. एमटी डीएनएत उत्परिवर्तन झाल्यानंतर दुरुस्तीची विकरे नसल्यामुळे त्यात असे बदल केंद्रक डीएनएत झालेल्या बदलापेक्षा १० पटीने जास्त जमा होतात; कारण केंद्रक डीएनएत दुरुस्तीची विकरे असल्यामुळे उत्परिवर्तनाने झालेले बदल जमा होत नाहीत, ते परत दुरूस्त होतात. कॅन आणि त्याच्या सहकारी संशोधकांच्या मते, पृष्ठवंशीय प्राण्यांत १० लक्ष वर्षात २ ते ४% न्यूक्लिओटाइडमध्ये बदल होतात. शास्त्रज्ञांनी जगाच्या विविध भागांत अनेक देशात राहणाऱ्या या वेगवेगळ्या लोकसमूहातून एमटी - डीएनएचे अनेक नमुने घेतले. या सर्व नमुन्यांतील एमटी-डीएनएचे परीक्षण केल्यानंतर सर्वांत जास्त बदल दक्षिण आणि पूर्व आफ्रिकेत राहणाऱ्या लोकांतील एमटी-डीएनएत झालेले आढळून आले. जगात इतर ठिकाणी राहाणाऱ्या लोकांच्या एमटी-डीएनएत कमी बदल झालेले आढळून आले. यावरून माणूस जगाच्या इतर ठिकाणच्या तुलनेत दीर्घ काळापासून आफ्रिकेत राहतो, हे सिद्ध होते. म्हणून पृथ्वीवरील सर्व मानववंशाचे मातृकुल आफ्रिकेतील आहे. आफ्रिकन स्त्री जगाची आदिमाता आहे.

२) शोध पितृकुलाचा : प्रत्येक सजीवात जीन्स आनुवंशिक गुणांचे प्रदर्शन करतात. जनुकांची मांडणी एकानंतर एक अशी ओळीने गुणसूत्रांत असते, प्रत्येक गुणसूत्रात अनेक जनुके असतात. गुणसूत्रे सजीवाच्या प्रत्येक पेशीच्या गाभ्यात (न्यूक्लियस) असतात. वेगवेगळ्या जीवजातीतील जीन्सची आणि गुणसूत्रांची संख्या वेगळी असते. मानवात ३०,००० जनुकांची मांडणी ४६ गुणसूत्रांवर केलेली असते. या ४६ गुणसूत्रांपैकी X आणि Y ही दोन गुणसूत्रे व्यक्तीचे लिंगनिर्देश करतात. स्त्रियांच्या पेशीत XX गुणसूत्राची जोडी असते, तर पुरुषांच्या पेशीत XY गुणसूत्रांची जोडी असते. म्हणजे Y गुणसूत्र फक्त पुरुषांच्या पेशीत असते; Y गुणसूत्र स्त्रियांच्या पेशीत नसते. पितृकुलाचा शोध घेण्यासाठी Y गुणसूत्रातील डीएनएचा अभ्यास केला. जगातील वेगवेगळ्या समूहांतून वाय-डीएनएचे नमुने गोळा केले व त्यातील झालेले बदल पाहण्यासाठी परीक्षण केले. सगळ्यात जास्त बदल आफ्रिकेच्या लोकांतील वाय-डीएनएत झाल्याचे आढळून आले. म्हणून मानवाचे पितृकुलदेखील आफ्रिकन आहे, हे सिद्ध होते. वरीलप्रमाणे मातृकुल आणि पितृकुल दोन्ही आफ्रिकेतील आहेत, म्हणून मानवाचे उत्पत्तीस्थान आफ्रिका आहे. नंतर त्याने जगातील वेगवेगळ्या ठिकाणी अन्नाच्या शोधार्थ स्थलांतर केलेले आहे.

३) बाराव्या गुणसूत्रातील डीएनएचे पृथक्करण : गुणसूत्रातील डीएनए, एमटी-डीएनएपेक्षा जास्त परिवर्तनशील असतो, म्हणून गुणसूत्रातील डीएनएचे पृथक्करण केल्यानंतर मानवाच्या उत्पत्ती व स्थलांतराबद्दलच्या अनेक खुणा स्पष्टपणे आढळून येतात. सन १९९६मध्ये मानवाच्या बाराव्या गुणसूत्रातील डीएनएच्या परिवर्तनशील भागाचे सूक्ष्म परीक्षण केल्यानंतर त्याच्या मूळ उत्पत्ती स्थानाबद्दलचे चित्र स्पष्ट झाले आहे. बाराव्या गुणसूत्रातील डीएनएच्या पृथक्करणानंतर एकूण २४ प्रकारचे परिवर्तन आढळून आले. यापैकी २१ प्रकारचे परिवर्तन आफ्रिकेतील लोकसंख्येत आढळून आले, तर युरोपच्या लोकसंख्येत तीन व आशियाच्या लोकसंख्येत केवळ दोन प्रकारचे परिवर्तन आढळून आले. वरील निष्कर्षानंतर स्पष्टपणे सिद्ध होते, की मानवाचे वास्तव्य युरोप आणि आशियापेक्षा आफ्रिकेत प्रदीर्घ काळापासून आहे. यावरून मानवाची उत्पत्ती आफ्रिकेत झाली व त्यानंतर त्याने युरोप व आशियात स्थलांतर केले, हे स्पष्टपणे सिद्ध होते.

जीवाश्मांच्या अभ्यासाने व डीएनए परीक्षणाच्या निष्कर्षानंतर मानवाची उत्पत्ती आफ्रिकेत झाली, हे निर्विवादपणे सिद्ध होते. त्यानंतर त्याने जगातील निरनिराळ्या प्रदेशात जागा, अन्न व पाणी मिळवण्यासाठी स्थलांतर केले. यावरून आपण सर्व स्थलांतरित आहोत. आजदेखील आपण शिक्षण, नोकरी व उद्योगधंद्यासाठी स्थलांतर करतो, म्हणून मानव आता जिथे राहतो तिथला तो मूळचा नाही, प्रत्येक जण स्थलांतरित आहे.

▸▸▸

प्रकरण अकरावे

वानराचा नर झाला!

एक कोटी ते ६० लक्ष वर्षांपूर्वी पृथ्वीवर हिमयुगाची तीव्रता वाढलेली होती. प्रचंड हिमवृष्टीने आफ्रिकेत अनेक जंगले नष्ट झाली आणि त्यांचे रूपांतर सॅव्हाना गवताळ प्रदेशात झाले. शिल्लक राहिलेल्या जंगलात प्राचीन एप वानरांची गर्दी वाढली व त्यांच्यात अन्न मिळवण्यासाठी जीवघेणी स्पर्धा सुरू झाली. यातून स्वतःचा व आपल्या पिल्लांचा बचाव करण्यासाठी काही प्राचीन एपनी जंगल सोडले व ते अन्नाच्या शोधात सॅव्हाना (उष्णकटिबंध) गवताळ प्रदेशात भटकू लागले, हेच ते मानवाचे पूर्वज होते. जे प्राचीन एप जंगलातच थांबले, ते गोरिला व चिम्पांझीचे पूर्वज होते. प्राचीन एप चार पायांवर चालत; परंतु गवताळ प्रदेशातील कुरणातून चार पायांवर चालल्यामुळे त्यांना अन्न शोधणे व हिंस्र प्राण्यांपासून स्वतःचा बचाव करणे कठीण झाले. त्यामुळे त्यांनी मागच्या दोन पायांवर चालण्यास सुरुवात केली व समोरचे पाय संरक्षणासाठी व अन्न गोळा करण्यासाठी खुले केले. दोन पायांवर चालल्यामुळे त्यांची उंची वाढली. गवतात वावरणाऱ्या वाघ, सिंह, लांडगे, तरस या हिंस्र प्राण्यांवर लक्ष ठेवून स्वतःचा बचाव करणे व दूरपर्यंत नजर टाकून अन्नाचा शोध घेणे त्यांना सोपे झाले. हळूहळू शरीररचनेत बदल सुरू झाले आणि त्यांची बौद्धिक क्षमता वाढली. मानवाच्या या एप पूर्वजाने दोन पायावर चालण्यास आरंभ केल्यामुळे त्याला खालीलप्रमाणे मुख्यतः चार प्रकारचे फायदे झाले. १) अन्न मिळवण्याच्या पद्धतीत सुधारणा झाली. २) हिंस्र प्राण्यांपासून संरक्षण मिळाले. ३)

पुनरुत्पादनात सुधारणा झाली. ४) शरीररचनेत बदल सुरू झाले.

१) अन्न मिळवण्याच्या पद्धतीत सुधारणा : जंगलात झाडावर राहत असताना मानवाच्या पूर्वजास फळे, झाडांचा पाला व फुलांच्या स्वरूपात सर्व हंगामात विपुल प्रमाणात अन्न उपलब्ध असे; परंतु तो जेव्हा घनदाट जंगल सोडून गवताळ प्रदेशात जिथे विरळ झाडे, झुडपे आहेत अशा ठिकाणी रहायला लागला, तेव्हा त्याला विशिष्ट ऋतूत हंगामी फळे मिळू लागली आणि त्याची उपासमार सुरू झाली. म्हणून त्याला सर्वभक्षक (ओम्निव्होरस) बनावे लागले. दिवसाचा बराच वेळ अन्नाच्या शोधात त्याला दूर-दूर भटकावे लागे, विशिष्ट ठिकाणी स्थिर पर्यावरणात राहता येत नसे. दोन पायांवर विशिष्ट पवित्रा घेत उभे राहून अत्यंत परिश्रमाने तो लांब-लांब ढांगा टाकत अन्नाच्या शोधात दूर-दूरपर्यंत चालत असे. महत्प्रयासाने मिळवलेले अन्न दूर-दूर वाहून नेऊन वेगवेगळ्या ठिकाणी गोळा करत असे. आपल्या लहान मुलांचे पोषण करण्यासाठी अन्न गोळा करण्याचे काम प्रामुख्याने स्त्रिया करत असत. वनस्पतीजन्य अन्नाच्या कमतरतेमुळे बऱ्याच वेळेस तृणभक्षी प्राण्यांच्या मृत देहावर तो अन्नासाठी अवलंबून असे. मेलेल्या तृणभक्षी प्राण्याचे कुजणारे मांसदेखील त्याच्या अन्नाचा भाग होता. अन्न गोळा करण्यासाठी व लहान मुलांना कडेवर घेऊन फिरण्यासाठी दोन पायांवर चालण्याचे महत्त्व वरचेवर वाढत गेले.

२) हिंस्र प्राण्यापासून संरक्षण : दोन पायांवर चालणे व उभे राहणे यामुळे त्याची उंची वाढली, त्यामुळे त्याला उंच वाढलेल्या गवतातून चालत असताना दूरपर्यंत निरीक्षण करता येऊ लागले; तसेच खोलगट पाण्यातून व गवताळ प्रदेशातून जिथे चालणे कठीण होते; तेथून त्याला हिंस्र प्राण्यांवर लक्ष ठेवून गतीने चालता येऊ लागले. गवताळ प्रदेशात यापूर्वीच तृणभक्षी प्राण्यांचे कळप राहत होते. उदा. : हरिण, घोडे, झेब्रे, रानगायी, हत्ती, इत्यादी. अन्नासाठी त्यांच्यावर अवलंबून असलेले वाघ, सिंह, लांडगे, तरस हे हिंस्र प्राणीसुद्धा तेथे राहत होते. ते तृणभक्षी प्राण्यांची शिकार करत व अन्न मिळवत. या हिंस्र प्राण्यांपासून प्राचीन एपच्या जीवितास सतत धोका होत असे. सभोवतालच्या हिंस्र प्राण्यांपासून धोका जाणवल्यास तो आपल्या लांब हाताच्या साह्याने सहजपणे झाडावर चढून स्वतःचे रक्षण करत असे. त्याने मागच्या दोन पायांवर चालून समोरच्या दोन पायांचा संरक्षणासाठी उपयोग सुरू केला, म्हणून त्याला शत्रूबरोबर सदैव दोन हात करून स्वतःचा बचाव करायला जमले; तसेच या दोन हातांचा उपयोग तो दगडाचे हत्यार वापरण्यासाठी करू लागला, त्याला काठीचाही हत्यार म्हणून वापर करता येऊ लागला. तो छोट्या-छोट्या प्राण्यांची शिकार करून अन्न मिळवू लागला. मुले व हत्यारे एका ठिकाणाहून दुसऱ्या ठिकाणी

वाहून नेणे त्याला दोन पायावर चालण्यामुळे जमू लागले.

३) पुनरुत्पादनात वाढ : दोन पायांवर चालण्यामुळे पुरुषांना त्यांच्या बायका-मुलांसाठी अन्न वाहून नेणे सोपे झाले. स्त्रियांना व त्यांना बिलगलेल्या लहान बाळांना घेऊन वाघ, सिंहांसारख्या हिंस्त्र प्राण्यांना टाळून शिकार करणे कठीण झाले, त्यामुळे बाळांचे व स्त्रियांचे मृत्यू होऊ लागले. पुरुषांना लहान अपत्यांसह महिलांना सोबत घेऊन शिकार करणे अडचणीचे ठरू लागले. हे टाळण्यासाठी नर-मादीच्या जोड्या ठरल्या व जोडीतील पुरुषाने आपल्या जोडीदार महिलेची व बाळाच्या पोषणाची जबाबदारी स्वीकारली. त्यामुळे तो आपल्या बायका-मुलांना एकांतस्थळी सुरक्षित घर करून ठेवू लागला. आता स्त्रियांना सतत फिरतीवर राहून स्वतःसाठी व मुलांसाठी अन्न गोळा करण्याची गरज राहिली नाही. यामुळे स्त्रियांना स्थिर जीवन मिळाले. आई आणि मुलांमध्ये स्नेह वाढला. मुलांचे संगोपन चांगले होऊ लागल्यामुळे बालमृत्यू कमी झाले व अपत्यांची जगण्याची संधी वाढली. भटक्या जीवनामुळे मुलांना होणाऱ्या दुखापती टळल्या. दोन अपत्यांच्या जन्मातील अंतर कमी झाले. आईवडिलांना एकाच वेळी अनेक अपत्यांची काळजी घेणे शक्य झाले. घर करून स्थिर राहिल्यामुळे स्त्री-पुरुषातील लैंगिक बंध अधिक घट्ट झाले. कुटुंब व्यवस्था प्रस्थापित झाली. पुरुष त्यांच्या कुटुंबासाठी अन्नाची तजवीज करून ठेवू लागले. स्त्री-पुरुषांच्या जोड्या ठरण्याचे दुसरे महत्त्वाचे जैविक कारण, म्हणजे मानवप्राण्यात स्त्री वर्षभरात केव्हाही समागम करण्यास तयार असते, त्याला ऋतुचक्राचे बंधन नाही. इतर प्राण्यांत मादी माजावर आल्यानंतर नर मादीशी समागम करू शकतो, अन्य वेळी नाही. स्त्री-पुरुषांच्या जोड्या ठरल्यामुळे अनेक फायदे झाले. त्यांच्यातील एकनिष्ठता अधिक दृढ झाली. दोन्ही पालक मिळून अपत्यांची काळजी घेऊ लागले, मुलांचा अनुकरण करून शिकण्याचा कालावधी वाढला, भावा-भावात व भावा-बहिणीत स्नेह वाढला व त्यांना आधार मिळाला. नातेसंबंध घट्ट झाले. कौटुंबिक जिव्हाळा व प्रेम वाढले. टोळीतील संघटन व परस्परांतील विश्वास वाढला. इतरांसाठी त्याग करण्याची भावना वाढली. लहानांची, ज्येष्ठांची व आजारी व्यक्तींची शुश्रुषा होऊ लागली, त्यामुळे मृत्यूदर कमी झाला. प्रतिकूल परिस्थितीत एकमेकांना साह्य करण्याची प्रवृत्ती वाढली, म्हणून सर्वांची जगण्याची संधी वाढली. प्रत्येक जण कुटुंबासाठी व टोळीच्या हितासाठी निःस्वार्थपणे काम करू लागला. ३५ लक्ष वर्षांपूर्वी मानवाच्या पूर्वजाने एक पत्नीत्वाचा स्वीकार करून कौटुंबिक व सामाजिक स्वास्थ्य टिकवून ठेवले. अपवादात्मकरीत्या काही टोळ्यांत बहुपत्नीत्व व बहुपतीत्व पद्धती आढळून येते.

४) शरीररचनेत बदल झाले : सतत दोन पायांवर चालण्यामुळे त्याच्या शरीररचनेत हळूहळू बदल झाले. त्याच्या कंबरेचे हाड रुंद झाले, त्यामुळे पोटातील अवयवांना व शरीराला आधार मिळाला. पाठीच्या कण्याला चार ठिकाणी वक्र बाक आले व त्याला 'S' चा आकार प्राप्त झाला. छातीच्या फासळ्यांचा पिंजरा चपटा झाला, त्यामुळे त्याला त्याच्या शरीराचे वजन सरळ दोन पायांवर तोलता आले; कारण शरीराचे वजन व गुरुत्वमध्य उभ्या अक्षावर एका सरळ रेषेत केंद्रीभूत झाले. कंबरेचे हाड रुंद झाल्यामुळे त्याच्यावर पायांच्या हालचाली घडवून आणणाऱ्या स्नायूंना जोडण्यासाठी जास्त जागा मिळाली. माणसाच्या प्रत्येक पायाच्या नितंबाचा सांधा (हिप जॉइंट), गुडघ्याचा सांधा (नी जॉइंट) आणि घोट्याचा सांधा (अँकल जॉइंट) एका उभ्या सरळ रेषेत आल्यामुळे शरीराचे वजन पायांच्या हाडाद्वारे सरळ जमिनीवर तोलले गेले व स्नायूंवरील ताण कमी झाला. दोन्ही पायांचे गुडघे जवळ जवळ असल्यामुळे चालताना किंवा धावताना शरीराच्या वजनाचा लंबअक्ष नेहमी दोन्ही पायांच्या मधोमध गुरुत्वमध्य टिकवून ठेवतो; त्यामुळे हालचाल करताना त्याच्या शरीराचा तोल इकडे तिकडे जात नाही. एप दोन पायांवर चालू शकत नाहीत; कारण चालताना त्यांच्या शरीराचा गुरुत्वमध्य एकदा एका पायाकडे, तर दुसऱ्यांदा दुसऱ्या पायाकडे झुकतो म्हणून त्यांना तोल सांभाळणे कठीण जाते.

लांब लांब ढांगा टाकत चालताना किंवा धावताना त्याच्या पायांच्या तळव्यावर टाच, करंगळी व अंगठ्याच्या मागचे मेटाटार्सल या तीन हाडावर शरीराचा तोल सांभाळला जातो. पाठीचा कणा 'S' आकारात बाकदार असल्यामुळे तो स्प्रिंगसारखे काम करतो व माणसाची शक्ती वाढवतो. त्यामुळे तो धावू शकतो व उडी मारू शकतो. शरीररचनेतील या सर्व अनुकूल बदलांमुळे कमी ऊर्जेचा वापर करून जलद गतीने दोन पायांवर चालणे व धावणे त्याला शक्य झाले.

दोन पायांवर चालल्यामुळे त्याचे काही तोटेही झाले. लाखो वर्षांपासून माकडवर्गीय प्राण्यांच्या हाडांच्या सांगाड्याचा विकास चार पायांवर चालण्यासाठी झाला, त्यामुळे त्याच्या डोक्याचा आकार लहान होता. दोन पायांवर चालल्यामुळे मेंदूची वाढ झाली व कवटीचा आकार मोठा झाला. थाळ्यासारख्या वाढलेल्या डोक्याला विशेष आधार देण्याचे आव्हान त्याला पेलावे लागले. त्यासाठी त्याला उच्च दृष्टी, उद्योगी हात, पाठदुखी आणि कडक (रिजिड) मान प्राप्त करून त्याची भरपाई करावी लागली. स्त्रियांना याची जास्त किंमत मोजावी लागली. कारण बाळाचे डोके मोठे झाले; परंतु कंबरेच्या हाडामुळे जनन नलिकेची रुंदी वाढली नाही

म्हणून बाळाच्या जन्माच्या वेळी स्त्रियांच्या मृत्यूचे प्रमाण वाढले. इतर प्राण्यांच्या तुलनेत मानवाचे अपत्य पूर्ण वाढ होण्याच्या आत जन्मते; कारण त्या वेळी बाळाचे डोके लहान व नरम असते म्हणून बाळाच्या जन्माच्या वेळी आईचा धोका कमी होतो. हरणाचे पाडस व गायीचे वासरू जन्मल्यानंतर १५ ते २० मिनिटांत उभे राहते आणि कळपाबरोबर चालायला लागते; परंतु मानवाचे अपत्य मात्र अनेक वर्षे असहाय्य असते. ते पोषण, संरक्षण व शिक्षणासाठी आई-वडिलांवर अवलंबून असते कारण मानवाच्या अपत्याच्या बुद्धीचा राहिलेला विकास त्याच्या जन्मानंतर होतो.

आदिमानवाच्या पूर्वजांने जंगल सोडून उष्ण गवताळ (सव्हाना) प्रदेशात स्थलांतर केले; परंतु जंगलातील अन्न मिळवण्याच्या साधनापेक्षा गवताळ प्रदेशातील अन्न मिळवण्याची साधने वेगळी होती. त्याचा परिणाम त्याच्या वर्तनावर व अनुकूलनावर (अॅडाप्शन) झाला. जंगलात सर्व ऋतूत एकाच ठिकाणी मुबलक अन्न मिळत असे; परंतु गवताळ प्रदेशातील कमी पावसामुळे चांगल्या दर्जाचे अन्न कमी ठिकाणी; तेही विशिष्ट ऋतुत मिळत असल्यामुळे अन्नासाठी एका ठिकाणाहून दुसऱ्या ठिकाणी सारखी भटकंती करावी लागली. वेगवेगळ्या प्रकारचे, मिळेल ते अन्न खावे लागले आणि अन्न शोधण्याच्या पद्धतीत बदल करावा लागला. गवताळ प्रदेशात शाकाहार मिळत नसल्यामुळे मानवाला मांसाहाराचे प्रमाण वाढवावे लागले. त्याला हिंस्त्र प्राण्यांना टाळून शिकार करण्याचे डावपेच आखावे लागले. शिकार करणे व मांसाहार घेणे त्याच्यासाठी नवीन नव्हते. त्याचे चुलत आप्त बबून व चिम्पांझी लहान लहान प्राण्यांची शिकार करतात, याची नोंद संशोधकांनी केलेली आहे. चिंपांझी ३ टक्के उष्मा मांसाहारातून मिळवतो, त्याच्यापेक्षा जास्त मांसाहाराचे प्रामाण मानवाच्या पूर्वजांत होते. याचे त्याला काही फायदे झालेले आहेत. त्याला आवश्यक असणारे प्रथिनआम्ले (अमिनो अॅसिड) प्राप्त झाले. मांसाहारामुळे त्याला तेवढ्याच शाकाहारी अन्नापेक्षा जास्त ऊर्जा मिळाली. घरी बायका-मुलांना मांस वाहून नेणे शाकाहारी अन्न वाहून नेण्यापेक्षा सोपे होते. सर्वांनी मिळून एका मोठ्या प्राण्याची शिकार केल्यास अनेक व्यक्तींच्या एका दिवसाच्या अन्नाचा प्रश्न सुटत असे. प्राचीन मानवाची जीवनपद्धती कशी होती हे समजून घेण्यासाठी काही आदिवासींची प्राचीन काळापासून प्रचलित असलेली जीवन पद्धती आपण समजून घेऊ या. दक्षिण आफ्रिकेतील कलाहरी बुशमॅन या आदिवासी जमातीत स्त्रिया ६०% अन्न फळे, बिया, कंदमुळे आदी वनस्पतीजन्य स्त्रोतापासून गोळा करतात, तर पुरुष ४०% अन्न प्राण्यांची शिकार करून मांसाच्या स्वरूपात

मिळवतात. ते अन्नाचा थोडाही भाग वाया जाऊ देत नाहीत. टोळीतील प्रत्येक सदस्याला अन्न मिळेल, याची खबरदारी घेतात व कोणीही उपाशी राहणार नाही याची काळजी घेतात. म्हणजेच गोळा केलेले अन्न सर्व जण वाटून खातात. खाद्यात भरपूर मांसाहार असणे प्रतिष्ठेचे मानले जाते. अशाच प्रकारची जीवन पद्धती मध्य आफ्रिकेतील पिग्मीज व ऑस्ट्रेलियातील ॲबरिजिनीज आदिवासींमध्ये आढळून येते, तिथे स्त्रिया वनस्पतीजन्य अन्न गोळा करतात आणि पुरुष प्राण्यांची शिकार करून अन्न मिळवितात.

प्राचीन मानवाच्या खाद्यातील शाकाहार आणि मांसाहाराचे नेमके प्रमाण किती? याचा प्रत्यक्ष पुरावा अद्याप तरी आपल्या हाती नाही. असे असले, तरी पूर्व आफ्रिकेत २० लाख वर्षांपूर्वी प्राचीन मानवाच्या वसाहतीजवळ सापडलेल्या हाडांवरून ते मेलेल्या प्राण्यांचे मांस; तसेच काही प्राण्यांची शिकार करून अन्न मिळवित असत, हे स्पष्टपणे सिद्ध झाले आहे. मानवाने शिकार करण्यास सुरुवात केव्हा केली हे पुराव्याने निश्चितपणे सांगता येत नसले, तरी नवाश्म युगात शेतीचा शोध लागण्यापूर्वी (१५,००० ते १०,००० वर्षांपूर्वी) शिकार करून अन्न मिळवणे ही त्याची महत्त्वाची जीवन पद्धती होती हे स्पष्टपणे सिद्ध झालेले आहे.

सामुदायिकपणे शिकार करण्यामुळे टोळीतील सदस्यात सहकार्याची भावना वाढली. मोठ्या प्राण्यांची शिकार यशस्वीपणे कशी करायची याबद्दलची माहिती टोळीतील एका सदस्याकडून दुसऱ्या सदस्याला मिळू लागली. त्यामुळे टोळीतील अनेक व्यक्ती एकमेकांच्या संपर्कात येत असत. संपर्क वाढल्यामुळे प्रत्येक व्यक्ती मोठ्या प्राण्यांच्या शिकारीचे नियोजन करणे, शिकार करणे, अन्न गोळा करणे, वाटप करणे, लहान मुलांची काळजी घेणे व लहान मुलांना शिकार करण्यात तरबेज करणे यात महत्त्वाचे कार्य करू लागला. वेगवेगळ्या भागांची भौगोलिक रचना, रस्ते, पाणवठे, घरांची जागा, हिंस्र प्राण्यांच्या विसाव्याची जागा याची माहिती मिळवणे व लक्षात ठेवणे यावर त्याने भर दिला. अनुभव व निरीक्षणातून त्यांनी भक्ष्य प्राण्यांचे ठिकाण, वर्तन, हवामानातील व ऋतूमानातील बदलांचा अभ्यास करून वेळोवेळी पुढील शिकारीच्या नियोजनात गरजेप्रमाणे बदल करणे सुरू केले.

शिकारीच्या मागे दूर दूरपर्यंत पाठलाग करून सतत धावण्यामुळे व शिकार केलेल्या ठिकाणापासून परत घरापर्यंत शिकारीचे ओझे वाहण्यामुळे तो दोन पायांवर धावण्यात सराईत झाला. त्याला सतत शिकारीमागे धावणे भाग असल्यामुळे त्याच्या शरीरात चयापचयाच्या प्रक्रियांना अधिक गती मिळाली, म्हणून त्याला सारखा घाम येत असे व त्वचेतून उष्णता बाहेर पडत असल्यामुळे त्याच्या

अंगावरचे केस कमी झाले व घामाच्या ग्रंथींची (स्वेट ग्लँड्स) संख्या खूप वाढली.

संपर्क (कम्युनिकेशन) : आपण पाहिले, की शिकारीमुळे मानवाच्या टोळीतील सदस्यांत एकमेकांशी संपर्क वाढला. दोन किंवा अनेक व्यक्तींतील माहितीची देवाण-घेवाण म्हणजे संपर्क. माकडवर्गीय (प्रायमेट्स) प्राण्यांत संपर्काच्या वेगवेगळ्या पद्धती आहेत. अन्नाचे स्रोत, हिंस्र प्राण्यांची माहिती व भावना कळवण्यासाठी भिन्न-भिन्न व्यक्ती एकमेकांशी संपर्क करतात. एप व अनेक प्रकारच्या माकडांत कळपातील सदस्यात स्नेहभाव वाढवण्यासाठी बोटाने किंवा दाताने एकमेकांचे केस साफ करण्यात येतात. चिम्पांझीसारख्या एपमध्ये आलिंगन देऊन, चुंबन घेऊन, एकमेकांचे हात पकडून स्नेहभावना कळवण्यात येते. खाणाखुणा करून इतरांशी संपर्क करण्यात येतो. सर्वच माकडवर्गीय प्राण्यात जळजळीत नजर व कर्कश्श आवाज काढून राग व्यक्त करण्यात येतो व हल्ला करण्याचे संकेत देण्यात येतात. दृश्य संपर्कापेक्षा (खाणाखुणा करणे) इतर सदस्यांशी ध्वनी संपर्क करणे जास्त फायदयाचे ठरते; कारण मध्ये काही अडथळा येत नाही. आवाजाची गतीसुद्धा जास्त असते आणि तो आवाज जवळ आणि दूरच्या अंतरापर्यंत सर्व दिशांना पोहोचतो.

मानवाचे बोलणे आणि भाषा हे सर्वांत विकसित संपर्काचे माध्यम आहे. आदीमानव एकमेकांना संकेत देऊन, वेगवेगळे आवाज काढून किंवा खाणाखुणा करून संपर्क करत असे; परंतु याला मर्यादा आहेत. भाषा आणि शब्दाच्या रूपात लवकर आणि स्पष्टपणे विचारांची देवाणघेवाण करून अचूक संपर्क साधता येतो, मतभेद, शंका-कुशंका दूर करता येतात.

श्वासनलिकेच्या वरच्या भागात कंठातील पोकळीत स्वरयंत्र (लॅरिंक्स) असते. त्यामुळे सस्तन प्राण्यांना वेगवेगळे आवाज काढता येतात. स्वरयंत्राच्या द्वारावर एक कूर्चामय स्नायूंची झडप असते. ती झडप स्वरयंत्राचे द्वार गरजेनुसार उघड बंद करू शकते. प्राण्यांना जमिनीवर मुक्त हवेत श्वास घेण्यासाठी; तसेच गरज असेल, तेव्हा फुफ्फुसात जास्त हवा घेऊन स्वरयंत्र रुंद व बंद करण्यासाठी या कूर्चामय स्नायूंच्या झडपेचा विकास झालेला आहे. याच स्वरयंत्राचा आणि झडपेचा पृष्ठवंशीय प्राण्यांना वेगवेगळे आवाज काढण्यासाठी उपयोग होतो. आवाज निर्माण करत असताना स्वरयंत्र बासरीसारखे कार्य करते. यातून निर्माण होणाऱ्या ध्वनीचे नियंत्रण कूर्चामय झडप करते. आवाज निर्माण होत असताना ही झडप स्वरयंत्राचे द्वार सतत उघडझाप करते त्यामुळे फुप्फुसातून बाहेर पडणारी हवा झुरक्या झुरक्याने अनेक लोटात बाहेर पडते व ध्वनी निर्माण होतो. ध्वनीची

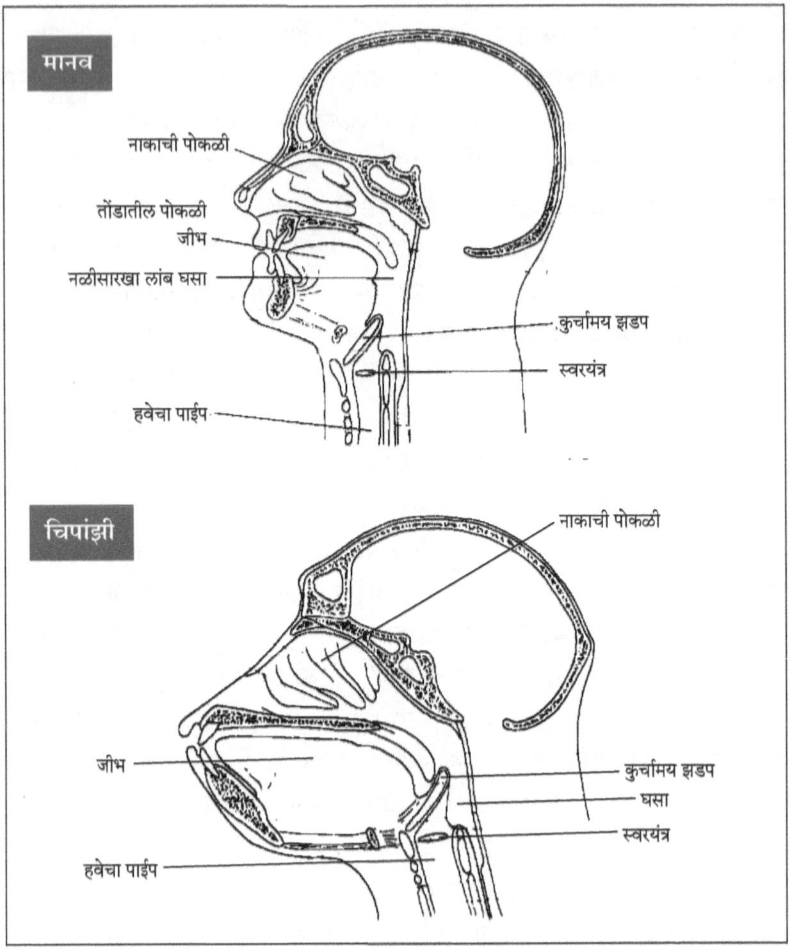

तीव्रता झडपेच्या चालू-बंद होण्याच्या गतीवर अवलंबून असते. झडपेची चालू-बंद होण्याची गती जेवढी जास्त तेवढी ध्वनीची तीव्रता जास्त असते. हवेत मुक्त श्वास घेणारे सर्व पृष्ठवंशीय प्राणी स्वरयंत्राच्या साह्याने आवाज काढतात. सर्व प्राण्यांत फक्त मानवाचा घसा नळीसारखा लांब आहे, म्हणून त्याच्या स्वरयंत्रातून बाहेर पडणारे हवेचे झुरके लांब नळीसारख्या घशातून बाहेर जाताना स्वर निर्माण होतो. चिम्पांझी, इतर सर्व एप, सस्तन व पृष्ठवंशीय प्राण्यात असा लांब नळीसारखा घसा नसतो म्हणून त्यांना स्वर निर्माण करता येत नाहीत. माणसाच्या बोलण्यात स्वरयंत्र, घसा, तोंडाची पोकळी व जीभ भाग घेते. त्याच्या लांब नळीसारख्या

घशाची एक बाजू जिभेने बनलेली असते. स्वर निर्माण करून घशातून बाहेर पडणारी हवा तोंडाच्या पोकळीत येते, तिथे जिभेच्या हालचालीमुळे शब्द तयार होतात. चिम्पांझी मानवाचा सर्वांत जवळचा आप्त असूनदेखील त्याला स्वर निर्माण करता येत नाहीत; कारण त्याचा घसा अखूड असतो; तसेच त्याच्या घशातून बाहेर पडणारी हवा तोंडातील पोकळीत न येता सरळ नाकातील पोकळीत येते म्हणून त्याला जिभेच्या हालचालीने शब्द उच्चारता येत नाहीत.

जगात मानव हा एकमेव प्राणी आहे, ज्याला बोलता येते व संभाषणकला अवगत आहे. मानवाच्या जन्मलेल्या लहान मुलाच्या घशाची रचना चिम्पांझीच्या घशासारखी असते, म्हणून त्यांना बोलता येत नाही. त्याची वाढ होत असताना घसा नळीसारखा आकार घेतो व नंतर ते बोलू लागतात.

ऑस्ट्रालोपिथिकस या एप मानवाच्या घशाची रचना चिम्पांझीच्या घशासारखी होती, त्यामुळे त्याला भाषणकला अवगत नसावी, असे लिबरमन या भाषाशास्त्रज्ञाने १९८४ व १९९१मध्ये सांगितले. लिबरमन व रॉबर्ट मकार्थी यांच्या मते १,००,००० ते ५०,००० वर्षांपूर्वी मानवाला संभाषण कला अवगत झाली व भाषेचा विकास सुरू झाला असावा. आरेनबर्ग व इतर शास्त्रज्ञांच्या मते निअँडरथल मानवाला भाषणकला अवगत असावी.

भाषेचा विकास (लँग्वेज अँड सेल्फ अवेअरनेस):

मानवाला भाषणकला केव्हा अवगत झाली हे नेमके सांगता येत नसले, तरी आधुनिक मानवाला बोलता येते व त्याला अनेक भाषा अवगत आहेत, हे आपण जाणतोच.

किथ आणि कॅथरीन ह्येस या शास्त्रज्ञांनी १९५०मध्ये चिम्पांझीच्या बालकाला मानवाच्या पर्यावरणात ठेवून शब्दांचा उच्चार करण्यास शिकविले. सतत सहा वर्षे प्रयत्न करूनही ते भाषा शिकू शकले नाही. त्याला पप्पा, मम्मा, कप व अप या शब्दांच्या पलीकडे शब्द उच्चारता आले नाहीत. जरी एप किंवा चिम्पांझी मानवासारखी गुंतागुंतीची भाषा प्रभावीपणे शिकू शकत नसले, तरी त्यांच्यात भाषा शिकण्याची क्षमता आहे हे सिद्ध होते. तो एखाद्या वस्तूची माहिती मिळवण्यासाठी चिन्ह वापरू शकतो. नवीन पाहिलेल्या वस्तूंचे वर्गीकरण करू शकतो. चिम्पांझी त्याच्या नैसर्गिक जीवनात गरजेनुसार साधनांचा वापर करतात. वाळवीचे किडे त्याचे आवडते खाद्य आहे. त्यांना पकडण्यासाठी ते मोठ्या खुबीने फांदीचा वापर करतात. अगोदर ते वाळवीची बिळे शोधून ठेवतात. झाडाची योग्य ती फांदी तोडून

त्याची पाने काढून टाकतात व नंतर ती फांदी वाळवीच्या बिळात घुसवून पाहिजे तशी पिळतात. वाळवी हल्ला करण्यासाठी फांदीवर येतात. बिळातून हळूच फांदी बाहेर काढून ते वाळवी खाऊन टाकतात. पाहिजे तशी फांदी मिळाली नाही, तर ते एक किलोमीटरपर्यंत फिरून त्यांना हवी तशी फांदी शोधून आणतात; तसेच त्यांना कठीण कवचाची फळे फोडण्याचे तंत्र चांगलेच अवगत आहे. अशी फळे फोडण्यासाठी ते हातोडा म्हणून योग्य दगडाची किंवा काठीची निवड करतात. झाडाची योग्य आकाराची मुळे ते ऐरण म्हणून निवडतात, मग ते कठीण फळ विशिष्ट पद्धतीने ऐरणीवर ठेवून घण दोन्ही हातात मजबूत पकडून त्याला मागे-पुढे हेलकावे देऊन पूर्ण शक्तिनिशी फळावर योग्य ठिकाणी टोला मारतात. फळाचे कठीण कवच फुटते व त्याला आतले सत्वयुक्त मगज खाता येते.

लिबरमन या शास्त्रज्ञाच्या मते अशा पद्धतीने शरीरातील वेगवेगळ्या अवयवांची संघटितपणे, क्रमाने सुसंगत हालचाली घडवून आणणाऱ्या स्नायूंवर नियंत्रण असणे, हा भाषा शिकण्यासाठी आवश्यक असणारा अनुकूल बदल आहे. अवयवांच्या हालचाली घडवून आणणाऱ्या स्नायूंचे नियंत्रण केंद्र (क्रॉस मोडल असोसिएशन सेंटर) मेंदूत असते. या नियंत्रण केंद्राचा विकास भाषा शिकण्यासाठी आवश्यक आहे. मेंदूतील हे केंद्र इतर सस्तन प्राण्यांत असते म्हणूनच त्यांना बोललेले काही शब्द समजतात आणि त्यावर ते प्रतिसाद व्यक्त करतात. या नियंत्रण केंद्राचा अभ्यास चिंपांझीच्या मेंदूत झालेला नसला, तरी मज्जातंतू शास्त्रज्ञांनी (न्यूरॉलॉजिस्ट) मानवाच्या मेंदूतील भाषा शिकण्यासाठी आवश्यक असणाऱ्या नियंत्रण केंद्राचा अभ्यास केलेला आहे. मेंदूचे डावा आणि उजवा असे मुख्यतः दोन भाग असतात (राइट अँड लेफ्ट सेरेब्रल हेमिस्फिअर). प्रत्येक भागाचे चार उपविभाग (लोब्ज) असतात.

१) समोरचा उपविभाग (फ्रंटल लोब),

२) बाजूचा उपविभाग (टेंपोरल लोब),

३) मध्य उपविभाग (परायटल लोब),

४) मागचा उपविभाग (ऑक्सिपिटल लोब)

सर्वसाधारणपणे मेंदूच्या डाव्या भागात भाषा समजून घेण्याचे व बोलण्याचे (शब्दाचे उच्चारण करण्याचे) अशी दोन केंद्रे असतात.

१) वर्निकेस केंद्र (वर्निकेस एरिया) : हे केंद्र मध्य उपविभागात (परायटल लोब) असते. दुसऱ्याचे बोलणे समजून घेणे व स्वतः बोलत असताना योग्य शब्दांची निवड करणे, हे या केंद्राचे कार्य आहे. यात बिघाड झाल्यास ती व्यक्ती

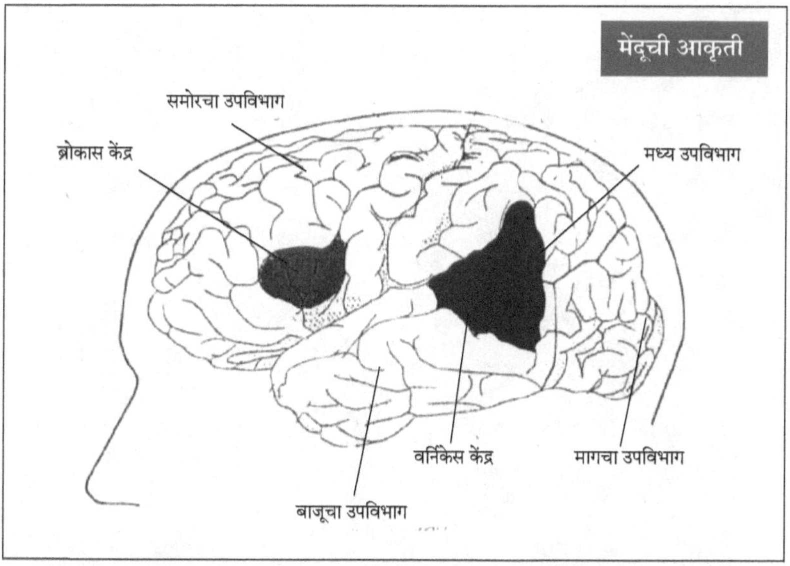

असंबद्ध बोलते. म्हणजेच बोलताना योग्य शब्द योग्य ठिकाणी वापरले जात नाहीत व दुसऱ्याने बोललेले त्याला समजत नाही.

२) ब्रोकास केंद्र : हे केंद्र समोरच्या उपविभागात (फ्रंटल लोब) असते. स्वरयंत्र व शब्दांचे उच्चार करणाऱ्या स्नायूंवर याचे नियंत्रण असते. ते शब्दाचे योग्य उच्चार करण्याचे कार्य घडवून आणते. या केंद्रात बिघाड झाल्यास त्या व्यक्तीला शब्द उच्चारता (बोलता) येत नाहीत. वर्निक्स केंद्र शब्दांची निवड करते व ब्रोकास केंद्र जिभेची हालचाल घडवून शब्दांचे उच्चार (बोलणे) करते. सर्वसाधारणपणे भाषेचे केंद्र मेंदूच्या डाव्या भागात असते; परंतु ज्या व्यक्ती डाव्या आहेत त्यांच्या मेंदूच्या उजव्या भागात हे केंद्र असते. संशोधनातून दुसरी एक मनोरंजनात्मक गोष्ट पुढे आलेली आहे. ज्या प्राण्यांना स्वत:बद्दलची जाणीव आहे, म्हणजेच मी जगापेक्षा वेगळा आहे, हे जे प्राणी जाणतात, त्याच प्राण्यांत भाषेचा विकास झालेला आहे. माणूस त्याच्या बुद्धिमत्तेमुळे स्वतःला जाणतो, त्याला 'स्व'ची जाणीव (आत्मभान) आहे. तो सभोवताल घडणाऱ्या घटनांचा सूक्ष्म अभ्यास करतो, विचारपूर्वक त्याचा क्रम ठरवतो आणि कौशल्याने मागच्या पुढच्या घटनांचा संबंध जोडून अर्थ काढतो, म्हणूनच भाषा निर्माण करण्यासाठी तो समर्थ आहे.

चिम्पांझी आरशात स्वतःची प्रतिमा ओळखू शकतो.

आत्मभान ('स्व'ची जाण) :

गॉर्डन गॅलप या अमेरिकन मानसशास्त्रज्ञाने स्वतःबद्दलची जाणीव कोणकोणत्या प्राण्यांत आहे, याचे परीक्षण करण्यासाठी न्यूयॉर्क विद्यापीठात १९७०मध्ये काही प्रयोग केले. त्याने ज्या प्राण्यांचे परीक्षण करायचे आहे, त्यांच्यापुढे आरसा ठेवला. त्यानंतर स्वतःची आरशातील प्रतिमा बघून त्या प्राण्यांची काय प्रतिक्रिया येते, यावरून त्याने त्या प्राण्याला आत्मभान आहे किंवा नाही याचा अभ्यास केला. त्याने पाहिले मानवाचे २० महिन्यांचे लहान मूल आरशातील त्याची प्रतिमा ओळखते, यावरून त्याला आत्मभान आहे, हे सिद्ध होते; पण पक्षी, कुत्रा, माकड यांना आरशातील त्यांची प्रतिमा कितीही वेळा दाखवली, तरी ते स्वतःला ओळखत नाहीत, म्हणून त्यांना आत्मभान नाही व ते भाषा शिकू शकत नाहीत. जेव्हा हाच प्रयोग जंगलातील चिम्पांझीवर केला, तर काही दिवसांत तो आरशातील स्वतःची प्रतिमा ओळखू लागला. चिम्पांझीपुढे त्याने आरसा ठेवला, तेव्हा पहिल्या दिवशी चिम्पांझीची प्रतिक्रिया पक्षी, कुत्रा, माकड या इतर प्राण्यांच्या प्रतिक्रियेप्रमाणेच

आरशात दुसराच प्राणी अचानकपणे भेटल्यासारखी होती; परंतु दोन दिवसांनंतर मात्र तो आरशातील प्रतिमेत स्वतःचे रूप न्याहाळू लागला. तोंड उघडून जीभ हलवून आत पाहू लागला. यावरून आरशातील प्रतिमा त्याची आहे, हे त्याने ओळखले. दहा दिवसांनंतर त्याला भूल देऊन त्याच्या कपाळावर लाल ठिपका लावला. पुन्हा त्याच्या पुढे आरसा ठेवला, तेव्हा तो कपाळावरच्या ठिपक्याला हात लावून हुंगत होता. हाच प्रयोग त्याने डझनभर चिम्पांझीवर केला तेव्हा सर्वांच्या प्रतिक्रिया सारख्याच होत्या. या प्रयोगाने चिम्पांझी आरशातील स्वतःची प्रतिमा ओळखतात, हे सिद्ध झाले. यावरून त्याला आत्मभान आहे म्हणून चिम्पांझीत भाषेच्या विकासाची क्षमता आहे. कदाचित त्याची भाषा सोपी असेल. एप आणि मानवात आत्मभान ('स्व'ची जाण) व भाषा असणे हे दोन समान स्वाभाविक गुणधर्म आढळून येतात. मानवात या गुणांचा उच्च प्रतिचा विकास झालेला आहे आणि एपमध्ये कमी झालेला असला, तरीही या समान गुणधर्माचा विकास या दोन्ही प्राण्यांच्या भूतकाळातील उत्क्रांतीत दडलेला आहे. दोन्ही प्राण्यांत सामाजिक जीवन आहे. ते टोळीतील इतर सदस्यांबरोबर सलोख्याचे संबंध ठेवतात. एकत्रितपणे अन्न गोळा करणे, अन्न वाटून खाणे, एकमेकांशी संपर्क ठेवणे व बदलत्या पर्यावरणाचा अभ्यास करून पुढील वर्तन ठरवणे, यातूनच त्यांना 'स्व'त्वाची जाण निर्माण झाली आणि भाषेचा विकास झाला. यावरून एप व मानव समान पूर्वजांचे वंशज आहेत हे सिद्ध होते.

मानवाच्या मेंदूचा विकास (इव्होल्युशन ऑफ ह्युमन ब्रेन) :

मानवाचा मेंदू आणि हुशारी हा कुतूहल निर्माण करणारा त्याचा विशेष गुण आहे, त्यामुळे त्याला 'स्व'ची जाणीव आहे, त्याला बोलता येते, तो परिस्थितीचे आकलन करू शकतो. म्हणून इतर प्राण्यापेक्षा त्याच्या वागण्याची तऱ्हाच वेगळी आहे. मेंदूचा विकास व वाढीचा संबंध त्याच्या दोन पायांवर चालण्याशी आहे. त्याचे समोरचे पाय खुले झाले व त्यांचा उपयोग अन्न गोळा करण्यासाठी, हत्यार वापरण्यासाठी सुरू केला त्यामुळे मेंदूचा वापर सुरू झाला. मेंदूतील मज्जापेशींची संख्या वाढण्यास सुरुवात झाली, म्हणून मेंदूचा आकार हळूहळू वाढू लागला व त्याप्रमाणे त्याची हुशारी वाढू लागली. सॅव्हाना गवताळ प्रदेशात पूर्वीचा परंपरागत वनस्पतीजन्य अन्नपुरवठा अपुरा होता म्हणून तो बहुभक्षी बनला. त्याच्या खाद्यात मांसाहाराचे प्रमाण वाढले, त्यामुळे मेंदूच्या वाढीसाठी आवश्यक असणारी प्रथिने, प्रथिनआम्ले मिळाली व त्याला अधिक ऊर्जा प्राप्त झाली. म्हणून मेंदूतील

मज्जापेशींची संख्या प्रचंड वाढली व पेशींच्या रचनेतील गुंतागुंत वाढली, त्यामुळे त्याची हुशारी वाढली. म्हणून मानवाच्या या पुढील पिढ्या अधिक हुशार निपजल्या व अशा पद्धतीने लाखो वर्षांनंतर मानवाची उत्क्रांती झाली. वास्तविक पाहता ६० किलो वजनाच्या इतर सस्तन प्राण्यांचा मेंदू २०० घनसेंटिमीटर असतो. प्राचीन एपचा मेंदू ४०० घनसेंटिमीटर होता, २५ लक्ष वर्षांपूर्वी प्राचीन मानवाचा मेंदू ६०० घनसेंटिमीटर होता, तर आधुनिक मानवाचा मेंदू १,२०० ते १,४०० घनसेंटिमीटर एवढा मोठा आहे. मग मोठा मेंदू फक्त मानवातच का? इतर प्राण्यांत का नाही? इतर अवयवांपेक्षा मेंदूला जास्त ऊर्जा लागते. मानवाचा मोठा मेंदू शरीरातील सर्वांत जास्त ऊर्जा खर्च करणारा अवयव आहे. २ ते ३% वजन असणाऱ्या मानवाच्या मेंदूस शरीरातील २५% ऊर्जा लागते. इतर एपमध्ये मेंदू लहान असल्यामुळे फक्त ८% ऊर्जा लागते. प्राचीन मानवास मेंदूला ऊर्जा पुरवण्यासाठी दिवसभर अन्नाच्या शोधात राहून सतत ५ ते ६ तास अन्न खाण्यासाठी द्यावे लागे. मेंदूला जास्त ऊर्जापुरवठा करावा लागल्यामुळे ऊर्जेअभावी त्याच्या स्नायूंचा (बायसेप्स, ट्रायसेप्स) ऱ्हास झाला व त्याचे शरीर किरकोळ झाले. गोरिला, वाघ, सिंह, हत्ती या प्राण्यांना मेंदूसाठी जास्त ऊर्जा पुरवठा करून शरीराचा व स्नायूंचा ऱ्हास करणे परवडत नाही; कारण त्यांची शक्ती अजस्त्र शरीर, शक्तीशाली स्नायू, तीक्ष्ण दात व नखे यावरच अवलंबून आहे, म्हणून त्यांचा मेंदू लहान आहे.

मानव प्रयत्न करूनही हिंस्त्र प्राण्यासारखे अजस्त्र शरीर, शक्तिशाली स्नायू, तीक्ष्ण दात व नखे प्राप्त करू शकला नसता, म्हणून मेंदूच्या विकासासाठी २५% ऊर्जा खर्च करून स्नायूंचा ऱ्हास करून घेणे त्याला परवडले. मेंदूचा विकास झाल्यामुळे त्याची हुशारी वाढली. वेगवेगळ्या हत्यारांचा वापर करणे, टोळीतील सर्व सदस्यांत संघटन व सहकार्य करून इतर बलशाली प्राण्यांवर मात करणे त्याला जमले. गवताळ प्रदेशात जगण्यासाठी त्याला हुशारी हाच एकमेव निकष आवश्यक होता. हे नैसर्गिक निवडीने सिद्ध झालेले आहे. गोरिला मानवाशी बौद्धिक टक्कर देऊ शकत नाहीत; परंतु त्यांच्या बलशाली बाहुंनी जंगलातील स्पर्धेत त्याने मानवाच्या पूर्वजांना कस्पटाप्रमाणे बाजूला सारले. डीएनएतील बदलामुळे बौद्धिक क्रांती झाली व आत्मभान असणारा, समंजस, विवेकशील, आधुनिक मानव उत्क्रांत झाला. त्यामुळे भाषेचा विकास झाला व पशुतुल्य वानराचे सुसंस्कृत मानवात रूपांतर झाले. इतर माकडवर्गीय प्राण्यांत गर्भाच्या अवस्थेत शरीराच्या मानाने मेंदूची वाढ झपाट्याने होते; परंतु जन्मानंतर मात्र मेंदूची वाढ थांबते. मानवात गर्भाच्या अवस्थेत मेंदूची वाढ झपाट्याने होतेच; पण जन्मानंतर एक

वर्षापर्यंत अधिक गतीने होते. जन्माच्या वेळेस मानवाच्या मेंदूचे वजन ३०० ग्रॅम असते व एक वर्षात तीनपट म्हणजे ९०० ग्रॅम होते.१५-२० वर्षांनंतर मेंदूची वाढ पूर्ण होते व त्याचे वजन सर्वसाधारणपणे १३५० ग्रॅम होते. जन्मानंतर मानवाचे बाळ असहाय्य असते, त्यामुळे आई-वडील त्याची काळजी घेतात. अनुकरणातून बाळ अनेक गोष्टी शिकते. आपल्या मेंदूत १०० अब्ज ($१०^{११}$) मज्जापेशी (न्यूरल सेल्स) असतात. प्रत्येक मज्जापेशी इतर ४ लक्ष मज्जापेशींना जोडलेली असते. त्यांना आधार देणे व त्यांचे पोषाण करण्यासाठी १०-१५ महापद्म ($१०^{१३}$ ते $१५^{१३}$) न्यूरोग्लिया पेशी (न्यूरोग्लिया सेल्स) असतात. मेंदूचे वजन शरीराच्या वजनाच्या सर्वसाधारणपणे २% (१३५० ग्रॅम ते १५०० ग्रॅम) असले, तरी त्याला शरीराला लागणाऱ्या ऑक्सिजनपैकी २०% ऑक्सिजन व १७% ग्लुकोज लागते. म्हणून हृदयाने फेकलेले २०% ते २५% रक्त मेंदूला जाते. म्हणजेच मानवाच्या मेंदूला इतर अवयवांपेक्षा दहापटीने जास्त ऊर्जा लागते.

लहान मुलांच्या मेंदूच्या वाढीसाठी ५०% ऊर्जा लागते. व्यक्तीचा मेंदू जेवढा मोठा, तेवढी त्याची हुशारी जास्त असे असले, तरीही काही उदाहरणे याला अपवाद आहेत. एखाद्या व्यक्तीच्या मेंदूचा आकार १५०० घनसेंटिमीटर एवढा मोठा असून देखील तो मठ्ठ व मंद बुद्धीचा असतो, तर काही अलौकिक बुद्धिमता असणाऱ्या व्यक्तीच्या मेंदूचा आकार केवळ १००० घन सेंटिमीटर असू शकतो. तरीसुद्धा गेल्या ४० लक्ष वर्षांत मेंदूचा आकार वाढल्यामुळेच माणसाची हुशारी वाढली हे सिद्ध झालेले आहे. त्याने केलेला भाषाशास्त्राचा विकास, तंत्रज्ञानाकडे असलेला त्याचा कल, व्यक्ती-व्यक्तींत कौशल्यपूर्ण संपर्काची क्षमता, संभाषण कला, विज्ञान व तंत्रज्ञानाचा विकास हे स्पष्टपणे त्यांच्यातील असलेल्या हुशारीचे वैशिष्ट्य आहे.

भाषाशास्त्राच्या विकासाची क्षमता :

मेंदूच्या डाव्या भागातील समोरच्या उपविभात (फ्रंटल लोब) ब्रोकास केंद्र आणि मध्य उपविभागात (परायटल लोब) वर्निकस केंद्राचा विकास झाल्यामुळे त्याला बोलता येते व भाषेची निर्मिती झाली. ब्रोकास केंद्रामुळे त्याला शब्द बोलता येतात (शब्दांचा उच्चार करता येतो) व वर्निकस केंद्रामुळे त्याला भाषेचे आकलन होते. बोलताना शब्दांची निवड करण्याचे काम वर्निकस केंद्र करते. *होमो हॅबिलीस* या प्राचीन मानवात २५ ते २० लक्ष वर्षांपूर्वी ब्रोकास केंद्राचा विकास सुरू झाला व *होमो इरेक्टस* या प्राचीन मानवात १५ ते ३ लक्ष वर्षांपूर्वी त्याचा

अधिक विस्तार झाला, म्हणून त्याला बोलता येत असावे. आधुनिक मानवात (*होमो सेपियन्स सेपियन्स*) ब्रोकास व वर्निकस या दोन्ही केंद्रातील मज्जापेशींची संख्या वाढून त्या अनेक वर्तुळात एकमेकांशी गुंफल्यामुळे त्याचा शब्दसाठा वाढला आणि व्याकरणदृष्ट्या शुद्ध भाषाशास्त्राचा विकास झाला. ज्या व्यक्तीचे ब्रोकास केंद्र दुर्बल आहे, त्याला शब्द उच्चारता येत नाहीत व ज्याचे वर्निकस केंद्र पंगू आहे, त्याला बोललेले समजत नाही व स्वत: बोलताना योग्य त्या शब्दांची निवड करता येत नाही. ऑस्ट्रालोपिथिकस या एप मानवाच्या मेंदूत ब्रोकास केंद्राचा विकास झालेला नाही म्हणून त्याला बोलता येत नसावे.

तांत्रिक कल (टेक्निकल ॲप्टिट्यूड) :

हत्यांराचा वापर करणे आणि हातवारे करून बोलणे या दोन्ही गोष्टींचे मेंदूतील केंद्र एकमेकांशी संबंधित आहे. हत्यारांचा वापर आणि भाषेचा विकास या क्रमवार क्रिया आहेत. मेंदूत ब्रोकास केंद्राचा विकास झाल्यानंतरच मानवाने हत्यार वापरण्यास सुरुवात केली, म्हणून बोलणे आणि हत्यार वापरणे या दोन्ही घटना एकाच वेळी घडल्या. लोकसंख्येत ९३% लोक उजवी आहेत. त्यांच्या मेंदूतील डाव्या भागात ब्रोकास केंद्र आहे. साधारणपणे ७% जनसंख्या डावी आहे, त्यांच्या मेंदूतील उजव्या भागात ब्रोकास केंद्र असते. यावरून स्पष्टपणे लक्षात येते, की बोलणे आणि हात हलवणे यांचा एकमेकांशी संबंध आहे. म्हणून त्यांचे नियंत्रण करणारे मेंदूतील केंद्र एकच आहे.

संपर्कक्षमता :

दोन किंवा अनेक व्यक्तीतील माहितीची देवाण-घेवाण म्हणजे संपर्क. भाषेचा विकास झाल्यामुळे मानवाची संपर्क क्षमता वाढली. एकमेकांतील संभाषणामुळे माहितीची देवाण-घेवाण सुरू झाली. त्यामुळे इतर व्यक्तींचे वर्तन ओळखता येऊ लागले, प्रत्येक व्यक्तीबद्दल अधिक माहिती मिळवणे व त्यांच्या वर्तनाप्रमाणे योग्य प्रतिसाद देणे शक्य झाले. योग्य वर्तनामुळे एखाद्या व्यक्तीला समाजात चांगले स्थान प्राप्त होते, सन्मान मिळतो, त्याला अन्न व दैनंदिन गरजा प्राप्त करण्याचा मार्ग मोकळा होतो व त्याच्या अपत्यांना संरक्षण मिळते. प्रत्येक व्यक्तीने इतरांशी सहकार्याने व परस्परपूरक वर्तन केल्यामुळे टोळीचे ठरलेले ध्येय साध्य होते. दुसऱ्या टोळीबरोबर भांडण झाले, तर टोळीत दृढ ऐक्य असणे गरजेचे असते. अशा वेळी टोळीतील प्रत्येक सदस्य दुसऱ्याकडून तातडीने मदतीची अपेक्षा

करतो. त्याच्या हालचालीवरून इतरांनी त्याला समजून घ्यावे व पूरक कृत्य करावे, असे अपेक्षित असते. समाजात परस्परातील संबंध सांभाळण्यासाठी बुद्धिबळाच्या खेळासारखे स्वत:चे डावपेच स्वत: आखावे लागतात. परिस्थितीला धैर्याने तोंड देऊन वेगवेगळ्या व्यक्तींचे संघटन करून सर्व पर्यायांचा विचार करून वर्तन करावे लागते. भविष्याचा वेध घेऊन निर्णय घ्यावे लागतात. यासाठी मेंदूतील वेगवेगळ्या केंद्राचा, भाषेचा, संपर्कक्षमतेचा उपयोग होतो.

भाषेचा वापर करण्याच्या क्षमतेमुळे अनुभवांची व विचारांची मांडणी करता येते व स्वत:च्या विचारांचे आकलन करता येते व स्वत:च्या विचारांची पूर्ण जाण असल्यामुळे इतरांचे विचार व अनुभव समजून घेण्यास मदत होते. मानवाच्या हुशारीचा संबंध थेट त्यांच्या मज्जासंस्थेशी आहे. मेंदूच्या बाह्य पटलात (सेरेब्रल कॉर्टेक्स) वेगवेगळ्या कार्यांशी संबंधित अनेक केंद्र असतात. ते मज्जातंतूंनी एकमेकांशी जोडलेले असतात. एका केंद्राची उत्तेजना दुसऱ्या केंद्राला कार्य करण्याविषयी प्रेरित करते किंवा रोखते. काही कार्यांत मेंदूच्या बाह्य पटलातील अनेक केंद्र भाग घेतात. उदा. - दृश्य आठवणी ठेवणे किंवा वाक्यरचना करणे, यांचे क्षेत्र विस्तारित असते व अनेक मज्जापेशींच्या रचनेने बनलेले असते.

मेंदूच्या बाह्य पटलाचा फक्त २०% भाग ज्ञानेंद्रियांच्या संवेदना (सेन्सरी इम्पल्सेस) स्वीकारण्यासाठी व शरीरातील वेगवेगळ्या स्नायूंच्या हालचालीवर नियंत्रण ठेवण्याचे काम करतो, बाकी ८०% भाग एकत्रितपणे कार्य करून उच्च प्रतीच्या हुशारीचे प्रदर्शन करतो. अशा प्रकारे मेंदूच्या बाह्य पटलाचे (सेरेब्रल कॉर्टेक्स) प्राथमिक कार्य वेगवेगळ्या ज्ञानेंद्रियांकडून मिळालेल्या माहितीचे पृथ:करण करणे, आठवणींच्या स्वरूपात साठवणे किंवा स्नायूंची व अवयवांची हालचाल घडवून आणण्यासाठी योग्य आदेश वाहक मज्जापेशींकडे (मोटर नर्व्हज) पाठवून देणे असे असते; तसेच सभोवतालच्या माहितीचा व वेगवेगळ्या व्यक्तींच्या वर्तनाचा सूक्ष्म अभ्यास करून तंतोतंत प्रतिक्रिया व्यक्त करणे मेंदूच्या या गुंतागुंतीच्या कार्यालाच हुशारी म्हणतात. मेंदूतील प्रत्येक मज्जापेशीची (न्यूरल सेल्स) जेवढ्या जास्त इतर मज्जापेशींशी (न्यूरल सेल्स), वर्तुळाकार पद्धतीने गुंतागुंतीची रचना असते, तेवढी त्या व्यक्तीची हुशारी जास्त असते. मज्जापेशींच्या गुंतागुंतीच्या वर्तुळाकार जोडणीमुळे मानवाच्या मेंदूच्या बाह्य पटलाचा समोरचा भाग खूप वाढलेला आहे म्हणूनच भाषाशास्त्राची निर्मिती, तंत्रज्ञानाचा विकास व सामाजिक स्नेहपूर्वक वर्तन करणे त्याला शक्य झाले आहे.

मानवाचा भावनिक विकास अर्थात परोपकार बुद्धी आणि सदाचरण (अॅट्रुइझम अँड मोरॅलिटी) :

टोळीतील इतर सदस्यांच्या सुरक्षेसाठी स्वतः धोका पत्करणे यालाच परोपकारबुद्धी किंवा निःस्वार्थपणा म्हणतात. माकडवंशीय प्राण्यांत (प्रायमेट्स) सामाजिक जीवन आहे. टोळीतील सर्व सदस्य एकमेकांच्या संपर्कात असतात. खाणाखुणा करून शारीरिक हालचाल व तिरस्कार यातून प्रत्येक व्यक्ती आपले सामाजिक स्थान, अन्नाची आवश्यकता व लैंगिक गरजा यांचे निर्देश करते. व्यक्तीच्या अशा प्रकारच्या हालचालींमुळे टोळीतील सर्व सदस्यांना त्याचे वर्तन कळते. त्याच्या वर्तनाचा इतर सदस्यांच्या जगण्यावर परिणाम होतो. संकटकाळात काही सदस्यांच्या निःस्वार्थपणे वागण्यामुळे टोळीतील सर्व सदस्यांचे प्राण वाचतात. उदा. - जंगलातील माकडांच्या टोळीतील एखाद्या सदस्यास अचानकपणे वाघ दिसल्यास तो विशिष्ट आवाज काढून इतरांना धोक्यापासून सावध करतो. त्यामुळे वाघाचे त्यांच्याकडे लक्ष जाते व त्याचा प्राण धोक्यात येऊ शकतो; परंतु त्याने दिलेल्या इशाऱ्यामुळे इतर सर्व माकडे धोक्यापासून सावध होतात व त्वरित सुरक्षितस्थळी आसरा घेतात; त्यामुळे टोळीतील सर्व माकडांचे प्राण वाचतात. अशा प्रकारे इतरांच्या सुरक्षेसाठी स्वतः धोका पत्करणे यालाच परोपकारबुद्धी किंवा निःस्वार्थपणा म्हणतात.

मानवाच्या सामाजिक जीवनात निःस्वार्थपणाचे वर्तन आढळून येते. समाजातील अनेक व्यक्ती परोपकारबुद्धीने वागतात व दुसऱ्याच्या कल्याणाची चिंता करतात. आपल्या नातेवाइकांच्या कल्याणासाठी काही व्यक्ती स्वतःचे जगणे धोक्यात आणतात.

हॅमिल्टन (१९६४) या शास्त्रज्ञाने नातेवाइकांसाठी परोपकारबुद्धीने वागणे यालाच नात्यांची निवड (किन सिलेक्शन) असे म्हटले आहे. निःस्वार्थपणे वागून दुसऱ्यांचे कल्याण करणाऱ्या व्यक्तींना समाजात मान्यता मिळते व त्यांच्या परोपकारबुद्धीचा त्याला अप्रत्यक्ष फायदाच होतो. टोळीतील व्यक्ती एकमेकांशी निःस्वार्थीपणे वागल्यामुळे सामाजिक जीवनात त्याचा खूप फायदा होतो. उत्क्रांतीच्या प्रक्रियेत नैसर्गिक निवडीतून मानवाला परोपकारबुद्धी प्राप्त झालेली आहे. परोपकारबुद्धी व सदाचरण यांना समाजमान्यता मिळाल्यामुळे काही लबाड व्यक्ती निःस्वार्थीपणे वागण्याचा आव आणून समाजाची फसवणूक करण्याचा प्रयत्न करतात. समाजात अशी लबाडी उघडी पडते व जशास तसे किंवा ठकास महाठक उत्तर देऊन समाज अशा व्यक्तींना त्यांची जागा दाखवून देतो. अशा व्यक्तींना समाज टाळतो व लबाड गुणांना हद्दपार करतो. निःस्वार्थ

वर्तन, सदाचार, नीतिमत्ता, सहकार्याची भावना या गुणांना प्रचंड सामाजिक बळ मिळते. समाजात चांगल्या आणि वाईट आचरणाचा तंतोतंत हिशोब ठेवण्यात येतो व त्यांच्या आचरणाप्रमाणे त्या व्यक्तीला समाजाकडून प्रतिसाद मिळतो. ट्रिव्हर्स या शास्त्रज्ञाने समाजात सद्गुणांचे व नीतिमत्तेचे पालन-पोषण कसे होते व लबाड वर्तनाचे उच्चाटन कसे होते, हे खालील उदाहरणाने स्पष्ट केलेले आहे.

मित्रत्व : व्यक्ती-व्यक्तींतील स्नेह, प्रामाणिकपणा, आदर, सहकार्य व विश्वास याला मित्रत्व म्हणतात. असे लोक एकमेकांना आवडतात व ते एकमेकांच्या सहवासात आनंदी राहतात. समाजात एकमेकांशी निःस्वार्थपणे सहकार्य करण्यामुळे व परोपकारबुद्धीने वर्तन करण्यामुळे व्यक्ती-व्यक्तीतील मित्रत्वाचे धागे अधिक मजबूत होतात आणि समाजात स्नेहभाव वाढतो.

कृतज्ञता : इतरांनी केलेल्या उपकाराची जाणीव ठेवणे म्हणजे कृतज्ञता. समाजात निःस्वार्थीपणे कार्य करणाऱ्या व्यक्तींबद्दल नेहमीच कृतज्ञतेची भावना असते. अशा व्यक्तींना समाजात आदराचे स्थान मिळते व त्यांना मान-सन्मान मिळतो.

सहानुभूती : दुसऱ्याचे दुःख स्वतः अनुभवण्याची क्षमता म्हणजे सहानुभूती. व्यक्तीतील हा गुण इतरांबद्दल दया आणि करुणा दाखवण्यास साह्य करतो.

दयाळूपणा : इतरांची काळजी वाटणे व काहीतरी मदत करण्यास धावणे म्हणजे दयाळूपणा. हा इतरांबद्दल प्रेम व्यक्त करण्याचा मार्ग आहे. व्यक्तीतील हा गुण त्याला इतरांना मदत करण्यासाठी प्रवृत्त करतो.

औदार्य : स्वतःच्या क्षमतेपेक्षा इतरांना अधिक देणे म्हणजे औदार्य.

निःस्वार्थीपणे कार्य करण्यामुळे समाजात सहानुभूती, दयाळूपणा व औदार्य या भावनांच्या वाढीला प्रेरणा मिळते. निःस्वार्थी वर्तन करणाऱ्या व्यक्तीला सामाजिक जीवनात खूप फायदा होतो. त्याला समाजात आदराचे स्थान प्राप्त होते. मानसन्मान मिळतो. त्याच्याकडे सामाजिक नेतृत्व येते. त्याच्या शब्दाला समाजात खूप किंमत असते. अशा गुणांना समाजाकडून प्रेरणा मिळते. निःस्वार्थ भावना, परोपकार बुद्धी हे गुण नैसर्गिक निवडीनेच व्यक्तीला प्राप्त होतात. अशा प्रकारे समाजात सद्गुणांचे संवर्धन होत असते.

नैतिक संताप आणि चीड : समाजातील असमानता, अन्याय, अत्याचार, अपमान, हिंसा या विरुद्ध मनात रोष निर्माण होणे, यालाच नैतिक संताप किंवा चीड असे म्हणतात. अन्याय होत असल्याच्या भावनेने लबाडी व जुलूम करणाऱ्या व्यक्ती विरुद्ध समाजात वैर निर्माण होते व अशा व्यक्तीचा बदला घेण्याची भावना समाजात निर्माण होते.

अपराध आणि पश्चात्ताप : समाजाच्या किंवा एखाद्या व्यक्तीच्या विरुद्ध काम करणे म्हणजे अपराध करणे होय. उदा. : चोरी करणे, लबाडी करणे इत्यादी. आपल्या हातून झालेल्या चुकीच्या कामाबद्दल जाणीव होणे व त्याबद्दल वाईट वाटणे याला पश्चात्ताप म्हणतात. लबाडी केल्यामुळे किंवा लबाडी करायचा कट केल्यामुळे किंवा लबाडी होत असताना विरोध न केल्यामुळे व्यक्तीच्या मनात अपराधी व पश्चात्तापाची भावना निर्माण होते. लबाडीमुळे समाजाचे प्रचंड नुकसान होते व सामाजिक सलोखा संपुष्टात येतो.

लबाडी करणाऱ्या व्यक्तीला समाज टाळतो, त्याला विरोध करतो. त्यांच्याशी जशास तसे वागून त्याची जागा त्याला दाखवून देतो. अशा प्रकारे लबाड गुणांना समाजातून हद्दपार करण्यात येते.

मानवाच्या जैविक उत्क्रांतीच्या टप्प्यात नि:स्वार्थपणा, परोपकार, स्नेहभाव व प्रामाणिकपणा या गुणांचा नैसर्गिक निवडीने डीएनएत परिवर्तन होऊन विकास झालेला आहे. समाजातील लबाडी व अन्याय या वर्तनाचे सातत्याने उच्चाटन करण्यात येते.

नि:स्वार्थपणा, प्रेम, त्याग, नीतिमत्ता, प्रामाणिकपणा, सत्त्याचा आग्रह, विवेक या भावनांचा उगम मानवाच्या आनुवंशिकतेत (डीएनए) आहे, म्हणून समाजातील या भावना कोणत्याही विचाराने संपविता येणार नाहीत. हे गुण मानवजातीच्या समृद्धीसाठी व भरभराटीसाठी लाखो वर्षांपासून उपयुक्त ठरलेले आहेत. असे वर्तन मानवासाठी त्रिकालाबाधित कसोटीला उतरणारे आहे. म्हणून नि:स्वार्थपणा, नीतिमत्ता, परोपकारबुद्धी, प्रेम, त्याग या भावना असणे हे रहस्य नसून, मानवाची आनुवंशिकता आहे. कारण या गुणांचे प्रक्षेपण डीएनएमुळेच होते. डीएनएतील बदलामुळे सतत शरीररचनेत बदल झाले व नैसर्गिक निवडीने अनुकूल बदलांचा वरचेवर विकास झाला, अगदी तसेच डीएनएमुळेच वरील भावनिक गुणांचे जतन व संवर्धन झालेले आहे. अशा पद्धतीने पशू असलेल्या एप वानरात हळूहळू बदल होऊन बौद्धिक व शारीरिक विकास झाला आणि त्याचे परिवर्तन सभ्य, हुशार, समंजस व शहाण्या मानवात झाले आणि तो वानराचा नर झाला!

⋙

विभाग - ३

मानवाचा विकास

प्रकरण बारावे

भटका शिकारी

मानवाच्या वंशावळीवरून आपला असा चुकीचा समज होऊ शकतो, की एका वेळी पृथ्वीवर एकाच जातीच्या मानवाचे अस्तित्व होते; परंतु हे खरे नाही. २० लक्ष ते २५,००० वर्षांपूर्वी जगात एकाच वेळी वेगवेगळ्या प्रकारच्या मानवाच्या जाती राहत होत्या. २५ लक्ष वर्षांपूर्वी ऑस्ट्रालोपिथिकस व होमो हॅबिलीस, १५ लक्ष वर्षांपूर्वी होमो हॅबिलीस व होमो इरेक्टस, १.५ लक्ष वर्षांपूर्वी हैडेलबर्ग व निअँडरथल, तर २५ ते ३० हजार वर्षांपूर्वी निअँडरथल, क्रोमॅग्नॉन व आधुनिक मानव यांचे एकाच वेळी वास्तव्य होते. सध्या मात्र आधुनिक मानव ही एकच जात अस्तिवात आहे.

मानवाच्या विकासासाठी मोठा मेंदू असणे हे निसर्ग निवडीने आवश्यक ठरलेले वैशिष्ट्य आहे. नैसर्गिक निवड उत्क्रांतीला दिशा देते. नैसर्गिक निवडीने मानवाच्या विकासासाठी मेंदूची वाढ होऊन हुशारी वाढणे हे वैशिष्ट्य अत्यावश्यक ठरले.

मानवाच्या मेंदूची आजच्या एवढी १,४०० घनसेंटिमीटर वाढ होण्यासाठी ३० ते ३५ लक्ष वर्षांचा प्रदीर्घ कालावधी लागला. लाखो वर्षे आपल्या पूर्वजांना गवताळ प्रदेशात असहाय्य स्थितीत जीवन व्यतीत करावे लागले. सुरक्षेसाठी काठी, दगड-धोंड्याशिवाय त्याच्याकडे काहीही नव्हते. बौद्धिक क्षमतेत वरचेवर वाढ झाल्यामुळे हत्यारे वापरण्यात सुधारणा झाली. अनेक प्रकारचे सामाजिक प्रश्न सोडवण्याची असामान्य जाण त्याला प्राप्त झाली. टोळीमध्ये परस्परात स्नेहभाव,

समाजसंघटन, संपर्क, सहकार्य, भाषेचा विकास व परोपकारबुद्धी वाढली. इतर सर्व प्राण्यांत या गुणांचा अभाव असल्यामुळे मानवाला अतिबलाढ्य व हिंस्त्र प्राण्यांशी दोन हात करून स्वत:चे अस्तित्व टिकवणे जमले. त्याने अधिक ऊर्जा खर्च करून मेंदूच्या विकासात जी गुंतवणूक केली, त्याची परतफेड त्याला आज अनेक पटीने मिळत आहे. मानवाच्या बौद्धिक विकासामुळे विज्ञान व तंत्रज्ञानाचा शोध लागला. तंत्रज्ञानाच्या साह्याने आज आपण कारची निर्मिती करून चित्त्यापेक्षाही जास्त गतीने धावू शकतो, विमानाच्या साह्याने गरूडापेक्षा जास्त उंच झेप आकाशात घेऊ शकतो व बंदुकीच्या साह्याने वाघ, सिंह, हत्ती, गोरिलासारख्या बलाढ्य प्राण्यांना दुरूनच जायबंद करू शकतो.

मोठा मेंदू, हुशारी, तीक्ष्ण दगडी हत्यारे असूनसुद्धा १८ लक्ष वर्षांपासून माणूस एक सर्वसामान्य, अशक्त व असहाय्य प्राणी म्हणून आफ्रिकेतील सॅव्हाना गवताळ प्रदेशात सतत हिंस्त्र प्राण्यांच्या भीतीच्या छायेत जगत राहिला. क्वचित त्याने मोठ्या प्राण्यांची शिकार करून अन्न मिळवले. तो नेहमी वनस्पतीजन्य अन्न गोळा करून, कीटक, लहान लहान प्राण्यांची शिकार करून, मृत तृणभक्षी प्राण्यांचे मांस खाऊन किंवा वाघ-सिंहांसारख्या हिंस्त्र प्राण्याने केलेल्या शिकारीतून शिल्लक राहिलेले मांस खाऊन कसाबसा जगत राहिला. वाघ-सिंहांसारखे बलाढ्य हिंस्त्र प्राणी झेब्रा, गवे, म्हैस, मोठे हरीण किंवा जिराफ यांसारख्या मोठ्या प्राण्यांची शिकार करून त्यांचे मांस खात असत. त्यानंतर शिल्लक राहिलेले मांस तरस, लांडगे, कोल्हे, कुत्रे खात. त्यांना हाकलून देऊन मांस मिळवण्याची शक्ती प्राचीन मानवात नव्हती. सगळ्या प्राण्यांनी खाऊन, चघळून शिल्लक राहिलेली हाडे दगडी हत्याराने फोडून तो त्यातील मगज खात असे. मानवाची पुरातन खाद्यपद्धती हीच होती.

गवताळ प्रदेशात हिंस्त्र प्राण्यांकडून सतत मार खाणारा दुर्दैवी प्राचीन मानव लाखो वर्षे काळजी करत, भीती व मृत्यूच्या छायेत कसाबसा जगत राहिला. त्याला अनेक वेळेस सतत येणाऱ्या नैसर्गिक संकटांना तोंड देताना समुहाने मृत्यूला सामोरे जावे लागले. १४ लक्ष वर्षांपूर्वी सॅव्हानात दुष्काळ पडल्यामुळे हरिणे व गुरांची संख्या कमी झाली. त्यामुळे वाघ-सिंहांसारख्या हिंस्त्र प्राण्यांनी भक्षासाठी *होमो हॅबिलीस* या प्राचीन मानवाची मोठ्या संख्येने शिकार केली व त्यातच ते नामशेष झाले. त्यानंतर *होमो इरेक्टस* व हैडेलबर्ग या मानवाची उत्क्रांती झाली. त्यांच्या मेंदूत ब्रोकास केंद्राचा विकास झाला. त्यामुळे त्याला संभाषणकला अवगत झाली. टोळीतील इतर सदस्यांबरोबर त्याला संपर्क करता येऊ लागला. ते समूहाने

एकमेकांच्या सहकार्याने शिकार करू लागले. त्यामुळे शिकारीचे कौशल्य वाढले. विस्तवाच्या साह्याने त्याने वाघ-सिंहांसारख्या प्राण्यांना शह दिला व प्राण्यांची सामुदायिकपणे शिकार करण्यास सुरुवात केली.

तो शिकारीसाठी काठी, हातकुऱ्हाडी, दगडांची व हाडांची तीक्ष्ण हत्यारे वापरू लागला. समूहाने अनेक व्यक्ती मिळून हरीण, गवे, रानम्हशी, डुकरे इत्यादी मोठ्या प्राण्यांचीदेखील शिकार करू लागला. तो शिकारीसाठी वेगवेगळ्या तंत्रांचा व युक्तीचा वापर करू लागला. उदा. - प्राण्यांच्या पावलांच्या खुणांवरून माग काढणे, लपत-छपत त्यांचा पाठलाग करणे, त्यांचे पळण्याचे मार्ग बंद करणे, त्यांना दलदलीत फसवणे किंवा पाण्यात बुडवणे, उंच कड्याच्या टोकावर त्यांची कोंडी करणे, त्यांना दबा धरून बसण्यास भाग पाडणे, सापळे रचणे, प्राण्यांची दमछाक होईपर्यंत पाठलाग करणे आणि नंतर शिकार करून मारणे. ते नेहमीच एकट्याने शिकार करण्यापेक्षा समूहाने शिकार करण्यास प्राधान्य देऊ लागले. समूहाने मोठ्या प्राण्यांची शिकार केल्यामुळे टोळीतील सर्व सदस्यांना अन्न पुरत असे. त्यामुळे एकमेकांच्या सहकार्याने मोठ्या प्राण्यांची शिकार करणे नेहमीच फायद्याचे ठरू लागले. कमी श्रम करून मांसाच्या स्वरूपात प्रत्येकाला जास्त अन्न मिळू लागले.

एक लक्ष वर्षांपूर्वी निअँडरथल व पन्नास हजार वर्षांपूर्वी क्रोमॅग्नॉन यांनी एकापेक्षा अनेक टोळ्या एकत्र येऊन म्हशी, गवे, हत्ती, मॅमथ यांसारख्या मोठमोठ्या प्राण्यांची शिकार करण्यास आरंभ केला. त्यांनी तीक्ष्ण भाले व धनुष्य-बाणांचा वापर सुरू केला. हत्यारात सुधारणा झाल्यामुळे तो वाघ-सिंहांसारख्या बलाढ्य हिंस्र प्राण्यांना हुसकावून देऊन त्यांच्या तावडीतली शिकार हिसकावून घेऊ लागला. वाघ-सिंहांसारखे प्राणी लाखो वर्षांपासून अन्नसाखळीतील अत्युच्च स्थानावर विराजमान होते. कारण ते इतर सर्व प्राण्यांची शिकार करून खात असत; परंतु त्यांची शिकार कधीही होत नसे. कारण ते फार हिंस्र व शक्तीशाली होते. मागील चार लक्ष वर्षांत मानवाने अन्नसाखळीतील पिरॅमिडच्या मधल्या स्थानावरून अत्युच्च स्थान प्राप्त केले. मानवाने निसर्गाच्या अन्नसाखळीतील अत्त्युच्च स्थान प्राप्त केल्यामुळे सिंहासारख्या प्राण्यावर निसर्गतः आपोआप नियंत्रण आले. नाहीतर या बलाढ्य शक्तीशाली हिंस्र प्राण्यांनी मानवासह इतर सर्व प्राण्यांचे जगणे अवघड करून जगात हाहाकार माजवला असता. कारण लाखो वर्षे सॅव्हाना प्रदेशात सिंहांचे वर्चस्व होते. म्हणून त्यांचा आत्मविश्वास खूप वाढलेला होता. सॅव्हानातील वाघ-सिंहांच्या सततच्या दहशतीमुळे इतर प्राण्यांसाठी मानव दुप्पट दुष्ट व धोकादायक बनला. तो अनपेक्षितपणे पृथ्वीवरील सर्वांत प्रबळ,

बलाढ्य, हुकूमशहा बनला व त्याने अन्नसाखळीतील अत्युच्च स्थान प्राप्त केले.

विस्तवाचा शोध :

विस्तवाचा शोध व विस्तव जतन करणे ही मानवी विकासातील अत्यंत महत्त्वाची घटना आहे. मानवाने ८ लक्ष वर्षांपूर्वी विस्तवाचा वापर केला असावा. तीन लक्ष वर्षांपूर्वी *होमो इरेक्टस* आणि हैडेलबर्ग त्यांच्या दैनंदिन जीवनात विस्तवाचा वापर करत असत. प्रकाशासाठी, थंडीपासून बचाव करण्यासाठी आणि भक्ष्याच्या शोधात असणाऱ्या वाघ-सिंहांसारख्या हिंस्त्र प्राण्यापासून संरक्षण मिळवण्यासाठी तो विस्तवाचा वापर करू लागला. त्याने अग्नीचा उपयोग करून जंगले नष्ट केली व त्यांचे रूपांतर समृद्ध गवताळ प्रदेशात केले. त्यामुळे त्याला शिकारीसाठी विस्तृत मैदान प्राप्त झाले. आग विझवल्यानंतर आगीत होरपळलेले प्राणी, कठीण कवचाची फळे व कंदमुळे तो अन्नासाठी गोळा करत असे. होरपळलेले अन्न त्याला रुचकर लागले व त्यातूनच त्याने अन्न शिजवून खाण्याची कला अवगत केली. अन्न शिजवल्यामुळे अन्नातील रोगजंतू व परोपजीवी मरत असत. अशा प्रकारे अन्नाचे निर्जंतुकीकरण होत असल्यामुळे संसर्गजन्य आजार कमी झाले. त्याला त्याची आवडती कंदमुळे, कठीण कवचांची फळे, कीटक, मृत जनावरांचे मांस शिजविल्यामुळे कमी वेळात चावून खाता येऊ लागले व शिजलेले अन्न लवकर पचू लागले. दररोज कच्चे अन्न व मांस खाण्यास त्याला पाच तास लागत असत, शिजविल्यानंतर तेवढेच अन्न तो एका तासात खाऊ लागला. अन्न खाण्याचे पूर्वीचे परिश्रम कमी झाले; त्यामुळे त्याच्या दातांचा आणि जबड्यांचा आकार लहान झाला.

शिजवल्यामुळे त्याला वेगवेगळ्या प्रकारचे अन्न कमी वेळात खाता येऊ लागले. त्यामुळे मेंदूला जास्त ऊर्जा मिळाली व मेंदूच्या वाढीला चालना मिळाली. शिजवलेल्या अन्नाचे लवकर पचन होत असल्यामुळे पचनासाठी आता त्याला लांब आतड्याची गरज राहिली नाही. म्हणून आतड्याची लांबी कमी झाली. त्यामुळे आतड्यांना पूर्वीपेक्षा कमी ऊर्जा लागू लागली. ही शिल्लक ऊर्जा मेंदूच्या विकासासाठी उपलब्ध झाली. त्यामुळे निअँडरथल, क्रोमॅग्नॉन व आधुनिक मानवाच्या मेंदूचे घनफळ वाढले व त्यांची हुशारी वाढली. विस्तवाचा शोध लागल्यामुळे मानवाची शक्ती इतर प्राण्यांच्या शक्तीपेक्षा अनेक पटीने वाढली. इतर सर्व प्राण्यांची शक्ती त्यांचे अजस्त्र शरीर, स्नायूंची ताकद, तीक्ष्ण दात, नखे व त्यांच्यातील हिंस्त्रपणा यावर अवलंबून असते; परंतु माणसाने विस्तवावर

नियंत्रण मिळवल्यामुळे आगीची अमर्याद शक्ती त्याच्या आज्ञेप्रमाणे वागू लागली. आगीच्या साह्याने तो सामुदायिकपणे अनेक प्राण्यांची शिकार करू लागला. एकटा माणूस आगीच्या साह्याने अफाट जंगल काही तासांत नष्ट करू लागला.

विस्तवाचा शोध लागल्यानंतरदेखील दीड लक्ष वर्षांपूर्वी माणूस एक सामान्य प्राणी होता. आपण यापूर्वीही पाहिले, की निअँडरथल आणि क्रोमॅग्नॉन यांच्यात संकरण होऊन आधुनिक मानवाची (*होमो सेपियन्स सेपियन्स*) उत्पत्ती झाली. निअँडरथलच्या जिनोमचे शोषण आधुनिक मानवाच्या जिनोममध्ये झाले, हे डीएनएच्या परीक्षणाने सिद्ध झाले आहे. निअँडरथलचा मेंदू आकाराने मानवाच्या मेंदूएवढा जरी असला, तरी त्याच्या मेंदूची अंतर्गत रचना आधुनिक मानवाच्या मेंदूपेक्षा वेगळी होती. ते दिसण्यास आपल्यासारखे असले, तरी त्यांची आकलनक्षमता कमी होती. त्यामुळे त्यांचे तंत्रज्ञान, स्मरण आणि संपर्क क्षमता मर्यादित होती. ५०,००० ते ३०,००० वर्षांपूर्वी माणसाच्या डीएनएत (आनुवंशिकतेत) उत्परिवर्तन (जेनेटिक म्युटेशन) व तत्सम बदल झाले आणि त्याच्या बौद्धिक क्षमतेत अभूतपूर्व क्रांती झाली. त्याच्या आकलनक्षमतेत प्रचंड वाढ झाली. तो अत्यंत समजूतदार, शहाणा, स्वत:बद्दल जाणीव व इतरांबद्दल सहानुभूती असणारा विवेकशील मानव बनला. हे परिवर्तन डीएनएतील उत्परिवर्तनामुळे मेंदूतील मज्जापेशींची अंतर्गत मांडणी बदलल्यामुळे झाले. त्याच्या विचार करण्याच्या क्षमतेत प्रचंड वाढ झाली. त्यातून भाषेचा विकास झाला, त्यामुळे संभाषणातून व्यक्ती-व्यक्तीतील संपर्क कौशल्य वाढले, समाजात विचारांची देवाणघेवाण सुरू झाली.

भाषेचा विकास हेच आधुनिक मानवाचे वैशिष्ट्य आहे, त्यामुळेच तो जग जिंकू शकला. प्राणी जगतात माणसाची भाषा ही काही पहिली भाषा नाही, यापूर्वी इतर अनेक प्राणी त्यांच्या सदस्यांशी विशिष्ट भाषेतून संपर्क करतात, हे सिद्ध झालेले आहे. उदा. : मुंग्या, मधमाश्या एकमेकांशी संपर्क करून अन्नसाठे कुठे आहेत, किती अंतरावर आहेत व कोणत्या दिशेला आहेत, याची अचूक माहिती देतात. बोलीभाषेचा विचार केल्यास मानवाच्या अगोदर माकडे, चिम्पांझी, गोरिला यांच्यात वेगवेगळे आवाज काढून इतर सदस्यांशी संपर्क करण्यात येत असे. माकडांत विशिष्ट प्रकारचा आवाज काढून धोक्याची सूचना कळवली जाते; परंतु इतर प्राण्यांपेक्षा आपली भाषा फारच लवचिक आहे. आपण शब्दांचे उच्चार करतो, कमीत कमी शब्द वापरून वेगवेगळ्या अर्थाची असंख्य वाक्ये तयार करतो. त्यामुळे सभोवतालच्या जगाची सखोल माहिती समजून घेऊ शकतो, ती

माहिती लक्षात ठेवून इतरांना संभाषणातून देऊ शकतो. माकडे विशिष्ट आवाज काढून वाघांपासून किंवा इतर शत्रूंपासून सावध राहण्याचा इशारा देतात; पण मानव मात्र त्याबद्दलची सविस्तर माहिती देऊ शकतो. उदा - नदीच्या पूर्व काठावर, डोंगराच्या पायथ्याशी एक वाघ हरिणाची शिकार करण्यासाठी कळपाजवळ दबा धरून बसलेला एक तासापूर्वी मी पाहिला आहे. इथे वाघ, त्याचे ठिकाण, वेळ, त्याचे उद्दिष्ट व खाद्य एवढी माहिती सदस्यांना एकाच वेळी मिळते. मानवाच्या सर्व सदस्यांत विचारविनिमय होऊन ते ठरवू शकतात, की आपण वाघाला हुसकावून हरिणांची शिकार करू. नियोजनाप्रमाणे ते एकमेकांच्या सहकार्याने, तातडीने वाघाला पिटाळून हरिणाची शिकार करू लागले व त्या दिवसाचा अन्नाचा प्रश्न सोडवणे त्यांना जमले. भाषा विकासानंतर आलेल्या संकटाचे रूपांतर मानव संधींत करू लागला. तो एकमेकांशी गप्पा करून इतर सदस्यांच्या वर्तनाबद्दल माहिती घेऊ लागला. कोण चांगले, कोण वाईट, कोण लबाड याची माहिती ठेवून आपला मित्र कोण, शत्रू कोण हे ठरवून त्याप्रमाणे तो समाजात वर्तन करू लागला. त्याच्या गप्पांमुळे व इतर सदस्यांच्या माहितीमुळे त्याचे मित्रमंडळ वाढले. संपर्क वाढल्यामुळे अनेक लहान टोळ्यांचे रूपांतर मोठ्या टोळीत होऊ लागले. एप मानवाचे सामाजिक जीवन चिम्पांझीच्या टोळीतील सामाजिक जीवनासारखे असावे. असे सामाजिक जीवन आनुवंशिकतेने म्हणजेच डीएनएमुळे प्राप्त होते, त्यात सांस्कृतिक वारसा नसतो. चिम्पांझीच्या टोळीतील संख्या पन्नासपेक्षा जास्त वाढते, तेव्हा त्यांचे सामाजिक जीवन अस्थिर होते व टोळीत फूट पडते म्हणून त्यांच्या टोळीतील सदस्य संख्या पन्नासपर्यंत मर्यादित असते व सर्व सदस्य त्याचे रक्ताचे नातेवाईक असतात. चिम्पांझीसारखे सामाजिक जीवन ऑस्ट्रालोपिथिकस या एप मानवात होते.

वीस लक्ष वर्षांपूर्वी होमो हॅबिलीस या प्राचीन मानवाच्या डीएनएत उत्परिवर्तन झाले आणि होमो इरेक्ट्स या मानवाची उत्पत्ती झाली व नवीन पाषाणयुगाची सुरुवात झाली. होमो इरेक्टसच्या डीएनएत पुढील परिवर्तन झाले नाही, तोपर्यंत त्याच्या दगडी हत्यारात काहीच बदल झाला नाही. यापूर्वी आपण पाहिलेले आहे, की ५०,००० ते ३०,००० वर्षांपूर्वी मानवाच्या डीएनएत उत्परिवर्तन झाले आणि आधुनिक मानवाची उत्पत्ती झाली. डीएनएतील बदलामुळे त्याच्या मेंदूतील मज्जापेशींची अंतर्गत रचना बदलली आणि त्याची आकलनशक्ती वाढली. त्यामुळे भाषेचा विकास झाला; व्यक्ती-व्यक्तींत संपर्क वाढला, टोळीतील सदस्यांत विश्वास वाढला, संघटन वाढले व टोळीची सदस्यसंख्या पन्नासवरून दीडशेपर्यंत

वाढली. मानवाच्या आकलनशक्तीत आमूलाग्र क्रांती झाल्यानंतर डीएनएत बदल न होता सांस्कृतिक विकासामुळे त्याच्या वर्तनात प्रत्येक पिढीत झपाट्याने बदल होत गेले. अनेक टोळ्या मिळून एकमेकांच्या सहकार्याने शिकार करू लागल्या. निअँडरथल पन्नासच्या समूहाने शिकार करत असे; परंतु आधुनिक मानव अनेक टोळ्या मिळून शेकडो लोकांच्या सहकार्याने प्राण्यांच्या पूर्ण कळपाची शिकार करू लागले. ते जंगली घोडे, म्हशी, रानगवे, हरणे यांच्या पूर्ण कळपाला घेरा टाकून, त्यांना हुसकावून एखाद्या अरुंद खिंडीत आणून मोठ्या प्रमाणात एकाच वेळी अनेक प्राण्यांची शिकार करू लागले. त्यांच्या नियोजनाप्रमाणे सगळे घडले, तर काही तासांत ते अनेक टन मटन, तेल आणि प्राण्यांची चामडी मिळवत असत व टोळीतील सर्व सदस्य मिळून मांस शिजवून खात असत. शिल्लक मांस वाळवून किंवा थंड प्रदेशात शीतल ठिकाणी साठवून भविष्यातील खाद्यासाठी ठेवत असत. आधुनिक मानव व निअँडरथलचे समकालीन वास्तव्य होते. आधुनिक मानवापुढे निअँडरथलचा निभाव लागत नसे. जर शिकार निसटून गेलीच, तर निअँडरथल दुसऱ्या शिकारीची वाट पाहत बसत असे; परंतु आधुनिक मानव लागलीच नवीन योजना आखून तत्काळ निसटलेल्या कळपाला गाठून शिकार करत असे. आधुनिक मानव सभोवतालच्या पर्यावरणाची सविस्तर माहिती मिळवत असे आणि सर्व सदस्यांना ही माहिती त्याच्या प्रभावशाली भाषेने कळवत असे. तो शिकारीसाठी अत्यंत गुंतागुंतीचे नियोजन करत असे व हिंस्र प्राण्यांना टाळून हरणांची व जंगली बैलांच्या कळपाची शिकार करत असे.

मोठमोठ्या प्राण्यांची शिकार करण्यामुळे त्याचे तांत्रिक कौशल्य वाढले. तो वेगवेगळ्या हत्यारांचा व जाळ्यांचा वापर करू लागला. शिकारी मानवाचे हत्यार बनविण्याचे कौशल्य एवढे वाढले, की दगडावर घाव घालून त्याच्या कल्पनेतले हत्यार काही मिनिटांत तो बनवू लागला. त्याची कामातील एकाग्रता वाढली. त्यांच्यात अनेक हुशार तांत्रिक कारागीर तयार झाले. कोणते हत्यार कोणत्या प्रकारच्या दगडातून अधिक चांगले बनू शकते याचा अभ्यास करून, तो दूरदूरून पाहिजे तसे दगड शोधून आणू लागला. तांत्रिक कौशल्याबरोबरच त्याची संपर्कक्षमता वाढली. त्याने प्राप्त केलेले कौशल्य तो इतर सदस्यांना शिकवू लागला. त्यामुळे अवजारे बनवण्याच्या उद्योगाची भरभराट झाली. टोळीतील प्रत्येक सदस्य दगडाचा चाकू काही मिनिटांत कसा तयार करावा, ससा पकडण्यासाठी सापळा कसा लावावा व हिंस्र प्राण्यांच्या हल्ल्यापासून बचाव कसा करावा यात पारंगत होता.

शिकारी मानवाला चौफेर ज्ञान व सर्व प्रकारचे कौशल्य अवगत असणे आवश्यक होते. तो अन्न कुठून गोळा केले याची माहिती आठवणीत साठवून ठेवत असे. सभोवतालच्या परिसराचा भौगोलिक नकाशा मनात तयार करून ठेवत असे. अन्न गोळा केल्यानंतर त्या वनस्पतींची पूर्ण माहिती ठेवत असे, त्या वनस्पती कशा व कुठे वाढतात, त्यांना केव्हा फळे लागतात, हिंस्र प्राणी जंगलात कुठे राहातात, तृणभक्षी प्राण्यांच्या सवयी व त्यांच्या स्थलांतराचे अचूक ज्ञान त्याला होते. कोणते अन्न खावे व कोणते खाऊ नये याचे त्याला ज्ञान होते. औषधी वनस्पतींची माहिती त्याला अवगत होती. ऋतूमान बदलाचे, वादळवारा व पावसाच्या आरंभापूर्वीच्या सूचक नोंदी त्यांच्याकडे होत्या. परिसरातील प्रत्येक झऱ्याचे, अक्रोडाच्या, अंजिराच्या झाडाची, गुहेतील अस्वलांची, हत्यारे करता येण्याजोग्या दगडांची सविस्तर माहिती त्याच्याकडे असे. तो ज्ञानी, धैर्यशील होता व कोणत्याही संकटाशी दोन हात करण्यात निपुण होता. त्याची शरीरांतर्गत सर्व ज्ञानेंद्रिये अत्यंत सावध व संवेदनशील होती. जंगलातील झालेल्या बारीकशा हालचालींवरून तिथे हिंस्र प्राणी लपलेला आहे, हे तो ओळखत असे. वेगवेगळ्या फळांची झाडे, झाडावरील फळे, मधमाश्यांचे पोळे, पक्षांचे घरटे यांचे अत्यंत बारकाईने तो निरीक्षण करत असे. शिकारीसाठी व हिंस्र प्राण्यापासून बचाव करण्यासाठी कसे दबा धरून बसावे, चपळाईने कसे पळावे हे त्याला अवगत होते. त्याचे शरीर लांब पल्ल्याच्या दौडीसाठी सदैव सज्ज व धडधाकट होते. आज आपण वर्षानुवर्षे सराव व योग करूनदेखील शिकारी मानवासारखी लांब पल्ल्याची दौड करू शकत नाही. जेव्हा जेव्हा अन्नपुरवठा अनियमित होत असे, तेव्हा तेव्हा एक टोळी दुसऱ्या टोळीतील सदस्यांबरोबर अन्नाची देवाण-घेवाण करत असे. या वाढलेल्या संपर्कामुळे वेगवेगळ्या टोळीतील सदस्य एकमेकांशी स्नेहाने, मित्रत्वाने व सहकार्याने राहू लागले. गरोदर माता, लहान मुले व वयस्कांची शुश्रुषा करू लागले.

त्याची जीवनपद्धती प्रदेशानुसार वेगवेगळ्या ऋतूत बदलत असली, तरी त्याने जीवनात जो आनंद लुटला, ज्या पद्धतीने समृद्ध जीवन जगले तसे समृद्ध जीवन जगणे शेतकरी, मेंढपाळ, कारखान्यातील मजूर आणि कार्यालयातील कारकुनी करणाऱ्या आधुनिक मानवालादेखील जमले नाही. आजचा माणूस आठवड्याला ४० ते ४५ तास काम करतो; परंतु शिकारी माणूस आठवड्यातील केवळ १० ते १२ तास शिकारीसाठी देऊन बाकीचे दिवस तो आरामात शिकार खात असे. म्हणून त्याच्याजवळ गप्पा मारण्यासाठी व मुलांबरोबर खेळण्यासाठी बराच वेळ असे.

कुटुंबपद्धती व एकपत्नीत्वपद्धती या पूर्वीपासून अस्तित्वात असल्यामुळे कौटुंबिक जिव्हाळा आणि सौख्य त्याला लाभलेले होते. टोळीतील सदस्य एकमेकांशी घनिष्ट मैत्री करून आनंदाने राहत. त्याचा आहारदेखील चौफेर, संतुलित व योग्य प्रमाणात सर्व पोषणद्रव्यांनी युक्त होता. त्याची उपासमार झाली नाही. शेतकऱ्यासारखे त्याला दुष्काळाचे चटके कधीही बसले नाहीत. अनावृष्टी किंवा अतिवृष्टीचा त्याच्यावर व त्याच्या शिकारीवर कोणताही परिणाम झाला नाही. कारण तो भटका होता, म्हणून विशिष्ट अन्नावर अवलंबून नव्हता. तो त्याच्या शेतकरी असणाऱ्या वंशजापेक्षा उंच आणि निरोगी होता. त्याचे सरासरी आयुर्मान ३० ते ४० वर्षे होते. ते केवळ लहान मुलांचा मृत्यू दर जास्त असल्यामुळे. त्यांचे लहान मूल जर एक वर्ष वाचले, तर मग मात्र ६० ते ८० वर्षांपर्यंत जगत असे. त्याच्या आहारात विविधता होती आणि दररोज वेगळे खाद्य होते. वेगवेगळी फळे, कंदमुळे, ससा, हरीण, गव्याचे मांस, कासव इत्यादी. अशा प्रकारे प्रत्येक दिवशी वेगळा आहार असे; म्हणून तो निरोगी होता व त्याची रोगप्रतिकारशक्ती चांगली होती. तो संसर्गजन्य रोगांनी कधीही बाधित झाला नाही. माणूस शेतकरी बनल्यानंतर गोवर, देवी, कॉलरा, क्षय, प्लेग, इत्यादी संसर्गजन्य रोगाने बाधित झाला. हे आजार त्याला गुराढोरांतून आले. शिकारी मानवाने गुरेढोरे पाळले नाहीत. त्याने फक्त कुत्रे पाळल्याचे पुरावे आहेत. ते त्याला शिकारीसाठी मदत करत असत. अनेक विद्वानांच्या मते शिकारी भटका माणूस शांतताप्रिय होता. त्यांच्यात भांडणे किंवा लढाया होत नसत. शेती करण्यास आरंभ केल्यानंतरच रक्तपात आणि युद्धे झाली. क्वचित प्रसंगी नैसर्गिक स्रोतासाठी त्यांच्यात स्पर्धा होत असे. तरीसुद्धा ते एकमेकांशी मैत्रीने वागत असत. त्या वेळेस जगाची लोकसंख्या केवळ ५० लक्षपेक्षा कमी होती, म्हणून एका टोळीची दुसऱ्या टोळीतील सदस्यांशी क्वचितच भेट होत असे. त्यामुळे त्यांच्यात संघर्ष झाले नसावेत. त्यांना अन्न प्राप्त करण्यासाठी विस्तृत गवताळ प्रदेश, जंगले, अफाट भूप्रदेश होता. म्हणून त्यांच्यात एखाद्या भूप्रदेशावर मालकी हक्क सांगण्याची भावना नव्हती. कारण ते सदैव भटकंतीवर असत. शेतकरी बनल्यानंतर मात्र तो जमिनीवर मालकी हक्क सांगू लागला. म्हणून पुढे संघर्ष वाढले.

एकंदरीत या भटक्या शिकारी मानवाने सुखी, समृद्ध, आनंदी जीवन जगले. त्याला ना भविष्याची चिंता होती ना पाऊस-पाण्याची. त्याने कधीही संग्रह केला नाही. समाजात सर्वांना समान दर्जा होता. राजेशाही नव्हती. एकमेकांबद्दल स्नेह व आपुलकी होती. त्याच्याकडे विशाल दृष्टी व विशाल मन होते.

मानवाची विनाश लीला :

आपण यापूर्वी पाहिले, की मानवाचे व त्याच्या पूर्वजांचे उत्पत्तीस्थान पूर्व दक्षिण आफ्रिका आहे. उत्पत्तीनंतर त्याने दक्षिण आफ्रिकेतून आशिया आणि युरोपमध्ये स्थलांतर केलेले आहे. *होमो इरेक्टस*, होमो निअँडरथल, क्रोमॅग्नॉन या पूर्वजांसह आधुनिक मानवाची उत्पती अफ्रिकेत झाली व त्यानंतर त्याने युरोप आणि आशियात स्थलांतर केले. जीवाश्मांच्या व डीएनएच्या अभ्यासाने या स्थलांतराला पुष्टी मिळते. ५०,००० वर्षांपूर्वी माणूस आफ्रिका, आशिया आणि युरोपात राहत असे; परंतु ५०,००० ते ३०,००० वर्षांपूर्वी त्याच्या डीएनएत उत्परिवर्तन झाले. मेंदूच्या अंतर्गत रचनेत बदल झाला व त्याच्या आकलनक्षमतेत वाढ झाली. तो अत्यंत बुद्धिमान, समंजस झाला. त्याची स्मरणशक्ती वाढली. त्यानंतर मात्र त्याने अशियामार्गे ऑस्ट्रेलिया व युरोप, रशिया, सैबेरिया, आलास्कामार्गे उत्तर अमेरिका व नंतर दक्षिण अमेरिकेत स्थलांतर केले. यापूर्वी या प्रदेशात मानवाचे अस्तित्व आढळून आलेले नाही. आकलन क्षमतेत वाढ झाल्यानंतर त्याच्याकडे माहिती व ज्ञानाचे भांडार वाढत गेले व त्याने नवनवीन तंत्रज्ञानाचा शोध लावला. सर्वसाधारणपणे ४५,००० वर्षांपूर्वी मानवाने दक्षिण आशियातून म्यानमार, थायलंड, मलेशिया, इंडोनेशियामार्गे ऑस्ट्रेलियाला स्थलांतर केले असावे. काही ठिकाणी समुद्रातील अरुंद घळीतून तो तराफे बांधून पुढे गेला असावा, असे शास्त्रज्ञ मानतात. मानवी इतिहासातील ही घटना अत्यंत महत्त्वाची मानली जाते. पृथ्वीवर एकानंतर एक अशी अनेक शीत आणि उष्णचक्रे येत असतात. गेल्या १० लक्ष

मानवाचे स्थलांतर

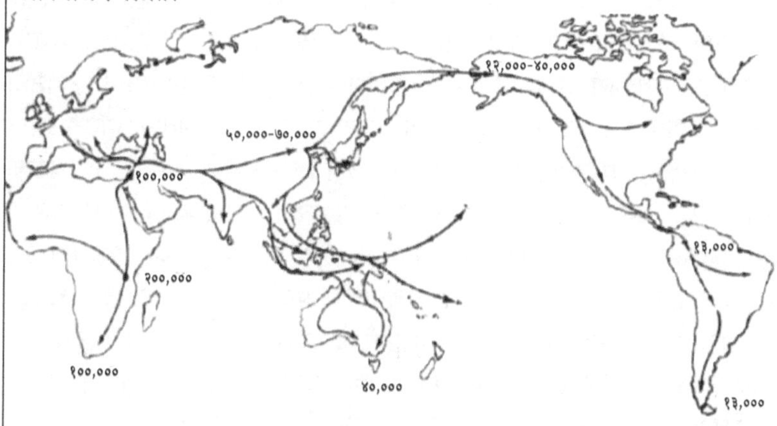

वर्षांत प्रत्येक एक लक्ष वर्षांनंतर हिमयुगाचे चक्र आलेले आहे. शेवटचे हिमयुग ७५,००० ते १५,००० वर्षांपूर्वी होऊन गेले. त्याची तीव्रता एकदा ७०,००० वर्षांपूर्वी व दुसऱ्यांदा २०,००० वर्षांपूर्वी या दोन कालावधीत अधिक होती. त्यामुळे समुद्रातील पाण्याचे मोठ्या प्रमाणात बर्फात रूपांतर झाले असल्यामुळे समुद्रातील पाण्याची पातळी ३०० ते ४०० फूट खोल गेली असावी. आंतरखंडांना जोडणारे जमिनीचे चिंचोळे भाग उघडे पडले. या मार्गानेच मानवाचे व इतर प्राण्यांचे स्थलांतर एका खंडातून दुसऱ्या खंडात झालेले असावे, असे शास्त्रज्ञ मानतात.

माणूस ऑस्ट्रेलियात पोहोचण्यापूर्वी तेथील वनस्पती आणि प्राणीसृष्टी समृद्ध होती. लाखो वर्षांच्या उत्क्रांतीनंतर तेथे जंगले व वेगवेगळ्या प्रकारच्या प्राण्यांची भरभराट झालेली होती. तिथे विविध प्रकारचे प्राणी आणि वनस्पती होत्या. मानव तिथे पोहोचण्यापूर्वी ऑस्ट्रेलियात २०० किलो वजनाचे कांगारू, वाघ आणि सिंहासारखे (मार्स्यूपियन) हिंस्र प्राणी, न उडता येणारे प्रचंड धुडाचे शहामृगासारखे मोठमोठे पक्षी, मोठमोठे १६ फूट लांबीचे साप, महाकाय सरिसृप इत्यादी प्रकारचे प्राणी होते. सर्व प्राणी अत्यंत गुण्यागोविंदाने नांदत होते. पक्षी व सरिसृप प्राण्याशिवाय इतर सर्व सस्तन प्राणी मार्स्यूपियल होते. मार्स्यूपियल म्हणजे एक प्रकारचे अविकसित सस्तन प्राणी, जे पूर्ण वाढ होण्याअगोदर पिल्लाला जन्म देतात व नंतर ते अविकसित पिल्लू आईच्या पोटाला असलेल्या पिशवीत सांभाळतात. अशा प्रकारचे प्राणी फक्त ऑस्ट्रेलियात आढळून येतात. याशिवाय त्या काळी ऑस्ट्रेलियात २.५ टन वजनाचे कांगारूदेखील अस्तित्वात होते.

आफ्रिका आणि आशियातील प्राणी त्यांच्या लाखो वर्षांच्या अनुभवाने माणूस प्राणघातक आहे हे जाणून त्याच्यापासून सावध राहत असत; परंतु ऑस्ट्रेलियातील प्राण्यांना मानवाची ही घातकी प्रवृत्ती माहीत नसल्यामुळे ते निर्भय राहिले. याचाच फायदा या शिकारी मानवाने घेतला आणि मांसासाठी त्याने या मोठमोठ्या प्राण्यांची शिकार करून त्यांचे अस्तित्व धोक्यात आणले. मानवाने ऑस्ट्रेलियात पाऊल ठेवल्यानंतर काही हजार वर्षांत त्याच्या शिकारीमुळे हे महाप्रचंड धूडाचे प्राणी संपुष्टात आले. त्यांच्या ९०% जाती नष्ट झाल्या. अनेक छोटे छोटे प्राणीसुद्धा नष्ट झाले. मानवाच्या या चुकीच्या वर्तनामुळे लाखो वर्षांपासूनच्या अन्नसाखळीत व पर्यावरणात बदल झाले आणि ऑस्ट्रेलियातील सजीवसृष्टीची प्रचंड हानी झाली.

त्याने गवताळ प्रदेश निर्माण करण्यासाठी मोठमोठ्या जंगलांना आगी लावल्या. त्यात अनेक वन्य प्राण्यांची व वनस्पतींची हानी झाली. गवताळ प्रदेशात प्राण्यांची हत्या करणे त्याला अधिक सोपे झाले. त्यामुळे ऑस्ट्रेलियातील पर्यावरणात प्रचंड

बदल झाले. माणूस ऑस्ट्रेलियात पोहचण्यापूर्वी तिथे निलगिरीची झाडे दुर्मीळ होती. माणसाने जंगलांना आगी लावल्यानंतर बऱ्याचशा वनस्पती नष्ट झाल्या; परंतु निलगिरीची झाडे आगीच्या विरुद्ध प्रतिकारशक्ती असल्यामुळे नष्ट झाली नाहीत व त्यांची संख्या प्रचंड वाढली. या प्राणघातक मानवाने ऑस्ट्रेलियातील पर्यावरणात हस्तक्षेप केला. मोठमोठ्या सस्तन प्राण्यांची हत्या केली. त्यामुळे काही प्राण्यांचे समूळ उच्चाटन झाले.

आधुनिक मानव अफ्रिकेतील उष्ण गवताळ प्रदेशात राहण्यासाठी सरावलेला (ॲडाप्टेड) होता; परंतु त्याच्या काही टोळ्या अन्नाच्या शोधात उत्तरपूर्व अशियातून भटकत भटकत रशियातील अत्यंत थंड अशा सैबेरियात पोहोचल्या. यापूर्वी कोणताही मानव सैबेरियात पोहोचला नव्हता. निॲंडरथल युरोपच्या थंड प्रदेशात राहत होता; परंतु तोदेखील सैबेरियात पोहोचलेला नव्हता. सैबेरियात प्रचंड धूड व अंगावर लोकर असलेल्या हत्तीची संख्या खूप मोठ्या प्रमाणात लाखो वर्षांपासून टिकून होती. माणसाने मांसासाठी व कातड्यासाठी त्यांची शिकार करण्यास सुरुवात केली. उत्तर सैबेरियात हिवाळ्यातील तापमान -५०° सेल्सियस एवढे कमी झालेले असते. या तापमानात त्याने राहण्याचा सराव केला. त्याने या प्रदेशात टिकण्यासाठी प्राण्यांच्या कातड्याचे बूट शिवले व लोकर असलेल्या प्राण्यांच्या कातड्याचे गरम कपडे हाडाच्या सुईच्या साह्याने मजबूत शिवून तो वापरू लागला. गरम कपडे वापरावयास सुरुवात केल्यानंतर तो उत्तरेकडे अती थंड प्रदेशात भटकू लागला. तसतसे चांगली हत्यारे तयार करणे व अधिक चांगल्या पद्धतीचे गरम कपडे, बूट बनवण्यात व वापरण्यात तो तरबेज झाला. सैबेरियातील उत्तर प्रदेशात महाप्रचंड केसाळ हत्ती (मॅमॉथ), रेनडियर या अतिविशाल प्राण्यांची त्याने शिकार करण्यास प्रारंभ केला. हत्तीची शिकार केल्यामुळे त्याला खाण्यासाठी मुबलक चरबी व मांस उपलब्ध झाले. थंड प्रदेशात मांस साठवून ठेवता येत असे, म्हणून त्याला भरपूर प्रोटिन्स, चवदार चरबी, गरम उल्लन, चामडी आणि अमूल्य हस्तिदंत मिळाले. प्रोटिन्स आणि चरबीयुक्त खाद्य व गरम कपडे मिळाल्यामुळे मानवाच्या अनेक टोळ्या उत्तर सैबेरियातील अतिथंड प्रदेशात दूरपर्यंत पोहोचल्या आणि त्याने तेथील गेंडे, महाप्रचंड हत्ती, रेनडियर आणि अस्वले यांची शिकार केली. त्यामुळे महाकाय हत्तींचे समूळ उच्चाटन झाले. इ. स. पूर्व १४,००० वर्षांपूर्वी मानव सैबेरियातून आलास्कामार्गे उत्तर अमेरिकेत पोहोचला. त्या वेळेस हिमयुगाचा काळ होता म्हणून समुद्राच्या पाण्याची पातळी खूप गोल गेलेली होती. सैबेरिया आणि उत्तर अमेरिका यांना जोडणारी आलास्का ही जमिनीची चिंचोळी

पट्टी उघडी पडलेली होती. म्हणून मानवाला उत्तर अमेरिकेत पायी स्थलांतर करणे जमले. हा प्रवास त्याच्यासाठी यापूर्वी ऑस्ट्रेलियात जाण्यासाठी केलेल्या प्रवासापेक्षा अनेक पटीने खडतर होता.

इ. स. पूर्व १२,००० वर्षांपूर्वी हिमयुग संपले आणि उत्तर अमेरिकेत पोहोचलेल्या मानवाच्या टोळ्या दक्षिणेकडे सरकायला लागल्या आणि त्यांनी संपूर्ण उत्तर अमेरिका खंड पादाक्रांत केला. तो उत्तर अमेरिकेतील घनदाट जंगलात, दलदलीच्या मिसिसीपी नदीच्या प्रदेशात, मेक्सिकोच्या जंगलात व मध्य अमेरिकेत अत्यंत सराईतपणे राहू लागला. उत्तर अमेरिकेतून पनामामार्गे मानवाच्या काही टोळ्या दक्षिण अमेरिकेत पोहोचल्या. या टोळ्या दक्षिण अमेरिकेतील अमेझॉन नदीच्या खोऱ्यात व काही टोळ्या अँडिज पर्वतरांगांत व अर्जेंटिनात राहू लागल्या. या पद्धतीने इ. स. पूर्व १२००० वर्षांपूर्वी मानवाच्या टोळ्या उत्तर आणि दक्षिण अमेरिकेत सर्व भागात स्थलांतरित झाल्या.

माणूस अमेरिकेत पोहोचण्यापूर्वी तेथील सजीवसृष्टी भिन्न भिन्न प्राणी, वनस्पतींनी समृद्ध होती. तिथे मोठे मोठे हत्ती, कासवे, उंट, जंगली घोड्यांचे कळप, लांब तोटीसारखे नाक असलेली प्रचंड धुडाची अस्वले, तोंडाच्या बाहेर आलेले हूकसारखे लांब-लांब सुळे दात असणारे वाघ, मोठमोठे सिंह, अस्वलासारख्या मोठमोठ्या घुशी, ससे इत्यादी विविध प्राणी होते. तेथील प्रचंड धुडाचे अस्वल ६ मीटर उंचीचे व ८ टन वजनाचे होते. दक्षिण अमेरिकाही या सर्व प्राण्यांच्या अस्तित्वामुळे समृद्ध होती. त्याशिवाय सरिसृप वर्गातील मोठमोठे प्राणी व विभिन्न प्रकारच्या पक्ष्यांची संख्यादेखील प्रचंड होती; परंतु प्राणघातकी मानव तिथे पोहोचला आणि पुढील १००० ते २००० वर्षांत तेथील अतिविशाल प्राणीसृष्टी संपुष्टात आली. त्याने अत्यंत क्रूरपणे गरज नसताना तेथील हत्ती, वाघ, सिंह, अस्वले, घुशी, पक्षी आणि सरिसृप या मोठमोठ्या प्राण्यांची शिकार केली. उत्तर अमेरिकेतील प्राण्यांच्या ७०% जाती नष्ट झाल्या, तर दक्षिण अमेरिकेतील ८०% जातींचा नाश झाला. मागील लक्षावधी वर्षांपासून विकसित झालेल्या सर्व प्राण्यांची अमेरिकेत चांगली भरभराट झालेली होती. त्यांची संख्याही भरमसाठ होती; परंतु मानव तिथे पोहोचला आणि त्याने अवघ्या दोन हजार वर्षांत या प्राण्यांची शिकार करून प्रचंड संहार केला. त्याचबरोबर त्याच्या शिकारीमुळे अनेक लहानलहान सस्तन, सरिसृप व पक्षी नष्ट झाले. तेथील हिंस्र सिंहाचीदेखील त्याने शिकार सोडली नाही. त्यामुळे सिंहाचा संहार झाला.

उत्तर अमेरिकेतून इ. स. पूर्व ५००० वर्षांपूर्वी मानव क्यूबाला पोहोचला.

तिथेही त्याने तेथील प्राण्यांची शिकार केली. या पद्धतीने माणूस जिथे पोहोचला, तिथे त्याने निसर्गातील अन्नसाखळी नष्ट केली. प्राण्यांचा संहार करून पर्यावरण नष्ट केले व निसर्गाला धोका निर्माण करण्याचे दुष्ट कृत्य केले. म्हणून तो निसर्गाचा एक गुन्हेगार व अपराधी प्राणी आहे. बौद्धिक क्रांतीनंतर, जाणिवांची जाणीव असणाऱ्या आधुनिक मानवाच्या उत्पत्तीनंतर जगातील सजीव सृष्टीचा एकत्रितपणे फार मोठा संहार झाला. हा आधुनिक भटका मानव जिथे गेला, तिथे त्याने प्राण्यांची शिकार केली. आफ्रिका, आशिया, ऑस्ट्रेलिया, युरोप, सैबेरिया, अमेरिका या सर्व खंडात तो जिथे जिथे पोहोचला, तिथे तिथे त्याने अत्यंत झपाट्याने व क्रूरपणे विविध प्राण्यांची शिकार केली व जंगले जाळून भस्म केली. आधुनिक मानवाची उत्पत्ती होण्याअगोदर जगात ५० किलोपेक्षा जास्त वजन असणाऱ्या २००पेक्षा जास्त प्राण्यांच्या जाती होत्या. यापैकी शिकारी मानवामुळे ५०% जाती नष्ट झाल्या. मानवाने शेती करण्यास आरंभ केला, शेतीयोग्य जमीन तयार करण्यासाठी त्याने मोठमोठी जंगले व गवताची कुरणे आगी लावून नष्ट केली. त्यात अनेक वन्य प्राणी मेले. औद्योगिकीकरणानंतर परत तिसऱ्यांदा पर्यावरणाची हानी झाली. त्यामुळे पाणी, जमीन व हवा प्रदूषित झाली. समुद्र किनाऱ्यावर मोठमोठे व्हेल, शार्क मासे मरत असलेले सातत्याने आढळून येत आहेत. जिथे दुर्गम बेटावर माणूस पोहोचू शकला नाही, तिथे प्राणी व जंगलाची भरभराट झालेली आढळून येते. उदा. - मादागास्कर हे बेट आफ्रिका खंडाच्या पूर्वेला हिंदी महासागरात आहे. तिथे १५०० वर्षांपूर्वी वेगवेगळ्या प्राण्यांचे व हत्तीचे मोठमोठे कळप होते. ५०० किलो वजनाचे उडता न येणारे पक्षी व मोठमोठी प्राचीन माकडे होती; परंतु १५०० वर्षांपूर्वी मानवाचे पाऊल तिथे पडले आणि त्याच्या विनाशलीलेने तिथेही विविध प्रकारचे प्राणी त्याने क्रूरपणे मारले.

पॅसिफिक, हिंदी आणि अ‍ॅटलांटिक महासागरातील अनेक बेटांवर मानव पोहोचण्याअगोदर विविध प्राणी आणि वनस्पतींची चांगली जोपासना झालेली होती. गॅलापगॉस बेटावर १९व्या शतकापर्यंत माणूस पोहोचला नव्हता, म्हणून तिथे मोठमोठी विशाल कासवे आढळून आली. आता मात्र मानवामुळे ती धोक्यात आहेत.

आपण सविस्तर अभ्यास केल्यानंतर हे स्पष्ट होते, की माणूस पृथ्वीवरील सर्वांत विनाशकारी, क्रूर आणि प्राणघातक प्राणी आहे. याची आपल्यापैकी बऱ्याच जणांना जाणीव असली, तरी आपण पर्यावरणाच्या बाबतीत बेजबाबदार (निष्काळजी) आहोत. कारण अद्याप तरी पर्यावरण जतन करण्याची सावधगिरी

आपण बाळगलेली नाही. आपल्यामुळे निसर्गाची प्रचंड हानी झालेली आहे. आता ज्या प्राण्यांच्या व वनस्पतींच्या जाती जीवित आहेत, त्यांचे संरक्षण व संवर्धन करण्याचे दायित्व आपलेच आहे. शिकार व कृषीतील हालचालीमुळे सागरातील प्राणी आणि वनस्पतींचे नुकसान झालेले नव्हते; परंतु औद्योगिकीकरणामुळे आपण समुद्रातील स्रोतांचा उपयोग सुरू केला आहे. त्यामुळे सागरातील वनस्पती आणि प्राण्यांना धोका निर्माण झाला आहे. जर जाणीवपूर्वक जलचर प्राण्यांना संरक्षण दिले नाही, तर औद्योगिकीकरणाच्या परिणामामुळे (प्रदूषण) देवमासा (व्हेल), शार्क अणि डॉल्फिन यांसारख्या महाकाय माशांची वाघ, सिंह, हत्तींची जशी गत झाली, तशी व्हायला वेळ लागणार नाही. म्हणून आपण वेळीच सावध होऊन शिल्लक आहेत, त्या प्राण्यांचे व वनस्पतींचे संवर्धन केले पाहिजे व आपल्यामुळे पर्यावरणाची जी हानी झाली, त्याची भरपाई केली पाहिजे; अन्यथा या अत्यंत शक्तीशाली, हुशार व प्रभावी मानवाच्या अस्तित्वाला धोका निर्माण होऊन तो नामशेष होऊ शकतो.

प्रकरण तेरावे

बळीचे राज्य आले!

शिकारी मानवाला फळाची झाडे कशी उगवतात? मेंढ्या व गव्यांची पैदास कशी होते? ते काय खातात? याबद्दल काहीही माहिती नव्हती व त्याची माहिती करून घ्यावी, असे त्याला कधीही वाटले नाही. तो पूर्व आफ्रिकेतून युरोप, आशियात पसरला. त्यानंतर त्याने ऑस्ट्रेलिया व अमेरिकेत स्थलांतर केले; परंतु सगळीकडे त्याने प्राण्यांची शिकार करून व फळे गोळा करून अन्न मिळवले हे आपण यापूर्वीच पाहिलेले आहे.

मानवाने शेती करण्यास आणि जनावरे पाळण्यास १०,००० वर्षांपूर्वी सुरुवात केली असावी. शेतीचा शोध सहजपणे निरीक्षणातून लागला. शेतीचा संबंध मानवाने वसाहती करून राहण्याशी आहे. प्राचीन काळी शिकारी मानवाने वर्षातील काही काळ नदीच्या किंवा सरोवराच्या काठावर वसाहती करण्यास सुरुवात केली. नदीच्या व सरोवराच्या पाण्यात मोठ्या प्रमाणात मासे असत; तो मासेमारी करून उदरनिर्वाह करू लागला. खाद्यासाठी पुरुष हरीण व सशांची शिकार करून, नदीतील मासे पकडून आणीत असत, तर स्त्रिया फळे, बिया, पाने व कंदमुळे गोळा करून वसाहतीवर आणीत. ते मोठमोठी कंदमुळे माशांबरोबर भाजून खात असत. खाल्यानंतर अन्नाचे शिल्लक राहिलेले भाग, जसे माशांची हाडे, फळांच्या बिया, कंदमुळांचा भाग कचऱ्याच्या स्वरूपात बाहेर फेकून देत असत. त्यामुळे त्यांच्या वसाहतीजवळ मोठमोठे कचऱ्याचे ढीग साचत असत. पावसाळ्यात कुजून त्याचे

कंपोस्ट खत तयार होत असे. त्यामध्ये फेकून दिलेल्या फळांच्या बिया उगवून रोपे जोमाने वाढत. कारण त्यांना कंपोस्ट खताद्वारे आवश्यक अन्नघटक मिळत असत. ही झाडे मोठी झाल्यानंतर त्यांना फळे लागतात, हे मानवाने वर्षानुवर्षे पाहिले. या निरीक्षणानंतर फळातील बियांपासून झाडे तयार होतात व त्यांना तशीच गोड फळे लागतात, याचा शोध त्याला लागला. तेव्हापासून त्याने चांगल्या बियांची व कंदमुळांची निवड करून त्यांची लागवड करण्यास सुरुवात केली.

इसवी सनपूर्व १८,००० वर्षांपूर्वी हिमयुगाचा अस्त झाला आणि पृथ्वीचे तापमान वाढायला सुरुवात झाली व पावसास आरंभ झाला. नवीन वातावरण गहू, ज्वारी, भात यासारख्या तृणधान्यांच्या वाढीसाठी अनुकूल होते. त्या काळात पश्चिम आशियातील जंगलात कुठे कुठे निसर्गतः गव्हाची वाढ सुरू झाली. इसवी सनपूर्व १२,००० ते १३,००० वर्षांपूर्वी मानव इराकमध्ये झोग्रास डोंगराच्या उतारावर वाढलेला गहू व बार्ली हे धान्य पाहत असे. पावसाळ्यात धान्य जमिनीतून उगवत असे व नंतर त्यास ओंब्या लागून दाणे तयार होत असत. ११,००० वर्षांपूर्वी सीरियात त्याने जंगली गव्हाची पहिल्यांदा कापणी केल्याचे ढीग मिळालेले आहेत. माणसाच्या आहारात पूर्वी गहू नव्हता; परंतु आता त्याच्या आहारात गव्हाचे प्रमाण वाढू लागले. गहू सरळ जसाच्या तसा खाता येत नसे. त्यामुळे खाण्यापूर्वी भरडणे व शिजवणे या प्रक्रिया कराव्या लागत असत. म्हणून तो कापणी केलेला गहू प्रक्रिया करण्यासाठी वसाहतीत आणत असे. त्यामुळे वाटेने व वसाहतीभोवती गहू सांडून अनुकूल वातावरणात त्याची वाढ होऊ लागली व सगळीकडे गहू पसरू लागला. या जंगली गव्हाची कापणी करण्यासाठी माणूस काही काळ जंगलात थांबत असे आणि कापणी झाल्यावर परत त्याचे भटकते जीवन सुरू होत असे. हळूहळू त्याने गव्हाची पेरणी करण्यास सुरुवात केले आणि त्याच्या वास्तव्याचा कालावधी वाढला.

जॉर्डन व इस्त्रायल येथे भटक्या शिकारी मानवाचे परिवर्तन शेतकऱ्यात झाल्याचे १०,००० वर्षांपूर्वीचे पुरावे मिळाले आहेत. तो खडकांच्या घरात राहत असे. त्याच्या वसाहतीत गारगोटीचे अनेक कोयते सापडलेले आहेत. त्याचे मुख्य खाद्य लहान लहान हरणे, मासे व जंगलातील गव्हाची कापणी करून आणलेले धान्य होते. निरीक्षणाने पेरणीची वेळ व कापणी या गोष्टी हळूहळू त्याच्या लक्षात आल्या. त्याने कोयत्याच्या साह्याने जमीन उकरून गहू व बार्ली यासारखे धान्य पेरण्यास सुरुवात केली. टप्प्याटप्प्याने शेती करण्याच्या पद्धतीत विकास झाला. बी उगवल्यानंतर फळांची झाडे तयार होतात हे जेव्हा त्याने निरीक्षण केले, त्यानंतर त्याने अधिक अन्न मिळवण्यासाठी बियांची पेरणी करून त्यांची जोपासना करण्यास सुरुवात

केली. मानवाने शेती करण्यास का सुरुवात केली, याबद्दल दुसरी एक विचारप्रणाली पुढे आली आहे.

शिकारी मानवाला जीवनपद्धतीत परिवर्तन पाहिजे असावे व ते साध्य करण्यासाठी त्याची कितीही काबाडकष्ट करण्याची, घाम गाळण्याची तयारी असावी. या विशिष्ट विचाराने प्रेरित होऊन परिवर्तन घडवून आणण्यासाठी त्याने शेती करण्यास आरंभ केला असावा, असेही काही तज्ज्ञांचे मत आहे. इसवी सन १९९५मध्ये पुराणवस्तू संशोधकांना दक्षिणपूर्व तुर्कीत खडकांच्या जुन्या थरात पुरातन गोबेक्ली मंदिराचे (गोबेक्ली टेंपल) काही अवशेष सापडले. त्या मंदिराचे नेत्रदीपक दगडी खांब नक्षीकाम करून सजवलेले आढळतात. एक एक दगडी खांब ५ मीटर उंचीचा व ७ टन वजनाचा आहे. तेथील एका जवळच्या खाणीत ५० टन वजनाचा दगडी खांब अर्धवट नक्षीकाम केलेला आढळून आला. तिथे एकूण अशा प्रकारची १० स्मारके आढळून आली. सर्वांत मोठे मंदिर जवळपास ७० मीटर रुंदीचे असावे. दक्षिण-पूर्व तुर्कीत (गोबेक्ली टेंपल) सापडलेले मंदिर ११,५०० वर्षांपूर्वी, शेती सुरू करण्याच्या अगोदर शिकारी भटक्या मानवाने बांधलेले होते. पुराण वस्तूसंशोधकांसाठी ही विशेष आश्चर्याची गोष्ट होती. भटका माणूस आपण समजतो त्यापेक्षाही अधिक सुसंस्कृत होता. त्याने विशिष्ट ध्येयाने व विचाराने प्रेरित होऊन अनेक टोळ्या एकत्र आणून संयुक्तपणे व दीर्घ काळ मंदिराचे बांधकाम पूर्ण केले. या मंदिराचा उपयोग त्यांनी त्यांच्या आश्रयासाठी किंवा थंडी, वारा, पाऊस, वाघ-सिंहांपासून संरक्षणासाठी केलेला नाही. हे मंदिर उभे केले यामागे गूढ रहस्यमय संस्कृतीचा भाग आहे. एवढे अवाढव्य व कष्टाचे काम करण्याची प्रेरणा त्यांना अत्यंत सुसंस्कृत धार्मिक विचारसरणीतून प्राप्त झाली. दीर्घ काळ कष्ट करण्याचा त्यांचा तोच एक आधार असावा. या मंदिर बांधकामात दुसरे एक अतिसंवेदनशील रहस्य लपलेले आहे. मानवाने शेती करण्यास आरंभ याच काळापासून केला, अशी एक विचारसरणी आहे. या मंदिरापासून अवघ्या ३० कि.मी. अंतरावरील डोंगराळ भागात ११,५०० वर्षांपूर्वी गहू पेरण्याचे व जोपासण्याचे कार्य भटक्या मानवाने सुरू केले व तो शेतकरी बनला. गव्हाची जोपासना सुरू करण्याची ही जगातील सर्वांत प्राचीन व प्राथमिक अवस्था होती. मंदिराचे बांधकाम करणाऱ्या हजारो माणसांना मोठ्या प्रमाणात अन्न लागत असे. भटक्या मानवाला शिकार करून व अन्न गोळा करून एवढा जास्त खाद्यपुरवठा करणे शक्य नव्हते, म्हणून त्याने त्याची जीवनपद्धती बदलली आणि गव्हाची शेती करण्यास सुरू केली. त्याने स्वतःच्या अन्नपूर्ततेसाठी नव्हे, तर मंदिराचे बांधकाम करणाऱ्या हजारो माणसांना अन्नपुरवठा

करण्यासाठी शेती सुरू केली. जगात सापडलेल्या वेगवेगळ्या वसाहतीत अगोदर घरे बांधली व नंतर मंदिर बांधले; परंतु गोबेक्ली मंदिर अगोदर बांधले व नंतर त्याभोवती घरे बांधून वसाहत केली.

जगातील वेगवेगळ्या भागात भटक्या मानवाने अन्न मिळवण्यासाठी शेतीचा शोध लावला व स्वतंत्रपणे शेतीची सुरुवात केली. ११,५०० वर्षांपूर्वी लेव्हंटमध्ये- म्हणजे आताच्या जॉर्डन, सिरिया, लेबॅनॉन या प्रदेशात - गहू, बार्ली (सातू), वाटाणा, मसूर व आंबाडीच्या शेतीस सुरुवात झाली. जॉर्डनमध्ये ११,३०० वर्षांपूर्वी अंजिराची झाडे लावण्यात येत असत. इजिप्तमध्ये १०,००० वर्षांपूर्वी नाईल नदीच्या किनाऱ्यावर शेतीची सुरुवात झाली. मेसोपोटेमियात - म्हणजे आताचे सीरिया, इराक, तुर्की येथे - टायग्रिस व युफ्रेट्स नदीच्या खोऱ्यातील गाळाच्या जमिनीत १०,००० वर्षांपूर्वी गहू, जवा, वाटाणा, मसूर, चवळी, कांदा, लसूण यांची शेती सुरू झाली. ग्रीसमध्ये ११,५०० वर्षांपूर्वी मसूर, पिस्ता, बदाम यांची शेती करण्यास सुरुवात झाली. १०,००० वर्षांपूवी भारतीय उपखंडात (दक्षिण आशिया) गहू, बार्ली, वाटाणा ही पिके २ ते ६ ओळीत घेण्यात येत असत. नंतर कापूस व खजूर ही पिके घेण्यात येऊ लागली. १०,००० वर्षांपूर्वी चीनमध्ये भात व ज्वारीच्या शेतीस आरंभ केला. मध्य अमेरिकेत १०,००० वर्षांपूर्वी कोहळा, भोपळा व चवळीच्या शेतीची सुरुवात झाली. यानंतर तिथे ८,७०० वर्षांपूर्वी मका घेण्यास सुरुवात झाली. दक्षिण अमेरिकेत ९,००० वर्षांपूर्वी बटाट्याची व उत्तर अमेरिकेत सूर्यफुलाची शेती सुरू झाली. न्यूगिनी येथील पपू या बेटावर १०,००० वर्षांपूर्वी केळी व ९,००० वर्षांपूर्वी ऊसाच्या शेतीची सुरुवात झाली. आफ्रिकेत ७,००० वर्षांपूर्वी भात, ज्वारी व कॉफीची शेती सुरू झाली. अशा प्रकारे जगातील निरनिराळ्या ठिकाणच्या शेतीची सुरुवात स्वतंत्रपणे झालेली आहे. ती पश्चिम आशियातून सगळीकडे पसरलेली नाही.

मानवाने शेती करण्यास केलेला आरंभ ही त्याने त्याच्या बुद्धिमत्तेच्या जोरावर घेतलेली उंच भरारी होय. त्याने खडतर, धोकादायक, भटके शिकारी जीवन सोडून स्थिर, आनंदी आणि तृप्त जीवन जगण्यासाठी शेतीची सुरुवात केली. मानवाचे जीवन स्थिर झाले, तो वसाहती करून घरे बांधून राहू लागला. त्यामुळे, त्याला जंगली हिंस्र प्राणी, ऊन, वारा, पाऊस व थंडीपासून संरक्षण मिळाले. शेतीमुळे समृद्धी आली, मानवात सुधारणा झाली. सामाजिक व सांस्कृतिक वारसा निर्माण झाला. वरचेवर शेती करण्याच्या पद्धतीत सुधारणा झाली. हरितक्रांती होऊन अन्नधान्याचे व दुधाचे उत्पादन वाढले. शेतीतून अनेक लोकांना अन्नपुरवठा होऊ लागला. माणूस शेतकरी

होण्याअगोदर इसवी सनपूर्व १३,००० वर्षांपूर्वी जे क्षेत्र भटक्यांना अन्नपुरवठा करत असे, तेवढ्याच क्षेत्रातून शेती करण्यास आरंभ केल्यानंतर १० पटीने जास्त लोकांना अन्न मिळू लागले.

माणूस शेतकरी झाल्यानंतर स्थिर जीवनामुळे जननदर वाढला व लोकसंख्या वाढली. वाढलेली लोकसंख्या शेतीच्या कामाला आवश्यक होती. त्यामुळे शेतीकामाला जास्त मनुष्यबळ मिळाले व शेतीचे उत्पन्न वाढले. कितीही लोकसंख्या वाढली, तरी शेतीत मनुष्यबळ कमीच पडत असे. म्हणून संख्यावाढ व शेती एकमेकांस पूरक ठरले. भटक्या माणसाने शेती सुरू केल्यानंतर त्याचे जीवनमान बदलले. भटक्या शिकारी मानवाच्या दोन मुलातील अंतर ३ ते ४ वर्षे होते; कारण स्त्रिया त्यांच्या बाळांना दिवसातून अनेक वेळा स्तनपान देत असल्यामुळे, प्रोलॅक्टिन हार्मोन रक्तात वाढलेले असे. त्यामुळे त्यांच्यात गर्भधारणा होत नसे. रक्तातील प्रोलॅक्टिनमुळे गर्भधारणा होत नाही व बाळाच्या स्तनपानामुळे रक्तातील प्रोलॅक्टिनचा स्राव वाढतो; परंतु मानवाने शेती करण्यास सुरुवात केल्यानंतर अन्न उपलब्ध झाले. म्हणून स्त्रियांनी आपल्या बाळांना गव्हाची लापशी किंवा ओटच्या पिठाची पेज तयार करून वरचे खाद्य देण्यास सुरुवात केली. त्यामुळे स्तनपान देणे कमी झाले. बाळाला स्तनपान देणे थांबल्यामुळे स्त्रियांच्या रक्तातील प्रोलॅक्टिनचे प्रमाण कमी झाले. म्हणून स्त्रियांत दुसरे गरोदरपण लवकर येऊ लागले. माणूस शेतकरी बनल्यानंतर स्त्रिया दर वर्षी एका मुलाला जन्म देऊ लागल्या व लोकसंख्येची वाढ झपाट्याने सुरू झाली.

वाढत्या लोकसंख्येमुळे अन्नाचे वाढीव उत्पन्न संपुष्टात येऊ लागले, तसतसे जंगले जाळून शेती योग्य नवनवीन जमिनी तयार करून तो पेरणी करू लागला. मुलांचे स्तनपान कमी झाल्यामुळे त्यांची रोगप्रतिकारशक्ती कमी झाली व ते अनेक रोगांना बळी पडू लागले. त्यामुळे लहान मुलांचा मृत्यूदर वाढला; ३५% मुलांचे मृत्यू होऊ लागले. मृत्यूदर वाढल्यामुळे आईवडिलांचा अधिक मुलांना जन्म देण्याकडे कल वाढला.

सर्व शिकारी भटक्या टोळ्यांनी एकदम शेती करण्यास सुरुवात केली नाही. काही टोळ्यांनी शेती करण्यास आरंभ केला, तेव्हा इतर टोळ्या त्यांचे भटके जीवन जगत होत्या. कालांतराने एकेक टोळी शेतीत गुंतत गेली आणि काही आदिवासींचा अपवाद वगळता संबंध मानव शेतकरी झाला आणि त्याचे जगणे शेतीशी एकरूप झाले. ज्या टोळ्यांनी शेती करणे नाकारून भटके जीवन चालू ठेवले, त्यांची संख्या वाढली नाही, तेवढीच राहिली; परंतु शेतीत गुंतलेल्यांची संख्या बेसुमार

वाढत गेली. शेतकऱ्यांनी जंगलातील भटक्यांच्या टोळ्यांना हुसकावून जंगलाचा ऱ्हास केला व शेतीसाठी जमिनी बळकावल्या. शेतीमुळे मानवाची प्रजननक्षमता वाढून लोकसंख्या प्रचंड वाढली, त्याची भरभराट झाली व त्याचा उत्कर्ष अत्युच्च कळसाला पोहोचला आणि खऱ्या अर्थाने पृथ्वीवर बळीचे राज्य आले.

पशुपालन :

मानवाने शेती करण्याबरोबरच काही उपयुक्त प्राणी पाळण्यास सुरुवात केली. भटका मानव जे प्राणी मारून खात असे, त्याच प्राण्यांचे संगोपन करण्यास त्याने सुरू केले. यालाच पशुपालन असे म्हणतात. पशुपालनामुळे त्याला मांस, दूध, अंडी या प्रकारचे अन्नघटक मिळाले; तसेच चामडे, लोकर व शेतीसाठी शेणखत हा कच्चा माल मिळाला. बैल, घोडा, गाढव, उंट, रेडा इत्यादी प्राण्यांना त्याने शेतात नांगरणी, वाहतूक व ओझे वाहून नेण्याच्या कामास जुंपले.

कुत्रा हा मानवाने पाळलेला पहिला प्राणी आहे. भटक्या शिकारी मानवाने युरोप व आशियातील वेगवेगळ्या प्रदेशात इसवी सनपूर्व १५,००० ते २०,००० वर्षांपूर्वी कुत्रे पाळल्याचे पुरावे डीएनए परीक्षणातून प्राप्त झालेले आहेत. मानवाने कुत्र्याला पाळीव कसे बनवले याची सुरस कथा जाणून घेऊनच इतर प्राणी कसे माणसाळवले ते आपण समजून घेऊ. काही शास्त्रज्ञांच्या मते शेती करण्याच्या अगोदर भटका मानव खाद्यासाठी गवे, डुक्कर, हरीण इत्यादी मोठमोठ्या प्राण्यांची शिकार करून वसाहतीवर आणीत असे. त्याने खाऊन शिल्लक राहिलेले अन्नघटक व मृत प्राण्यांचे शरीर तो वसाहतीजवळ फेकून देत असे. मानवाने फेकून दिलेले अन्नघटक खाण्यासाठी लांडग्याचे कळप वसाहती जवळ येत असत. लांडग्यांना मानवाच्या वसाहतीजवळ फेकून दिलेले अन्नघटक खायला मिळू लागले, म्हणून ते वसाहतीच्या आसपास राहू लागले. त्यांचा अन्नाचा प्रश्न मिटला. अशा प्रकारे लांडग्यांना मानवाच्या वसाहतीजवळ राहण्याचा फायदा झाला व मानवालाही त्यांचा कधी त्रास झाला नाही; कारण ते माणसावर हल्ला करण्याएवढे आक्रमक नव्हते. उलट लांडग्यांचा त्याला थोडाफार फायदाच होत असे. कधीकधी शिकारीच्या शोधात वसाहतीजवळ भटकणाऱ्या वाघ-सिंहांसारख्या हिंस्र प्राण्यापासून लांडग्यांच्या भुंकण्यामुळे माणसाला संरक्षण मिळू लागले. तो सावध होऊन या हिंस्र प्राण्यांना वसाहतीपासून दूर हुसकावून लावत असे. अनेक वेळेस शिकार शोधणे, शिकारीचा पाठलाग करणे, या कामी त्याला लांडग्यांचे साह्य मिळू लागले. एवढेच नव्हे, तर शिकारीच्या ठिकाणी वाघ-सिंहांसारख्या हिंस्र स्पर्धक प्राण्यांपासून लांडग्यांच्या

कळपामुळे मानवाला संरक्षण मिळत असे. त्यामुळे दोघांनाही या सहजीवनाचा फायदा होऊ लागला. हळूहळू माणसाच्या उपस्थितीमुळे लांडग्यांना मानवाची वाटणारी भीती कमी झाली व कळपातील काही लांडगे माणसाच्या सहवासात रमू लागले. सहनशील व मृदू लांडग्यांना मानवाने वसाहतीत आणून माणसाळवण्यास सुरुवात केली. वसाहतीत आल्यानंतर लांडग्यांच्या पोटी जन्मलेल्या पिल्लांत व पुढील वंशजात हळूहळू बदल होऊ लागले. अनेक पिढ्यानंतर लांडग्यांच्या डीएनएत उत्परिवर्तन होऊन अनेक आनुवंशिक बदल झाले. त्यांचे जबडे, दात व डोके आकाराने लहान झाले, जबड्यातील दातांची संख्या कमी झाली, त्यांच्या बाह्यरूपात व रंगात बदल झाले व कुत्र्यांची नवीन जात उत्क्रांत झाली. ते माणसाच्या सोबत मिळेल ते अन्न खाऊन अत्यंत आनंदाने व समाधानाने सहजीवन जगू लागले. अशा प्रकारे मानवाने कुत्र्याला पहिला पाळीव प्राणी बनवले व तो त्याचा सर्वांत आवडता प्राणी झाला. या सहजीवनाचा दोघांनाही फायदा झाला. कुत्र्याला संरक्षण, निवारा व अन्न मिळाले तर मानवाला शिकार करणे, राखण करणे, गुरांचा कळप हाकणे व सामान वाहून नेणे या कामासाठी त्यांची मदत मिळाली.

खाद्यघटक व इतर अनेक फायदे मिळवण्यासाठी मानवाने उपयुक्त प्राण्यांचे संगोपन व प्रजनन सुरू केले यालाच पशुपालन असे म्हणतात. काळाच्या ओघात त्याने पाळलेल्या प्राण्यांचे जीवनचक्र, शरीरविज्ञानशास्त्र व वर्तनात महत्त्वपूर्ण बदल झाले. आपण पाळीव केलेले प्राणी आता त्यांचे रानटी जीवन स्वतंत्रपणे जगू शकत नाहीत. त्यांचा कल कायम मानवाच्या सहवासात जगण्यासाठी तयार झाला आहे. मानव व पाळीव प्राणी यांच्या परस्परातील संबंधाचा प्रभाव त्यांच्या प्रजननावर होतो व ते एकमेकांची काळजी घेतात.

पशुपालनाची सुरुवात जगातील वेगवेगळ्या प्रदेशात स्वतंत्रपणे झाली. ही प्रक्रिया एका ठिकाणाहून दुसऱ्या ठिकाणी अनुकरणाने पसरलेली नाही. दक्षिण-पश्चिम आशियात ११,००० ते १३,००० वर्षांपूर्वी मानवाने वराह, मेंढी व शेळी पाळण्यास सुरुवात केली. त्यानंतर ८,००० वर्षांपूर्वी गुरे (गाय व बैल), ६,००० वर्षांपूर्वी घोडा व गाढवांना पाळीव बनवले. भारतीय उपखंडात (दक्षिण आशिया), १०,००० वर्षांपूर्वी शेळी, मेंढी, ८,००० वर्षांपूर्वी गुरे (गाय व बैल), ६,००० वर्षांपूर्वी म्हैस, गाढव, उंट व ५,५०० वर्षांपूर्वी हत्ती पाळण्यास सुरुवात केली. चीनमध्ये ९,००० वर्षांपूर्वी मांस व चमड्यासाठी वराह पाळण्यास सुरुवात केली, ६,००० वर्षांपूर्वी चीनमध्ये रेशीम उत्पादन करण्यात येत असे. ४,६९६ वर्षांपूर्वी रेशीम उत्पादनासाठी रेशीम किडे पाळण्यास सुरुवात केली. दक्षिण अमेरिकेत

७,००० वर्षांपूर्वी मांसासाठी गिनीपिग व लामा या प्राण्यांना पाळीव बनवले व लामाचा उपयोग वाहतूक करणे, ओझे वाहणे व लोकर मिळवण्यासाठी करण्यात येत असे. ग्रीसमध्ये ९,००० वर्षांपूर्वी मेंढी, शेळी व पश्चिम आशियातून वराह आणून पाळण्यास सुरुवात केली.

अशा प्रकारे जगातील वेगवेगळ्या भागात शेळी, मेंढी, गाय, म्हैस व उंटाचे पालन मांस, दूध, चामडी व लोकर मिळवण्यासाठी केले. वराहपालन मांस व चामडी मिळवण्यासाठी केले. बैल, घोडे, गाढव व उंट या प्राण्यांना ओझे वाहून नेणे व शेती कामासाठी जुंपले. त्यामुळे शेतीसाठी मोठ्या प्रमाणात शेणखत मिळू लागले. शेती व पशुपालन एकमेकास पूरक व्यवसाय ठरले. मानवाचा अन्नधान्याचा व खाद्य मिळवण्याचा प्रश्न कायमचा मिटला.

१०,००० वर्षांपूर्वी आफ्रिका-आशियात लाखोंच्या संख्येने मेंढ्या, गुरे, कोंबडी, डुकरांचे कळप मानवाने पाळलेले होते; परंतु आज जगात वेगवेगळ्या विभागात अब्जावधी मेंढ्या, शेळ्या, गुरे-ढोरे, डुकरे यांची जोपासना करण्यात येते. कोंबड्यांची संख्या तर २५ अब्जपेक्षा जास्त असावी.

पाळीव प्राणी जैविक उत्क्रांतीत यशस्वी ठरले असले, तरीही जगातील सर्वांत दु:खी, कष्टी व हतबल प्राणी म्हणून जगत आहेत. माणूस स्वत:च्या स्वार्थासाठी हजारो वर्षांपासून या प्राण्यांना निर्दयपणे वागवत आहे. प्राण्यांची पूर्ण वाढ झाली, की खाद्यासाठी त्यांची कत्तल करतो आणि त्यांचे आयुष्य संपवतो. या प्राण्यांना तो आर्थिक फायद्यासाठी पाळतो. कोंबड्यांचे उदाहरण घ्या. त्यांचे सर्वसाधारण आयुष्य ७ ते १२ वर्षांचे असते; परंतु ३ महिन्यांत त्यांची पूर्ण वाढ होऊन पाहिजे तेवढे वजन वाढते. यानंतर कोंबड्यांना ३ ते ७ वर्षे पाळले, तरीही त्यांची वाढ होत नाही व वजनदेखील वाढत नाही. तीन महिन्यांच्या पुढे कोंबड्यांना जगवणे माणसांच्या फायद्याचे नसते, म्हणून त्यांची कत्तल करण्यात येते. अंडी देणाऱ्या कोंबड्या, दूध देणाऱ्या गायी व ओझी वाहणारे प्राणी मात्र जास्त वर्षे सांभाळण्यात येतात. माणूस त्यांची जोपासाना स्वत:च्या फायद्यासाठी करतो. तो प्रत्येक पाळीव प्राण्याचा जास्तीत जास्त फायदा घेतो.

मानवाने स्वत:च्या फायद्यासाठी बैल, घोडे, उंट, गाढव यांचे मुक्त जीवन, आक्रमकता, नैसर्गिक लैंगिक जीवन हिरावून घेऊन त्यांना बंदिस्त केले व त्यांना नांगर, बैलगाडी आणि ओझी वाहण्यास जुंपले. तो त्यांना लगाम व वेसण घालून गोठ्यात बांधून ठेवतो. बैलांचे निर्बिजीकरण करून त्यांची आक्रमकता कमी करतो व त्यांना दीन, हातबल व लाचार बनवतो. दूध उत्पादनासाठीदेखील माणूस अशाच

निर्दयी मार्गांचा अवलंब करतो. गायी, म्हशी किंवा शेळी व्यायल्यानंतर त्यांच्या बछड्यांना त्यांचे हक्काचे स्तनपान करू देत नाही. त्यांचे सर्व दूध काढून घेऊन तो स्वत:चे खाद्यपदार्थ बनवतो.

इंडोनेशियातील गिनी समाजात (न्यू गिनीयन सोसायटी) एखाद्याजवळ डुकरांची संख्या किती आहे, यावरून त्याची श्रीमंती ठरते. जेवढी जास्त डुकरे, तेवढी जास्त संपत्ती, म्हणून तेथील लोक डुकरे पाळतात व ती पळून जाऊ नयेत म्हणून त्यांच्या नाकात लाकडी ठोकळा खुपसून ठेवतात. त्यामुळे त्यांना हुंगताना तीव्र वेदना होतात. हुंगल्याशिवाय त्यांना अन्न किंवा रस्ता शोधता येत नाही. म्हणून ती डुकरे अन्नासाठी पूर्णत: मालकावर अवलंबून असतात. जगातल्या सर्वच भागांतील शेतकरी अशा निर्दयपणे आपल्या पाळीव प्राण्यांशी वागत नाहीत. भारतासारख्या अनेक देशांत पाळीव प्राण्यांना दयाबुद्धीने वागवले जाते. मेंढ्या, कुत्री, घोडे, गायी, म्हशी मानवाकडे अत्यंत मोकळ्या आणि आनंदी वातावरणात सहजीवन जगतात. भारतातील शेतकरी त्यांच्या गुराढोरावर पोटच्या मुलाइतके प्रेम करतात व त्यांची देखभाल करतात. या सहजीवनामुळे मानव व पाळीव प्राणी दोघांचाही उत्कर्ष आणि भरभराट झालेली आहे.

शेती व पशुपालनामुळे निर्माण झालेले प्रश्न :

शेती करून सुखी, समृद्धी व तृप्त जीवन जगण्याची मानवाची जी विलक्षण कल्पना होती, ती प्रत्यक्षात त्याला साध्य करता आली काय? या प्रश्नाचे उत्तर शोधण्याचा आपण प्रयत्न करू. शेती करण्याअगोदरचा शिकारी माणूस निसर्गातील सर्व गुपिते जाणून होता. त्याचे निरीक्षण विलक्षण होते. निसर्गातील बदलाचे, ऋतूचक्राचे, परिसरातील भौगोलिक रचना, डोंगर, दऱ्या, नदी, सरोवर, जंगले, हिंस्र प्राणी, खाद्य प्राणी, हरीण, गवे, झेब्रा, घोडे, जिराफ, हत्ती इत्यादी प्राण्यांच्या सवयी, त्यांचे स्थलांतर, कुरणे याबद्दलचे परिपूर्ण ज्ञान त्याला होते. तो निरोगी, साहसी, निर्भय आणि आनंदी होता. त्यांच्यात टोळीयुद्ध नव्हते. टोळीतील सदस्यांत स्नेह आणि त्यागाची भावना होती. शेती करून आपण सुखी, समृद्ध जीवन जगू असे त्याचे भाकीत होते; परंतु शेतकरी झाल्यानंतर मात्र तो जास्त अडचणीत आला आणि कायम असमाधानी राहिला. शेती करण्यास त्याने आरंभ केला आणि तो एका दुष्टचक्रात अडकून पडला. निकृष्ट अन्न मिळवण्यासाठी तो अहोरात्र पिकांची व प्राण्यांची जोपासना करण्यात गुंतला आणि कोंडलेले अस्वच्छ घाणेरडे जीवन जगत राहिला. इसवी सनपूर्व १०,००० वर्षांपूर्वी गहू हे तृणधान्य जंगलात दक्षिण-

पश्चिम आशियाच्या डोंगरात कुठे कुठे तुरळक होते. मानवाने शेती करण्यास सुरुवात केली आणि काही हजार वर्षांत जगभर सर्व ठिकाणी गहू फोफावला. आज जगात कुठेही जा, हजारो किलोमीटर सर्वदूर गव्हाची शेती दिमाखाने उभी आहे. मग यात माणसापेक्षा गव्हाचेच कल्याण जास्त झाले नाही काय? तुरळक ठिकाणी सापडणारा गहू विश्वव्यापक बनला. या मोबदल्यात मानवाला काय मिळाले? जगभरातील माणूस सकाळपासून संध्याकाळपर्यंत उन्हातान्हात गव्हाची व पाळीव प्राण्यांची जोपासना करण्यासाठी राबराब राबतो.

हरणांनी गहू खाऊ नये म्हणून शेतीला कुंपण घालून रात्र रात्र जागून देखरेख करतो. शेताजवळ निवारा करून तिथेच निसर्गापासून दूर कोंडलेले जीवन जगत राहिला. त्याला मोकळा श्वास घेणे शक्य होत नाही. ज्या वेळेस तो शिकारी होता, तेव्हा मुक्तपणे डोंगरदऱ्यात, नदी, जंगलात हरणांच्या मागे धावत असे. शिकार करून मांस; तसेच फळे, कंदमुळे खाऊन त्याला संतुलित व दर्जेदार आहार मिळत असे. त्यामुळे त्याचे आरोग्य चांगले होते. तो निरोगी होता; पण शेती सुरू केल्यानंतर मात्र अनेक आजारांना तो बळी पडला. शेतीच्या कामामुळे मणक्याचे आजार, गुडघेदुखी, हार्निया, सांध्याचे आजार वाढले. त्याचे जीवन दुःखी, कष्टी बनले आणि या मोबदल्यात एकाच प्रकारचा आहार त्याला मिळू लागला. उदा. - गहू किंवा बटाटा किंवा भात असा जीवनसत्वे व खनिजांचा अभाव असणारा निःसत्व आहार तो खाऊ लागला. जनावरे पाळल्यामुळे व कोंडलेले अस्वच्छ जीवन जगत असल्यामुळे त्याला अनेक प्रकारचे धोकादायक संसर्गजन्य साथीचे आजार सुरू झाले. त्यामुळे मृत्यूदर वाढला आणि तो दुःखाच्या दरीत लोटला गेला.

शेतीमुळे त्याची अन्न मिळवण्याची सुरक्षितता तरी वाढली काय? सुरुवातीपासूनच शेतकऱ्याचे जीवन असुरक्षित राहिलेले आहे. अवर्षण व महापुरामुळे वेळोवेळी त्याला दुष्काळाचा सामना करावा लागला. दुष्काळामुळे व रोगराईमुळे अनेक वेळा लाखोंच्या संख्येने त्याचे बळी गेले आणि त्याच्या अस्तित्वाचा प्रश्न निर्माण झाला. अशा दुष्काळाचा आणि रोगराईचा परिणाम भटक्या शिकारी मानवावर कधीही झाला नाही. अनेक भागात शेतकरी गहू, भात किंवा बटाटे या एकाच प्रकारच्या मुख्य खाद्यावर अवलंबून असतो. पाऊस पडला नाही किंवा पिकावर रोगराई पडली, तर हातचे पीक जाऊन शेतकऱ्याचे लाखोंच्या संख्येने भूकबळी गेलेले आहेत. माणूस शेतकरी झाल्यानंतर त्याच्या बंदिस्त व स्थिर जीवनामुळे त्याचे निसर्गाचे ज्ञान कमी झाले. त्याच्या आहारपद्धतीमुळे त्याचे वजन वाढले. तो उच्च रक्तदाब, मधुमेह, हृदयरोग यासारख्या प्राणघातक आजारांना बळी पडला.

भूमीवरील मालकी हक्काची सुरुवात :

शेती करायला लागल्यापासून त्याला जास्तीत जास्त जमिनीची गरज पडू लागली, म्हणून त्याने जास्त जमिनीचा ताबा मिळवण्यास सुरुवात केली. शेजाऱ्याने कुरणावर धाड घालून जास्त जमीन बळकावली, तर त्याच्या उपजीविकेचे साधन कमी होऊन त्याला उपासमारीला सामोरे जावे लागे, म्हणून जमिनीचा ताबा मिळवण्यासाठी सतत तंटे व हिंसा होऊ लागली. बऱ्याच वेळेस अन्नाच्या शोधात भटकणाऱ्या टोळ्यांपासून शेतीला उपद्रव होऊन धान्याची लूट होऊ लागली. समोरची शत्रू टोळी बलवान असेल, तर खेडूतांच्या जमिनी, घरे व धान्याची कोठारे बळकावून जमीन मालकाला बेघर करण्यात येत असे. त्यांची उपासमार होत असे आणि अशा दुर्दैवी घटनांना त्याला अनेक वेळा सामोरे जावे लागे. त्यामुळे शेतकऱ्यांचा कल नेहमीच आपली जमीन, घर व धान्याच्या संरक्षणासाठी तीव्र लढा देण्याचा असे. तो सदैव हिंसक तंटे आणि लढाई करण्यास तयार असे.

मानववंश शास्त्रज्ञांच्या मते अशा हिंसक लढ्यात २५% पुरुषांचे मृत्यू होत असत. हजारो वर्षे शेतकऱ्यांत टोळीयुद्धे झाली. त्यात प्रचंड लुटालूट होऊन मनुष्यहानी झाली. यातूनच शेती संरक्षणासाठी व लोकांचे मालकी हक्क शाबूत ठेवण्यासाठी राजेशाहीची सुरुवात झाली आणि छोट्या छोट्या सततच्या टोळीयुद्धावर काही प्रमाणात नियंत्रण आले; पण राजेशाही प्रस्थापित होण्यासाठी आणि सामाजिक नियम तयार होण्यासाठी हजारो वर्षांचा कालावधी लागला. तो शेतीमुळे सतत अडचणीत सापडला. त्याला शेतकरी बनण्याचा सौदा महागात पडला. मुले गुरांचे कळप हाकारून हाकारून मरत, तर मोठ्यांना कपाळी घाम गाळल्याशिवाय भाकरी मिळाली नाही. शेतकऱ्याच्या प्रत्येक पिढीचे जीवन मागच्या पिढीसारखेच असे. क्वचित काही बदल होत असत. शेतीमुळे जीवन सुसह्य आणि सोपे होईल असे वाटत असताना तो वरचेवर अडचणीत आला. जास्त उत्पन्न वाढेल, म्हणून तो रात्रंदिवस काबाडकष्ट करू लागला, तरीही एखादे वर्ष दुष्काळामुळे वा अतिवृष्टीमुळे त्याला उत्पन्न मिळत नसे आणि परत त्याची अन्नान्न दशा होई. त्याने ठरवलेले भाकीत अनेक वेळा खोटे होत असे.

आपल्या मुलांची उपासमार होऊ नये, म्हणून तो अधिकाधिक परिश्रम घेऊ लागला. काही वेळेस त्याच्या नियोजनाप्रमाणे उत्पन्न येई; परंतु समांतरपणे जन्मणाऱ्या मुलांची संख्या वाढे. खाणारी तोंडे वाढल्यामुळे परत अन्नधान्य कमी पडू लागले. बाळांना स्तनपानाऐवजी लापशी पाजल्यामुळे रोगप्रतिकारकशक्ती कमी होते व ते आजाराचे बळी ठरतात, हे त्याच्या कधीही लक्षात आले नाही. कायम

एके ठिकाणी वस्ती केल्यामुळे ती वस्ती अनेक संसर्गजन्य आजाराचे माहेरघर बनत आहे, हेदेखील त्याच्या लक्षात आले नाही. एकाच प्रकारच्या धान्यावर (गहू किंवा ज्वारी किंवा भात) अवलंबून राहिल्यामुळे आपण दुष्काळाच्या दरीत लोटले जात आहोत, अन्नधान्य साठवल्यामुळे चोरी दरोड्याचा त्रास होऊ शकतो, त्यामुळे आपल्याला धान्याची मजबूत कोठारे किंवा घरे बांधावे लागतील, हे त्याला भाकीत करता आले नाही, यामुळे तो सतत अडचणींत सापडू लागला. शेती व्यवसायात तो स्वतःहून अशा पद्धतीने अडकला की, त्याच्या नंतरच्या पिढ्यांना आपले पूर्वज भटके शिकारी जीवन जगत व शिकार करून अन्न मिळवत असत हे देखील तो विसरला. आता परत शेती सोडून भटके जीवन जगणे त्याला शक्य नव्हते; कारण लोकसंख्या वाढली असल्यामुळे शिकार करून एवढ्या मोठ्या प्रमाणात अन्न मिळवणे कठीण होते. सांस्कृतिक विकासात विशिष्ट दिशेने उचललेले पाऊल मानवाला परत घेता येत नाही. आलेल्या अडचणी सोडवत त्याच दिशेने प्रवास करणे भाग असते. म्हणून त्याला आता जगण्यासाठी शेतीशिवाय अन्य पर्याय शिल्लक राहिलेला नाही.

शेतीचे महत्त्व :

भटका माणूस शेतकरी झाल्यानंतर काही नवीन समस्या निर्माण झाल्या असल्या, तरी शेतीमुळे मानवाला समृद्ध जीवनाचा व प्रगतीचा मार्ग सापडला. शेती व पशुपालनामुळे त्याला अन्नघटकांचे कायम स्रोत प्राप्त झाले. त्याची भटकंती थांबली. त्याने वसाहती करून राहण्यास सुरुवात केली व त्याला स्थैर्य प्राप्त झाले. सुरुवातीला तो साध्या झोपड्या बांधून राहू लागला. नंतर त्याने चिखल-मातीची घरे बांधण्यास सुरुवात केली. भटका असताना वेगवेगळ्या टोळ्या करून राहणारा मानव शेतकरी बनल्यानंतर अनेक टोळ्या एकाच वसाहतीत घरे करून राहू लागल्यामुळे समाज निर्माण झाला. खेड्याचे रूपांतर शहरात व शहराचे रूपांतर महानगरात होऊ लागले. मोठ्या संख्येने समुदाय एकत्रित आल्यामुळे समाजसंघटन वाढले. वेगवेगळ्या टोळीतील लोक एकमेकांना सहकार्य करू लागले. अन्नधान्याचे उत्पन्न वाढल्यामुळे वस्तूंची देवाण-घेवाण सुरू झाली आणि व्यापार सुरू झाला. शेतीमुळे निरनिराळ्या तंत्रज्ञानाचा विकास झाला व वेगवेगळ्या उद्योगांना चालना मिळाली. काही लोकांनी निरनिराळ्या कामात विशेष कौशल्य प्राप्त केले व समाजात अनेक कारागीर निर्माण झाले.

काही कुशल कामगारांनी मातीचे भांडी तयार करण्यास सुरुवात केली.

भांड्यांचा वापर पाणी साठवण्यासाठी, स्वयंपाक करण्यासाठी आणि घरातील अन्नघटक साठवण्यासाठी करू लागले. घरे बांधण्यासाठी मातीच्या विटा तयार करण्याचा उद्योग सुरू झाला व या व्यवसायाची भरभराट झाली. काही कारागीर घरांचे बांधकाम करण्यात पारंगत झाले ते विटा-मातीची घरे बांधू लागले. शेती हा मुख्य व्यवसाय असल्यामुळे अनेक कारागीर शेती अवजारे घडवू लागले. त्यांनी कुदळ, कोयते, फावडे, नांगर इत्यादी अवजारे घडवण्यास सुरुवात केली. या कारागिरांनी पिकांना पाणी देण्याच्या पद्धतीचा विकास केला. काही लोकांनी चामडी कमावण्याचा उद्योग सुरू केला, त्यामुळे पादत्राणे तयार करणे, पाणी साठवण्यासाठी चामड्याच्या पिशव्या तयार करणे इत्यादी कामांना चालना मिळाली. कांस्य, तांबे, लोखंड, सोने इत्यादी धातूंचा शोध लागला व काही कारागीर धातूकाम करण्यात तरबेज झाले. कांस्याची भांडी तयार करणे व लोखंडाची अवजारे तयार करण्यास सुरुवात केली. त्याने कापड विणण्याची कला अवगत केली व कापड उद्योगाची सुरुवात झाली.

हत्यारे तयार करण्याच्या पद्धतीत सुधारणा झाली. कारागीर अत्याधुनिक हत्यारे तयार करू लागले. उदा. : सापळे, जाळे, धनुष्य-बाण, तीक्ष्ण भाले, गोफण इत्यादी. काही कारागिरांनी लाकडी चाके तयार करण्यास सुरुवात केली. कुंभारकामात मातीच्या भांड्यांना आकार देण्यासाठी चाकांची मागणी होती. यानंतर चाकांचा उपयोग घोडागाडी, बैलगाडीसाठी करण्यात येऊ लागला. अशा प्रकारे शेती व्यवसायामुळे विविध प्रकारच्या उद्योगांची भरभराट झाली. लहान मुलांना वेगवेगळे तंत्रज्ञान शिकवून कुशल कारागीर तयार करण्यात येऊ लागले.

शेतीतून मोठ्या प्रमाणात अन्न उपलब्ध झाल्यामुळे लोकसंख्या वाढली व नवनवीन वसाहतींची वाढ होऊ लागली. जसजशा वसाहती वाढत गेल्या, तसतसा शेतीवर आधारित उद्योगांचा विकास सुरू झाला. याप्रकारे एकमेकांवर आधारित समाजव्यवस्था निर्माण झाली. यामुळे प्रत्येक व्यक्तीने समाजात कसे वर्तन करायचे, याबाबतचे नीतिनियम तयार झाले. नियमांचे पालन होते की नाही ते पाहण्यासाठी विशेष वर्ग निर्माण झाला. यातूनच राज्यकर्ते तयार झाले. त्यामुळे समाजात संघटन व सहकार्य वाढले आणि एकसंध समाज निर्माण झाला. सर्व लोकांना अन्नधान्याचे समन्यायी वाटप होते की नाही, हे पाहण्याचे काम या विशेष वर्गाचे होते. सुरुवातीच्या काळात वसाहतीतील ज्येष्ठ मंडळी - स्त्री व पुरुष प्रतिनिधी मिळून सामुदायिकपणे समाजात ठरवून दिलेल्या नीतिनियमांचे पालन होते की नाही ते पाहत असत. कोणाचीही उपासमार होणार नाही, याची काळजी घेण्यात येत असे.

बाहेरील भटक्या उपद्रवी टोळ्यांचा व हिंस्र प्राण्यांचा वसाहतीला व शेतीला त्रास होऊ नये म्हणून काही लोक योद्ध्यांसारखे धनुष्यबाण, भाले, गोफणी हातात घेऊन सामुदायिकपणे शेतीचे व नगराचे संरक्षण करू लागले आणि यातूनच सैन्याची स्थापना झाली. प्रत्येकाला संरक्षण देण्याचे कार्य ते करू लागले. आत्मा व दैवी शक्ती यावर पूर्वीपासूनच माणसाचा विश्वास होता. तो शेतकरी झाल्यानंतर अधिक दृढ झाला व यातून धर्माचा विकास झाला. धर्मगुरू तयार झाले. त्यांच्याकडे समाजातील प्रत्येक व्यक्तीच्या ऐहिक व आध्यात्मिक उत्कर्षाची जबाबदारी असे.

अशा प्रकारे शेती व्यवसाय सुरू झाल्यानंतर कामाच्या वाटपानुसार व धंद्यानुसार समाजात श्रेणीबद्ध स्तर निर्माण झाले. उदा. : शेतकरी, व्यापारी, कारागीर, योद्धे, राज्यकर्ते, धर्मगुरू इत्यादी. विज्ञान व तंत्रज्ञानाचा विकास झाला. अनेक व्यक्तींनी मेहनतीने व अनुभवाने प्राप्त केलेल्या ज्ञानाची देवाणघेवाण होऊ लागली व ज्ञानात वरचेवर भर पडू लागली. यातून मानवाचा सांस्कृतिक विकास सुरू झाला. जमिनीचा ताबा, शेतीतील पाणीवाटप व यामुळे उद्भवणारे तंटे याचा न्यायनिवाडा करण्याचे काम राज्यकर्ते करू लागले. ते कराच्या रूपात शेतकऱ्याकडून धान्य घेऊन शेतीला व वस्तीला संरक्षण देऊ लागले; तसेच जमीन, पाणी व धान्य वाटपाचे विशिष्ट नियम करून शेतकऱ्यांतील वाद मिटवू लागले. समाजात कोणत्याही व्यक्तीवर अन्याय होणार नाही, याची काळजी घेण्यात येऊ लागली. सर्वांना न्याय मिळू लागला. समाजातील प्रत्येक व्यक्ती निर्भयपणे जीवन जगू लागली.

तो आता पक्की घरे बांधून राहू लागला. शेतीच्या वाढीव उत्पन्नातून मंदिरे, स्मारके, राजवाडे व किल्ले बांधले. कौशल्य, ज्ञान, संस्कृती, शिक्षण, कला, विज्ञान यांचा प्रचार व प्रसार वाढला. वसाहती, नगरे, महानगरे, राज्य व साम्राज्य उभे राहिले. मानवाच्या विचार आणि आचारांना नैतिक व तात्त्विक अधिष्ठान प्राप्त झाले. सामुदायिक जीवन जगण्याचा महामार्ग त्याने स्वीकारला व मानव जातीच्या कल्याणाच्या दिशेने झेप घेतली. यातूनच मेसोपोटॅमिया, सिंधू, चीन, इजिप्त इत्यादी प्राचीन संस्कृतीचा उदय झाला.

मुंग्यांची हुशारी : मानव आपली संस्कृती, ज्ञान व विकासाबद्दल नेहमीच जगाला ओरडून सांगत असतो आणि स्वतःची अभिमानाने टिमकी वाजवतो, की कीटक, मुंग्या यांना तर काहीच कळत नाही, असा आपला ठाम समज आहे; परंतु असे हुरळून जाऊ नका. मानवापेक्षाही करोडो वर्षे अगोदर मुंग्यांनी शेती, पशुपालन, शहरीकरण याचे तंत्र व कौशल्य प्राप्त केले आहे. ते शेती, पशुपालन करतात व अन्न साठवून ठेवतात. रासायनिक संकेत देऊन शत्रूबद्दल माहिती देऊन एकमेकांना

सावध करतात आणि हल्लेखोरांना परतवून लावतात.

मुंग्यांचा सामाजिक विकास मानवाच्या सामाजिक विकासासारखाच झालेला आहे. त्यांच्या सामाजिक जीवनाचा अभ्यास केल्यानंतर जीवशास्त्रज्ञाच्या लक्षात आले, की मुंग्यांत अधिक गुंतागुंतीचे सामाजिक जीवन विकसित झालेले आहे. सामाजिक जीवनाबद्दल मुंग्यांत असलेले ज्ञान, आकलन आणि जाण हे त्यांच्या बुद्धिमत्तेची चमक दाखवते. मानवाने फक्त १०,००० वर्षांपूर्वी शेतीचा शोध लावला. त्याने कृषी तंत्रज्ञान, पशुपालन व उद्योगधंद्यातील तंत्रज्ञान विकसित केले; परंतु मानवाची उत्पत्ती झाली नव्हती, त्याच्याही अगोदर सात कोटी वर्षांपूर्वीपासून मुंग्या शेती व पशुपालन करतात, अन्न साठवून ठेवतात, युद्धासाठी व संरक्षणसाठी सैन्य बाळगतात, रासायनिक फवाऱ्याने शत्रूला गोंधळवून टाकतात. त्यांना पकडल्यानंतर गुलामासारखे राबवतात. लहान मुंग्यांचे संगोपन करतात, व माहितीची देवाणघेवाण करतात.

मुंग्यांचा हा सांस्कृतिक विकास जन्मजात आनुवंशिकतेने त्यांना प्राप्त झाला. त्यांच्यातील सामाजिक वर्तन, कार्यपद्धती व ज्ञान त्यांना जन्मजात प्राप्त होते. कुठेही शिकण्याची त्यांना आवश्यकता नाही. सामाजिक जीवनाबद्दलच्या संकेतांची नोंद त्यांच्या डीएनएत आहे. त्यांना त्यांच्या सामाजिक जाणिवा व जबाबदारीबद्दल शिकावे लागत नाही. सूचना द्यावी लागत नाही. मानवाचे सामाजिक वर्तन त्याला जन्मजात प्राप्त होत नाही. आपल्याला लहान मुलांना सामाजिक जीवनाचे मूल्य शिकवावे लागते, त्यांना संस्कृती, नीती, अनीती व सामाजिक हिताबद्दलचे ज्ञान द्यावे लागते. मुलांना हे शिकण्यासाठी प्रदीर्घ काळ शाळेत जावे लागते व शिकल्यानंतर तो समाजशील बनतो. मानवाला नवनवीन तंत्रज्ञान, कौशल्य व ज्ञान समूहाकडून शिकून प्राप्त करता येते. त्यामुळे कमी वेळात त्यांचा सांस्कृतिक विकास झाला. सामाजिक हितासाठी प्रत्येकाने कसे वर्तन करावे, हे विचार करून तो ठरवतो. कायदे व नियम तयार करून प्रत्येक जण या पद्धतीने वागतो किंवा नाही, हे तपासले जाते व प्रत्येकाला ठरवून दिलेले काम त्यांच्याकडून करून घेण्यात येते. मुंग्यांची शेती करण्याचे व पशुपालनाचे कसब मानवाच्या शेती कौशल्यापेक्षाही अधिक सरस आहे.

कृषी व पशुपालन करत असताना त्या पर्यावरणाचे जतन व संवर्धन करतात. मानव पर्यावरणाचे नुकसान करतो. अन्न मिळवण्यासाठी मुंग्या वारुळात बुरशीची शेती करतात, वेगवेगळ्या बुरशीचे पीक घेतात. मुंग्यांना झाडांच्या पानातील सेल्युलोज पचत नाही; परंतु काही बुरशी (फंगस) झाडांच्या पानातील सेल्युलोज

पचवतात व त्यांची वाढ होते. मुंग्या या बुरशीचा खाद्य म्हणून वापर करतात. बुरशीच्या शेतीसाठी मुंग्या झाडांची हिरवी रसरशीत पाने आपल्या वारुळात आणतात, त्यांचा चावून चावून लगदा करून पसरून ठेवतात व या लगद्यावर बुरशी वाढवतात. ही उपयुक्त बुरशी वाढत असताना त्यावर नको असलेली बुरशी वाढल्यास या शेतकरी मुंग्या प्रतिजैविकाचा स्राव सोडून नको असलेल्या बुरशीचा पिकातील तणाप्रमाणे नाश करतात. अशा प्रकारे पाहिजे त्याच बुरशीची जोपासना करून त्याचा अन्न म्हणून वापर करतात. शिल्लक अन्न साठवून ठेवतात. चांगल्या बुरशीचे जतन करून आपसात शेजारील वारुळातील मुंग्यांशी देवाणघेवाण करून चांगल्या बुरशीची शेती पिकवतात. काही मुंग्या वनस्पतींवर वाढणाऱ्या सूक्ष्म कीटकांचे (ॲफिड्स) पशुपालनासारखे संगोपन करतात. हे सूक्ष्म कीटक गोड स्राव सोडतात व तो स्राव मुंग्या पितात. आपण जसे दुधासाठी गायी-म्हशींची जोपासना करतो, तसे मुंग्या या लहान कीटकांना गोड स्रावासाठी पाळतात. मुंग्यांचे हे सामाजिक जीवन आपल्याला बुचकळ्यात टाकण्यासारखे आहे.

प्राचीन मानव भटका होता. तो वसाहती करून राहत नसे. मुंग्या मात्र करोडो वर्षांपूर्वीपासून जमिनीत मोठमोठ्या शहरांसारख्या वसाहती करून राहतात. मुंग्यानी केलेली अशीच एक मोठी वसाहत जपानच्या इशीकारी होकायडो समुद्र किनाऱ्यावर आढळून आली. (अँट सुपरकॉलनी ऑन द इन्शिकरी कोस्ट होक्काडो जपान) या मुंग्यांच्या जमिनीखालील वसाहतींचे क्षेत्रफळ २.७ चौरस किलोमीटर होते. त्यात एकमेकांना बोगद्यांनी जोडलेली ४,५०० घरटी आढळून आली. या बोगद्यांमुळे आत हवा खेळती ठेवण्यात येते. या वसाहतीत ३६ कोटी कामकारी मुंग्या, लक्षावधी राणीमुंग्या व लक्षावधी खोल्या आढळून आल्या. एवढे टिकावू, गुंतागुंतीचे तंत्रशुद्ध वसाहतींचे जाळे मानवाला व त्याच्या पूर्वजांना कधीही तयार करता आलेले नाही.

आपण मोठ्या दिमाखाने आपल्या पूर्वजांनी २०,००० वर्षांपूर्वी फ्रान्सच्या गुहेत भिंतीवर प्राण्यांचे चित्र रंगवल्याच्या कलाकुसरीचा उत्कृष्ट नमुना आहे, म्हणून फुशारकीने सांगतो. मुंग्या सात कोटी वर्षांपूर्वीपासून तंत्रशुद्ध वसाहती बांधतात. यावरून हे स्पष्ट होते, की मुंग्यांकडे मानवापेक्षा वेगळ्या प्रकारची बुद्धिमत्ता आणि हुशारी आहे. वाळवंटी प्रदेशात मुंग्या सर्वदूर प्रवास करून अन्नाचा शोध घेऊन घरट्याकडे परतत असताना अन्नाचे ठिकाण, घरट्यापासूनचे अंतर व वेगवेगळ्या दृश्य खुणांची नोंद लक्षात ठेवतात. हे ऑक्सफर्ड विद्यापीठाच्या संशोधनाने सिद्ध झाले आहे. यावरून यांच्यात शिकण्याची, नोंदी ठेवण्याची बुध्दिमता आहे हे

लक्षात येते. वरील नोंदीवरून मुंग्यांना जन्मजात प्राप्त असलेली हुशारी व सामाजिक जीवन मानवाच्या सामाजिक जीवनापेक्षा कमी दर्जाचे नाही. उलट मानवाने प्राप्त केलेले सामाजिक जीवन त्याला प्रत्येक पिढीला शिकवावे लागते. येणाऱ्या प्रत्येक पिढीला शिकवले नाही, तर मानव पशुतुल्य व समाज विरोधी वर्तन करू शकतो. म्हणून सतत त्याला काय चांगले काय वाईट हे सांगावे लागते व तो चांगले वर्तन करतो की नाही, त्यावर वडिलधाऱ्यांना किंवा ज्ञानी माणसांना सतत लक्ष ठेवावे लागते.

मुंग्यांचे सामाजिक जीवन, शेती करण्याची व पशुपालनाची पद्धती, त्यांच्या आरोग्यवर्धक वसाहती यातून आपल्याला बरेच शिकावे लागणार आहे. त्या आपल्यापेक्षा वडिलधाऱ्या आहेत. मानवाच्या उत्पत्तीच्या सात कोटी वर्षांपूर्वीपासून त्यांचे सामाजिक जीवन, शेती, पशुपालन व वसाहतीची पद्धत आदर्श आहे. आज आपण म्हणतो, माणूस सर्वांत हुशार प्राणी आहे, आपले जगावर राज्य आहे, हा आपला भ्रम आहे. आपण आपल्या हालचालींमुळे जगाला विनाशाकडे घेऊन चाललो आहोत. आधुनिक शेतीत वारेमाप रासायनिक खते, तृण व कीटकनाशकांचा वापर करून पृथ्वीवरील पाणी, हवा, माती व पर्यावरणात प्रदूषण निर्माण केले आहे. शेती, कारखाने, वसाहती, रस्ते व धरणे बांधण्यासाठी मोठ्या प्रमाणात जंगलांचा ऱ्हास सुरू केलेला आहे, त्यामुळे अनेक प्राण्यांच्या व वनस्पतींच्या जाती नष्ट होत आहेत. नैसर्गिक अन्नसाखळी तुटत चाललेली आहे. पर्यावरणात प्रचंड बदल झाले आहेत. त्यामुळे पर्जन्यमान व तापमानात बदल होत आहेत आणि आपण धोक्याच्या काठावर उभे आहोत. वेळीच सावध झालो नाही, तर सजीवसृष्टीसह आपण गतीने विनाशाकडे वाटचाल करत आहोत. म्हणून आपल्याला मुंग्यांचा आदर्श घेणे आवश्यक आहे. त्यांच्यासारखी प्रदूषणविरहित शेती करावी लागणार आहे. त्याशिवाय मुंग्यांच्या वसाहतींप्रमाणे निसर्गाचे संवर्धन करत नगरे व महानगरे बांधावी लागणार आहेत. सर्वसमावेशक, सर्वांच्या कल्याणासाठी मुंग्यांसारखे आदर्श सामाजिक जीवन जगावे लागणार आहे. प्रत्येकाने नेमून दिलेले आपले कर्तव्य अत्यंत चोखपणे, प्रामाणिकपणे व जबाबदारीने पार पाडावयास हवे. निसर्गाचे जतन करा, जगा व सर्वांना जगू द्या, हे तत्त्व अंमलात आणावे लागणार आहे.

▸▸▸

प्रकरण चौदावे

संस्कृती आणि सुधारणा

शेतीमुळे अन्नधान्य उपलब्ध झाले, त्यामुळे मानवाची अन्न मिळवण्यासाठी होत असलेली भटकंती थांबली. तो स्थिर झाला व त्याचा सांस्कृतिक विकास सुरू झाला. मेंदूचा विकास होऊन मानव उत्क्रांत झाला. तो बुद्धिमान प्राणी आहे. इतर सर्व प्राण्यांचा मेंदू लहान म्हणून त्यांची बुद्धिमत्ता कमी आहे, त्यामुळे त्यांचा सांस्कृतिक विकास झाला नाही. मानव जगातील एकमेव प्राणी आहे ज्याला संस्कृती आहे. माणूस बुद्धिमान असल्यामुळे भूतकाळाचे स्मरण ठेवतो व ते व्यक्त करतो. तो वर्तमान जाणतो व भविष्याचा वेध घेऊ शकतो, म्हणून त्याचा सांस्कृतिक विकास झाला.

संस्कृती ही संकल्पना गुंतागुंतीची व व्यापक स्वरूपाची आहे. संस्कृती म्हणजे मानवाच्या पिढ्यान् पिढ्यांचे अनुभवांचे संचित होय. जे शिक्षण व संस्काराच्या माध्यमातून भावी पिढीकडे हस्तांतरित होते. मानव ज्या पर्यावरणात राहतो तिथे यशस्वीपणे जीवन जगण्यासाठी त्याने अनेक शतकांपासून प्राप्त केलेले ज्ञान, कला, नीतिमत्ता, श्रद्धा, कायदे, चालीरीती, रूढी, परंपरा, भाषा, अन्न, विज्ञान, तंत्रज्ञान, समाज संघटन, कल्पना, सृजनशीलता, हुशारी इत्यादींना एकत्रितपणे संस्कृती म्हणतात. प्रत्येक व्यक्तीला व समूहाला तो राहतो तेथील पर्यावरणाशी जुळवून घेऊन यशस्वी जीवन जगण्यासाठी संस्कृती मदत करते. संस्कृती ही शिक्षणाची, तसेच मूल्य व नैतिक शिक्षणाची प्रक्रिया आहे. मन व बुद्धीवर संस्कार करणे,

जीवनातील चांगल्या, सुंदर आणि सत्य गोष्टींचा आस्वाद घेऊन आनंदी जीवन जगणे, प्रत्येक व्यक्तीस सुसंस्कृत करणे, समाजात सामंजस्य व विश्वास वाढवणे, पशुवृत्तीचा नाश करून मानवता प्रस्थापित करणे, वाईटाचा त्याग करून चांगल्या गोष्टींचा स्वीकार करणे हे संस्कृतीचे कार्य आहे. संस्कृती वारसाहक्काने किंवा आनुवंशिकतेने प्राप्त होत नाही. प्रत्येक माणूस अनुकरणाने समाजातील वेगवेगळ्या व्यक्तीकडून जगण्यासाठी आवश्यक असणारे चांगले वर्तन शिकतो व अनेक प्रकारचे कौशल्य व युक्ती प्राप्त करतो.

संस्कृतीमुळे अज्ञानी, क्रूर, जंगली, पशुतुल्य मानवाचे रूपांतर संस्कारी, शहाण्या, समजूतदार, आनंदी व चारित्र्यसंपन्न मानवात झाले. समाजातील विविधता, सतत होणारे वेगवेगळे बदल, चालीरीती, अनेक प्रकारचे संशोधन, कल्पना व कायदे संस्कृतीला विकासाच्या दिशेने अधिक समृद्ध करतात.

मानवाला सांस्कृतिक वारसा असल्यामुळे जीवनात आकस्मिक येणाऱ्या संकटांपासून त्याला स्वतःचे संरक्षण करता येते. त्याला सांस्कृतिक वारसा नसता, तर प्रतिकूल परिस्थितीवर मात करण्यासाठी स्वतःच्या अनुभवाने मार्ग काढावा लागला असता. कदाचित त्यातून त्याच्या जीविताला धोका निर्माण झाला असता. अनेक पिढ्यांतील वेगवेगळ्या व्यक्तींचे अनुभव सांस्कृतिक वारशाने त्याला प्राप्त होत असल्यामुळे कठीण प्रसंगावर सहजपणे मात करून तो स्वतःचे प्राण वाचवू शकतो. सांस्कृतिक विकासामुळे त्याच्या विवेकबुद्धीचा विकास झाला. चांगले काय व वाईट काय हे तो ठरवू लागला. प्रत्येक वेळी मानवाने वाईटाचा त्याग करून चांगल्याचा स्वीकार केला. त्यामुळे व्यक्ती व्यक्तीतील स्नेह वाढला व समृद्ध सामाजिक जीवनाचा विकास झाला. प्रत्येक व्यक्तीला आनुवंशिक बदल जन्माच्या वेळी आईवडिलांकडून एकदाच प्राप्त होतात; परंतु सांस्कृतिक बदल त्याला रक्तसंबंध असलेल्या व नसलेल्या अनेक व्यक्तींकडून शिक्षणाने आयुष्यभर प्राप्त करता येतात. संस्कृतीमुळे मानवात सद्गुण, सदाचार, सभ्यता, निःस्वार्थ भावना व विश्वास वाढतो. त्यामुळे त्याला मानसिक समाधान मिळते व आनंद प्राप्त होतो. संस्कृतीमुळे समाजातील प्रत्येक व्यक्तीच्या वर्तनावर नियंत्रण ठेवून प्रत्येकाकडून सामाजिक हितासाठी कार्य करून घेणे शक्य झाले आहे. म्हणून, संस्कृती मानवाच्या हुशारीचे फलित आहे, असे म्हणावयास काहीच हरकत नाही.

सुधारणा : संस्कृती व सुधारणा एकाच नाण्याच्या दोन बाजू आहेत. ज्या भौतिक साधनामुळे मानवाच्या सुख-समृद्धीत व उपभोगात भर पडते त्याला सुधारणा म्हणतात.

उदा. - हत्यार, घराचे बांधकाम, रस्ते, वैद्यकीय सुविधा, रेल्वे, विमान, दूरदर्शन, दूरध्वनी, संगणक, हरितक्रांती, औद्योगिक क्रांती, विवाहसंस्था इत्यादी. या सर्व भौतिक साधनांमुळे मानवाचे जीवन सुखी व समृद्ध होते. सुधारणांमुळे मानवाने यंत्राची संरचना करून ऊर्जेला आपल्या सेवेसाठी जुंपले आहे, त्यामुळे त्याला शारीरिक सुख मिळते, बाह्य विकास होतो. सुधारणांमुळे माणूस सधन, समृद्ध होतो; परंतु सधन, समृद्ध व्यक्ती सुसंस्कृत, समाधानी व आनंदी असेलच असे नाही. संस्कृतीमुळे आपल्याला मानसिक समाधान व आनंद प्राप्त होतो व सुधारणांमुळे, शारीरिक सुख, समृद्धी व उपयोगात भर पडते.

मानव प्राणी आहे. त्याची उत्पत्ती उत्क्रांतीच्या प्रक्रियेने झालेली आहे. मग या पशुतुल्य मानवात संस्कृती कशी रुजली? तसेच त्यांच्यात भौतिक सुधारणा व सांस्कृतिक विकास कसा झाला? मानवाचे उत्पत्ती स्थान आफ्रिका खंडात आहे, तर मग संस्कृतीचे उगम स्थान कोणते आहे? याबद्दल जाणून घेण्याअगोदर आपण सुधारणांचे काही महत्त्वाचे टप्पे समजून घेऊ व नंतर संस्कृतीच्या उगमस्थानाबद्दल माहिती जाणून घेऊ.

सांस्कृतिक विकासातील महत्त्वाचे टप्पे :

प्राचीन मानवाचा विकास हत्यार, शिकार, अन्न, विस्तव, कृषी, पशुपालन, कपडे, संभाषण, कुटुंबव्यवस्था, लिखाण, दफन, धर्म, कला, राज्यसत्ता इत्यादी टप्प्यांनी झाला. यापैकी शिकार, अग्नी, अन्न, कृषी व पशुपालन या घटकांची आपण यापूर्वीच सविस्तर चर्चा केलेली आहे, म्हणून विकासातील इतर महत्त्वाचे टप्पे आपण खालीलप्रमाणे समजून घेऊ या.

पाषाण युग :

१) हत्यार : ५० लक्ष वर्षांपूर्वी चार पायावर चालणाऱ्या एप मानवाच्या पूर्वजाने दोन पायावर चालण्यास आरंभ केला व समोरचे दोन पाय खुले केले. त्यांचा उपयोग त्याने हातासारखा करण्यास सुरुवात केली. त्याने समोरच्या पायांचा उपयोग चालण्याऐवजी अन्न गोळा करण्यासाठी व स्व-संरक्षणासाठी केला. शिकारीसाठी व स्वतःच्या संरक्षणासाठी हत्यार वापरण्यास सुरुवात केली. एप मानवाने वेटोळे गोटे, ओबडधोबड दगड, प्राण्यांची हाडे, हस्तिदंत, सांबराची शिंगे व लाकडांचा हत्यार म्हणून हजारो वर्षे वापर केला. जसजसा त्याचा विकास झाला, तसतशी हत्यार वापरण्यात सुधारणा झाली. तो दगडांची हत्यारे वापरत असे, म्हणून त्या काळास पाषाणयुग असे म्हणतात. त्याचे मुख्यतः खालील प्रमाणे चार टप्पे आहेत.

I) पुराश्मयुग : (इ. स.पूर्व ३० लक्ष वर्ष ते इ. स.पूर्व १ लक्ष वर्ष)

हा कालावधी इ. स.पूर्व ३० लक्ष वर्ष ते इ. स.पूर्व एक लक्ष वर्षांपूर्वीचा प्रदीर्घ कालावधी आहे. या युगात ऑस्ट्रालोपिथिकस, होमो हॅबिलीस, हैडेलबर्ग, होमो इरेक्टस व निॲंडरथल या मानवाचे वास्तव्य होते. ते भटके व शिकारी होते. आरंभीच्या काळात ऑस्ट्रालोपिथिकस, होमो हॅबिलीस व होमो इरेक्टस यांनी गोल वेटोळे दगड, नंतर दगडांची खपले काढून धारदार सुऱ्यासारखी हत्यारे तयार करून वापरण्यास सुरुवात केली. शेवटच्या टप्प्यांत होमो इरेक्टस व निॲंडरथल मानवाच्या हत्यारात अधिक सुधारणा झाली. त्यांनी दगडांचे भाले, हात कुऱ्हाडी व दगडांच्या लांब लांब खपल्यांचा तीक्ष्ण पात्यासारखी हत्यारे म्हणून वापर करण्यास सुरुवात केली.

२) पुरातनमध्य पाषाणयुग : हा इसवी सनपूर्व १ लक्ष ते इसवी सनपूर्व ३०,००० वर्षांपूर्वीचा कालावधी होय. या काळी निॲंडरथल व क्रोमॅग्नॉन हे आधुनिक मानवाचे जवळचे पूर्वज राहत होते. तेदेखील भटके शिकारी होते. त्यांनी इतर लहान-लहान प्राण्यांसह हत्तीसारख्या मोठमोठ्या प्राण्यांची शिकार करण्यास सुरुवात केली. त्यांनी निरनिराळ्या दगडांची व गारगोट्यांची हत्यारे तयार करण्यास सुरुवात केली. हत्यार तयार करण्यासाठी वापरलेले दगड खूप कणखर असल्यामुळे हत्यारे धारदार व टिकाऊ होती. टोकदार बाणासारखी हत्यारे, भाले, धारदार कडा असलेले चाकू, सुरे, हाडांच्या किंवा लाकडांच्या खोबणीत बसवून वापरण्यास सुरुवात केली.

३) पुरातन उत्तरपाषाणयुग : हा इसवी सनपूर्व ३०,००० ते इसवी सनपूर्व ११,००० वर्षांपूर्वीचा कालावधी आहे. याकाळी सुरुवातीला निॲंडरथल व क्रोमॅग्नॉन राहत असत. नंतर आधुनिक मानवाची उत्पत्ती झाली. इसवी सनपूर्व २५,००० वर्षांपूर्वी निॲंडरथल व इसवी सनपूर्व २०,००० वर्षांपूर्वी क्रोमॅग्नॉन लुप्त झाले. या काळी मानव दगडी चिपाऐवजी लहान पात्याची हत्यारे वापरत असे. हत्यारे तयार करण्यासाठी गारेच्या दगडाचा गाभा वापरीत असे. ते लाकडाच्या खोबणीत बसवून छानसे चाकू व सुरे करून वापरू लागला. हत्यारे अत्यंत कणखर, धारदार आणि टिकाऊ असत. तो हाडांची हत्यारेदेखील वापरत असे. त्यांच्या हत्यारात भाले, धनुष्यबाण होते. हाडांच्या सुयांचा वापर कातड्यांचे कपडे शिवण्यासाठी करत असल्याचे युरोपात पुरावे मिळालेले आहेत.

II) नूतन पाषाण युग (इसवी सनपूर्व ११,००० ते इसवी सनपूर्व ५,००० वर्षे)

या काळी फक्त आधुनिक मानवाचे अस्तित्व होते. तो छोट्या-छोट्या समूहाने नदीच्या किनाऱ्यावर राहू लागला. मासे मारून व छोट्या प्राण्यांची शिकार करून खाऊ लागला. तो धनुष्यबाण, भाले, बरच्या (टोकदार सुईसारखे हत्यार) व कुऱ्हाडीचा वापर करत असे. तो चाकू, सुरे व मत्स्यबाण वापरीत असे. हत्यारे गारेच्या दगडांची व अत्यंत रेखीव बनवलेली असत. कंदमुळे, फळे, छोटे छोटे प्राणी - जसे हरीण, ससा, कासव व पक्षी यांची शिकार करून अन्न मिळवत असे. तो शिकारीच्या कामात कुत्र्यांचा वापर करत असे. त्याने शेती करण्यास व प्राण्यांचे कळप पाळण्यास सुरुवात केली. तो अन्नधान्य कुटण्यासाठी दगडाचे पाटे व वरवंटे वापरू लागला.

III) धातूयुग (इसवी सनपूर्व ५,००० वर्षे)

धातूयुगात मानवाने जगातील निरनिराळ्या भागात जंगली बैल, गाय, मेंढी, शेळी यांना पकडून माणसाळवण्यास सुरुवात केली. तो बैल, गाय, मेंढी हे प्राणी पाळू लागला. या काळात त्याने निरनिराळ्या प्रकारची हत्यारे वापरण्यास सुरुवात केली. शेती करण्याच्या पद्धतीचा विकास झाला. त्याला स्थैर्य प्राप्त झाले. भटकंती थांबली. त्याने तांबे, कथिल व लोह या धातूंचा शोध लावला. निरनिराळ्या धातूंचा उपयोग हत्यारे तयार करण्यासाठी खालीलप्रमाणे केला. त्यानुसार त्या युगास ताम्र, कांस्य व लोहयुग म्हणतात.

IV) ताम्रयुग :

सुमारे ५,००० ते ८,००० वर्षांपूर्वी तांब्याचा शोध लागला. तांबे शुद्ध रूपात प्राप्त होत असल्यामुळे त्यावर कोणत्याही प्रकारची प्रक्रिया करण्याची आवश्यकता नव्हती. तांब्याचा उपयोग तुर्की, इराण, इराक व भारतीय उपखंडात तीक्ष्ण हत्यारे, दागिने व स्वयंपाकाची भांडी तयार करण्यासाठी करत असत. तांबे लवचिक असल्यामुळे त्याला हातोड्याने आकार देण्यात येत असे. इजिप्तमध्ये याचा उपयोग कोयते, फावडे, स्वयंपाकाची भांडी, थाळ्या, तबक तयार करण्यासाठी करत असत. तांबे लवचिक असल्यामुळे ते दगडाच्या हत्याराची जागा घेऊ शकले नाही.

V) कांस्ययुग :

इ. स.पूर्व ४००० वर्षांपूर्वी तांबे व कथिल यांचे मिश्रण करून नवीन धातू तयार करण्यात आला त्याला कांस्य (ब्रॉन्झ) म्हणत. म्हणून या युगाला कांस्ययुग म्हणतात. ते अधिक कठीण, मजबूत व हत्यारे तयार करण्यासाठी योग्य होते. या धातूपासून तलवार, भाले इत्यादी तीक्ष्ण हत्यारे तयार करण्यात येत

असत. इजिप्तमध्ये इ. स.पूर्व ४,००० वर्षांपूर्वी कांस्याचा शोध लागला. दक्षिण अमेरिकेतील अँडीज प्रदेशातील लोकांनी धातूकामात विशेष कौशल्य प्राप्त केले. भारतीय उपखंडात इ. स.पूर्व ४,००० वर्षांपूर्वी कांस्याची हत्यारे तयार करण्यात येत असत. चीन व इजिप्तमध्ये इ. स.पूर्व २,५०० वर्षांपूर्वी या धातूचा उपयोग नाणी तयार करण्यासाठी केला.

VI) लोहयुग :

इ. स.पूर्व ३,२०० वर्षांपासून लोखंडाचा उपयोग हत्यारे तयार करण्यासाठी करण्यात येऊ लागला. इ. स.पूर्व १४०० वर्षांपूर्वी भारत, युरोप, इजिप्त, लेव्हंट, पर्शिया व बॅबिलोनिया येथे लोखंडाच्या तलवारी, सुरे, भाले, बाण, कोयते, फावडे इत्यादी हत्यारे तयार करण्यात येऊ लागली. आधुनिक काळात तर वेगवेगळी यंत्रे, वाहतुकीची साधने, बांधकाम व्यवसायात औद्योगिकीकरण व शेती व्यवसायात निरनिराळी अवजारे बनवण्यासाठी सर्वांत जास्त पोलादाच्या रूपात लोखंडाचा वापर करण्यात येतो. या पद्धतीने प्राचीन हत्यारांचा विकास झाला. लोखंडात कार्बन मिसळून ते कठीण करण्यात येते त्याला पोलाद असे म्हणतात.

२) दागिने :

पूर्वी हस्तिदंताचे व गारगोटीच्या रंगीत खड्यांचे मणी वापरून दागिने तयार करण्यात येत असत. धातूयुगात सोने, चांदी, तांबे व कथिल हे धातू वितळवून त्यांचे मणी तयार करून दागिने वापरण्यास सुरुवात केली.

३) कपडे :

प्राचीन मानव झाडांची पाने व सालीचा उपयोग कपड्यासारखा करत असे. युरोपात प्राचीन मानवाने थंडीपासून स्वतःचा बचाव करण्यासाठी प्राण्यांच्या कातड्याचे कपडे वापरण्यास सुरुवात केली. इ. स.पूर्व ५०,००० ते २०,००० वर्षांपूर्वी क्रॉमॅग्नॉन या मानवाने प्राण्यांच्या कातड्याचे हाडांच्या सुईने कपडे शिवून वापरण्यास सुरुवात केली. आधुनिक मानवाने इ. स.पूर्व १३,००० वर्षांपूर्वी सैबेरियातील अतिथंडीपासून स्वतःचा बचाव करण्यासाठी मॅमथचे लोकर असणाऱ्या कातड्याचे कपडे व बूट शिवून वापरले. तागाच्या धाग्यापासून कापड विणण्याचा शोध इजिप्तमध्ये लागला. त्यानंतर लोकर व कापसाच्या धाग्याचा शोध लागला.

४) संभाषण :

मानवाने मनात आलेले विचार, कल्पना, अनुभव यांची मांडणी करून संक्षिप्तपणे शब्दरूपात बोलण्यातून व्यक्त करण्यास सुरुवात केली. ५०,००० ते

३०,००० वर्षांपूर्वी भाषेचा विकास झाला. तो संभाषणातून विचारांची देवाणघेवाण करू लागला. दुसऱ्यांची मते जाणून घेऊ लागला. त्यामुळे त्याच्यातील पशुत्व कमी होऊन समाजवादी व मानवतावादी दृष्टिकोनाचा विकास झाला. त्याने समुहाने, संघटितपणे सर्वांच्या कल्याणासाठी कार्य करण्यास आरंभ केला.

५) लिखाण :

मानवाने शेती करण्यास व गुरे पाळण्यास आरंभ केल्यानंतर त्यांच्यात साहित्याची देवाणघेवाण सुरू झाली. त्याला याच्या नोंदी करणे गरजेचे वाटू लागले. यातूनच चिन्हरूपी लेखन सुरू झाले. प्राचीन मानवाने झाडावर काही चिन्हे कोरल्याचे पुरावे मिळालेले आहेत. सुमेरियनांनी सुमारे इसवी सन ३,५०० वर्षांपूर्वी व सिंधू संस्कृतीत इसवी सन ३,३०० वर्षांपूर्वी लिखाणास सुरुवात झाल्याचे पुरावे मिळालेले आहेत. भाषा आणि लिखाणाचा शोध मानवाच्या विकासातील सर्वांत महत्त्वाचा टप्पा आहे, कारण यातूनच नंतर ब्राँझ, लोह, यंत्र, अणू आणि संगणक युगाचा उदय झाला.

६) दफन :

निअँडरथल या मानवाने १,००,००० वर्षांपूर्वी मेलेल्यांचे विधियुक्त दफन करण्यास प्रारंभ केला. सुरुवातीच्या काळात थडग्यात फक्त प्रेताचेच दफन केलेले आढळून आले. नंतरच्या काळात प्रेतासोबत अन्न, दागिने, फुले व शस्त्र यांचेही दफन केलेले आढळून आले. यावरून त्यांचा पुनर्जन्मावर विश्वास असावा असे वाटते. झेकोस्लोव्हाकियात २०,००० वर्षांपूर्वी दफन केलेल्या स्त्रीचा सांगाडा प्राप्त झालेला आहे. तो लाल रंगाच्या गेरूने झाकलेला असून, थडग्यात हत्तीसारख्या प्राण्यांच्या खांद्याच्या पसरट हाडाखाली सुरक्षित ठेवलेला आढळून आलेला आहे. तिच्या एका हाताचा पंजा कुत्र्याच्या शेपटीवर, तर दुसऱ्या हाताचा पंजा कुत्र्याच्या दातावर आहे, यावरून ती विशेष व्यक्ती असावी हे लक्षात येते.

७) कुटुंबसंस्था :

आपण यापूर्वी पाहिले, की मानवाच्या जवळचा नातेवाईक चिम्पांझी किंवा गोरिलात नर-मादींच्या जोड्या ठरलेल्या नाहीत. त्यांच्यात एक पत्नीत्वाची कुटुंबव्यवस्था नाही; परंतु ३० लक्ष वर्षांपूर्वीपासून दोन पायांवर चालणाऱ्या होमो हॅबिलीस या मानवाच्या प्राचीन पूर्वजांत स्त्री-पुरुष जोड्या ठरलेल्या असत. त्यामुळे लहान मुलांचे पालनपोषण व संगोपन योग्य पद्धतीने होत असे. यानंतर १८ लक्ष वर्षांपूर्वी होमो इरेक्टसची उत्पत्ती झाली. त्यांच्यात कुटुंबसंस्था अधिक दृढ झाली. त्यांच्यात स्त्री-पुरुषांच्या जोड्या ठरलेल्या असत व आईवडील दोघे मिळून

अपत्यांची काळजी घेत असत. त्यामुळे कुटुंबातील सदस्यात वात्सल्य, प्रेम निर्माण झाले, विश्वास वाढला व नातेसंबंध अधिक दृढ झाले. लहानांची, वयस्कांची, आजारी व्यक्तींची शुश्रुषा करण्यात येत असे. पुरुषांची कुटुंबाच्या संरक्षणासाठी संघर्ष करण्याची क्षमता वाढली. समृद्ध समाजजीवन सुरू झाले. नंतरच्या मानवाच्या प्रत्येक वंशजात व आधुनिक मानवात एक पत्नीत्व व एक पतीत्व संबंध अधिक दृढ झाले आणि तो समाजातील नीतिनियम झाला. अपवादात्मक काही टोळ्यात बहुपत्नीत्व व बहुपतीत्व संबंध आहेत. कुटुंबव्यवस्थेमुळे मानवाचा सामाजिक आणि सांस्कृतिक विकास झाला व समाजात स्थैर्य प्राप्त झाले.

८) राजसत्तांचा उदय :

आधुनिक संस्कृतीचा विकास नद्यांच्या किनाऱ्यावर झाला. शहरांची निर्मिती व त्यावर नियंत्रण करणारी राजप्रणाली उदयास आली. त्यांनी शहराच्या संरक्षणासाठी सैन्य उभे केले. धर्मसंस्थांचा उदय झाला. स्थैर्यामुळे संपत्ती निर्माण झाली. डोंगराळ प्रदेशात राहणाऱ्या अविकसित टोळ्या शहरी संपत्तीकडे आकर्षित होऊन लूटमार करत. शहरावर हल्ले करत. यातूनच युद्धे सुरू झाली. यातूनच राजशाहीचा उदय झाला.

संस्कृतीचे उगमस्थान :

संस्कृतीचे उगमस्थान कोणते? व सर्वांत प्राचीन संस्कृती कोणती? याबद्दल तज्ज्ञांत एकमत नाही. प्राचीन संस्कृतीचे उगमस्थान एक नसून, जगातील वेगवेगळ्या प्रदेशांत निरनिराळ्या संस्कृतींचा स्वतंत्रपणे विकास झालेला आहे असे मानववंश शास्त्रज्ञ मानतात. माणूस शेतकरी झाल्यानंतर सांस्कृतिक विकास सुरू झाला व धातूयुगात संस्कृतीच्या विकासाची भरभराट झाली असे मानण्यात येते. जर संस्कृतीचा विकास लिखाणाशी जोडला, तर मेसोपोटेमियात चिन्हरूपी लिखाणाची सुरुवात ५,५०० वर्षांपूर्वी व हडप्पा (सिंधू) संस्कृतीत ५,३०० वर्षांपूर्वी झाल्याचे पुरावे उपलब्ध झालेले आहेत. त्यानंतर चीनमध्ये चिन्हरूपी लिखाणास सुरुवात झाली; तसेच मध्य अमेरिकेत ४,००० वर्षांपूर्वी लिखाणास सुरुवात झाली. मानवाने जगातील वेगवेगळ्या भागात शेती करण्यास सुरुवात केल्यानंतर धान्य उत्पादनामुळे त्याच्या अन्नाचा प्रश्न मिटला. तो स्थिर वसाहती करून राहू लागला. परस्परांत तो वस्तूंची देवाणघेवाण करू लागला व अशा प्रकारे व्यापाराची सुरुवात झाली. त्यामुळे त्यांना याच्या नोंदी करणे आवश्यक वाटू लागले व त्यातून चिन्हरूपी लिखाणास सुरुवात झाली. कार्यानुसार वेगवेगळे समाजघटक तयार

झाले. शेतीतील अधिकच्या धान्योत्पादनामुळे सार्वजनिक विकास सुरू झाला. त्यातून स्मारके व किल्ले बांधले, शहरीकरण झाले. मानव इसवी सनपूर्व ३५०० वर्षांपूर्वी हंगामी झोपड्या बांधून वसाहती करून राहत असे. त्यानंतर त्याने कायम वसाहती करण्यास प्रारंभ केला. अनेक विद्वानांच्या मते जगात वेगवेगळ्या ठिकाणी स्वतंत्ररीत्या निरनिराळ्या संस्कृतीचा विकास झाला. यापैकी काही प्राचीन संस्कृती आपण समजून घेऊ.

१) मेसोपोटेमिया २) इजिप्तची संस्कृती ३) हडप्पा संस्कृती ४) चीनची संस्कृती ५) दक्षिण अमेरिकेतील अँडियन संस्कृती ६) मध्य अमेरिकेतील प्राचीन संस्कृती ७) ग्रीसची संस्कृती

१) मेसोपोटेमिया :

भूमध्य समुद्राच्या पूर्वेकडील प्रदेशास मेसोपोटेमिया असे म्हणतात. यात इराकचा बहुतांश भाग, कुवेत, पूर्व सीरिया, दक्षिण-पूर्व तुर्की, इराण इत्यादी देश येतात. टायग्रिस व युफ्रेट्स या दोन नद्यांमधील सुपीक गाळाच्या जमिनीचा हा प्रदेश आहे. सुमारे इसवी सनपूर्व १०,२०० वर्षांपूर्वी नवीन अश्मयुगात या सुपीक प्रदेशात संस्कृतीचा विकास सुरू झाला. इसवी सनपूर्व ८,५०० वर्षांपूर्वी या प्रदेशात जेरिको हे जगातील पहिले शहर वसले. इसवी सनपूर्व ६,८०० वर्षांपूर्वी त्याच्याभोवती तटबंदी बांधून या शहराला संरक्षण दिले. दक्षिण-पूर्व तुर्कीमध्ये इसवी सनपूर्व ९,५०० वर्षांपूर्वी भटक्या मानवाने शेती करण्याच्या अगोदर गोबेक्ली हे जगातील पहिले मंदिर बांधल्याचे पुरावे मिळालेले आहेत. हे मंदिर उभे केले यामागे गूढ, रहस्यमय संस्कृतीचा भाग आहे.

टायग्रिस व युफ्रेट्स या नद्यांच्या खोऱ्यात सुपीक जमीन व मुबलक पाणी उपलब्ध होते. म्हणून उबेद या भटक्या मानवाने या प्रदेशात सर्वप्रथम शेती करण्यास सुरुवात केली, म्हणून या प्रदेशाला संस्कृतीचे उगमस्थान असे म्हणतात. इसवी सनपूर्व ६,५०० ते ३,८०० या कालावधीस उबेदांचा काळ असे म्हणतात. याच काळात उबेदांनी मोठ्या प्रमाणात पशुपालन व शेती करण्यास सुरुवात केली. दक्षिण मेसोपोटेमियात नद्यांचे पाणी कॅनॉलने शेतीला पुरवठा करून बागायती शेतीस आरंभ केला. ते गहू, बार्ली ही मुख्ये पिके घेत असत. त्याशिवाय वाटाणा, मसूर, चवळी, कांदा, लसूण, मोहरी यासारखे कडधान्य व भाजीपाल्यांची पिके घेत. खजूर द्राक्ष, सफरचंद, अंजीर, कलिंगड, खरबूज ही फळे पिकवत असत. इसवी सनपूर्व ३,००० वर्षांपूर्वी पहिला नांगर दक्षिण मेसोपोटेमिया येथील शेतकऱ्यांनी वापरला.

इरिडू ही इसवी सनपूर्व ५,३०० वर्षांपूर्वीची सर्वांत प्राचीन सुमेरियन वसाहत होती. उबेदानाच नंतर सुमेरियन म्हणत असत. शेवटच्या काळात उर या शहराची उभारणी झाली. इसवी सनपूर्व ३,५०० वर्षांपूर्वी चिन्हरूपी लिखाणास सुरुवात झाली. इसवी सनपूर्व ३,३०० ते ३,००० वर्षांपूर्वीचे हस्तलिखित आढळून आलेले आहे. याच काळात तांब्याची भांडी तयार करण्यास सुरूवात केली. यापूर्वी ते मातीची भांडी वापरत. या काळातील तांब्याच्या मोहरा आढळून आल्या आहेत. या प्रदेशात व्यापाराचे जाळे पसरलेले होते. इसवी सनपूर्व ३,००० वर्षांपूर्वी सुमेरियन व अक्काडियन या दोन संस्कृतींचा मिलाफ होऊन संयुक्त संस्कृतीची सुरुवात झाली. यानंतर सुमेरियन भाषेऐवजी अक्काडियन भाषा बोलीभाषा म्हणून व्यवहारात आली. इसवी सनपूर्व २,४०० ते २,२०० या शतकात अक्काडियन राजाचा सुवर्णकाळ होता. अक्काडियनच्या ऱ्हासानंतर उत्तरेकडील सीरिया आणि दक्षिणेकडील बॅबिलोनिया या राज्यात अक्काडियन विलीन झाले.

इसवी सनपूर्व ४,१०० ते २,९०० वर्षांपूर्वी सुमेरियन शहरात ईश्वरसत्ताक व धर्मगुरुसत्ताक राज्यपद्धती होती. सत्तेचे प्रमुख त्या त्या शहरातील धर्मगुरू असत. शहरातील ज्येष्ठ मंडळी स्त्री व पुरुष सल्लागार मंडळात असत. एन्नातम हा लगाश या राज्याचा पहिला सुमेरियन राजा होता.

२) इजिप्तची प्राचीन संस्कृती :

इजिप्तमध्ये नाईल नदीच्या काठावर मेसोपोटेमियाच्या समकालीन संस्कृतीचा विकास झालेला आढळून आले आहे. इसवी सनपूर्व ८००० वर्षांपूर्वी इजिप्तमधील हवामानात बदल होऊन तेथील वातावरण शुष्क झाले. त्यामुळे तेथील भटक्या मानवाने पाण्यासाठी नाईल नदीच्या काठावर वसाहती करून राहण्यास सुरुवात केली. सर्वसाधारणपणे इसवी सनपूर्व ५५०० वर्षांपूर्वी नाईल नदीच्या खोऱ्यातील आदिवासींनी शेती व पशुपालन करण्यास सुरुवात केली. तेथील उत्खननात त्या काळातील मातीची भांडी, कंगवे, बांगड्या, धान्य भरडण्यासाठी लागणारे दगडी पाटे, धान्य कापणीसाठी लागणारे दगडी कोयते सापडलेले आहेत. दक्षिण इजिप्तमध्ये उच्च प्रतीची मातीची भांडी व दगडी हत्यारे आढळून आलेली आहेत. ते तांब्याचा उपयोग हत्यारे व भांडी बनवण्यासाठी करू लागले. या संस्कृतीला बदारी संस्कृती असे म्हणतात. इसवी सनपूर्व ४४०० वर्षांपूर्वी त्यांनी बैलासारखे प्राणी पाळण्यास सुरुवात केली. बदारीच्या पाठोपाठ नकदा संस्कृतीचा उदय झाला. त्यांनी अनेक प्रकारच्या नवीन तंत्रज्ञानाचा उपयोग सुरू केला. ते इथियोपियातून

ऑब्सिडियन या लाव्हारसाचा पाण्याशी संबंध येऊन अत्यंत कठीण बनलेल्या काळ्या गारगोटीच्या दगडाची आयात करून धारदार शस्त्रे तयार करत असत.

पहिले इजिप्तचे राजघराणे येण्यापूर्वी इसवी सनपूर्व ३३०० वर्षांपूर्वी इजिप्तची विभागणी उत्तर आणि दक्षिण इजिप्त या दोन राज्यांत झाली. इसवी सनपूर्व ३१५० वर्षांपूर्वी परत दक्षिण आणि उत्तर इजिप्त एकत्रित आले आणि जर्झियन संस्कृतीची सुरुवात झाली. या काळात अन्नधान्याचे उत्पन्न मोठ्या प्रमाणात वाढले. इजिप्तचे मुख्य पीक गहू, बार्ली, अंबाडी व एक प्रकारची लव्हाळी होते. लव्हाळीपासून लिखाणासाठी भूर्जपत्र म्हणजेच कागद तयार करत असत. धान्योत्पादनामुळे सामान्य लोकांचे जीवन स्थिर झाले. ते घरे करून राहू लागले. नागरी वसाहतीस सुरुवात झाली. शहरात सर्वसाधारणपणे ५,००० लोक राहत असत. शहरात मातीच्या विटांची घरे बांधत. भिंतीला कमानी काढून घरातील कोपरे सजवत असत. त्यांनी तांब्याची शस्त्रे तयार करण्यास सुरुवात केली. ते सोने, चांदी व नीलमण्यांचे अलंकार वापरत असत. सुमेरियन चित्रलिपीच्या समकालीन इजिप्शियन चित्रलिपी त्या काळातील मातीच्या भांड्यांवर आढळून येते. याच काळात इजिप्शियन राजघराण्याची सुरुवात झाली. दक्षिण इजिप्तचा राजा नार्मर याने उत्तर इजिप्त, दक्षिण इजिप्त आणि नाईल नदीचा त्रिभूज प्रदेश एकछत्री अमलाखाली आणला व मध्यवर्ती प्रशासन व्यवस्थेस सुरुवात झाली. इसवी सनपूर्व २६८६ नंतर शेतीतील धान्योत्पादन वाढले. त्यामुळे वास्तूशास्त्र, कला आणि तंत्रज्ञानाचा विकास सुरू झाला. प्राचीन इजिप्तच्या जुन्या राजवटीत जमीन, साधनसामग्री व मजुरांवर कायद्याने राजाचा अधिकार होता, म्हणून या सर्व साधनसामग्रीचा उपयोग राजाने इजिप्तच्या सांस्कृतिक विकासासाठी आणि भरभराटीसाठी केला. प्राचीन इजिप्त संस्कृतीतील वैभवशाली कार्य म्हणजे त्यांनी बांधलेले गीझा पिरॅमिड्स व इजिप्तमधील पुतळ्यांची उभारणी. इ. स.पूर्व २६८६ नंतर राजा अधिकारी नेमून कर जमा करत असे. शेतीला पाणी देण्याची व्यवस्था होती म्हणून धान्योत्पादन वाढले. छोट्या शेतकऱ्यांना बांधकामाचे कार्य करावे लागे. त्या काळी न्यायदानाची पद्धत विकसित झालेली होती. कायदा व सुव्यवस्था चांगली होती.

प्रधानाच्या (सचिव) मार्गदर्शनाखाली राजा राज्यकारभार करत असे. विभागीय अधिकारी नेमून कर जमा करण्यात येत असे व शेतीला पाणीपुरवठा करणारे प्रकल्प उभे करून शेतीचे उत्पन्न वाढवण्यात येत असे. जसजसे मध्यवर्ती सत्तेचे महत्त्व वाढत गेले, तसतसा शिकलेल्या कारकुनांचा एक नवीन वर्ग उदयाला आला. राजा त्यांच्या सेवेच्या मोबदल्यात जमीन (वतने) देत असे. राजा त्याच्या

मृत्यूपश्चात विधिपूर्वक दफन करण्यासाठी जमिनी देत असे; तसेच त्याच्या मृत्यूनंतर थडग्यांच्या देखभालीसाठी येणाऱ्या खर्चाची व्यवस्थादेखील मंदिरांना जमिनी देऊन करत असे. पुढील पाच दशकांनंतर मध्यवर्ती राजसत्ता क्षीण झाली. हाताखालील अधिकारी प्रबळ झाले आणि त्यांनी राजालाच आव्हान निर्माण केले. त्याचबरोबर इसवी सनपूर्व २२०० ते २१५० इजिप्तमध्ये प्रचंड दुष्काळ पडला. त्यामुळे इजिप्तला सतत १४० वर्षे दुष्काळाचा सामना करावा लागला. त्यातच ही प्राचीन वैभवशाली राजवट संपुष्टात आली.

३) सिंधू संस्कृती/हडप्पा संस्कृती :

दक्षिण आशियात सिंधू व सरस्वती या नद्यांच्या खोऱ्यांत इसवी सनपूर्व ७६०० वर्षांपूर्वी सिंधू संस्कृतीचा उदय झाला. याचा भौगोलिक विस्तार प्रामुख्याने पाकिस्तान व उत्तर भारतात पसरला आहे. या प्राचीन संस्कृतीचा दुसरा विकासाचा टप्पा गंगा आणि यमुना या दोन नद्यांच्या संगमातील प्रदेशात इसवी सनपूर्व ७००० वर्षांपूर्वी झालेला आहे. या संस्कृतीचा शोध १९२०मध्ये हडप्पा येथील उत्खननात लागला, म्हणून याला हडप्पा संस्कृती असे देखील म्हणतात. आतापर्यंत त्या काळातील एकूण ९६ शहरांचे उत्खनन झालेले आहे. यापैकी हडप्पा, मोहेंजोदाडो, गनेरीवाल ही शहरे पाकिस्तानात आहेत, तर ढोलवीरा, कालिबंगन, राखीगड, लोथल, दायमाबाद ही शहरे भारतात आहेत. दायमाबाद हे प्राचीन शहर महाराष्ट्रात आहे.

इसवी सनपूर्व ७००० वर्षांपूर्वी सिंधू, सरस्वती या नद्यांच्या खोऱ्यांत माणसाने शेती करण्यास व पशुपालनास सुरुवात केली. शेतीत गहू, बार्ली, कापूस ही मुख्य पिके होती; तसेच वाटाणा, तीळ, खजूर यांचीही लागवड करण्यात येत असे. गायी, बैल व दुधासाठी म्हशींची जोपासना करण्यात येत असे; तसेच शेळ्या-मेंढ्यादेखील पाळत असत.

इसवी सनपूर्व २५०० वर्षांपूर्वी सिंधू खोऱ्यात शेतीसाठी नांगराचा उपयोग करत असत. हडप्पा संस्कृतीचा पहिला टप्पा इसवी सनपूर्व ३३०० वर्षांपूर्वी ते २६०० वर्षांपूर्वी झाला. सर्वांत प्राचीन लिखाण इसवी सनपूर्व ३३०० वर्षांपूर्वीचे आढळून आलेले आहे. त्याचबरोबर या काळातील घरांचे बांधकाम झाल्याचे आढळून येते. या काळातील अनेक प्राचीन शहरे आढळून आलेली आहेत. त्यांचे दूरदूरच्या शहरात अंतर्गत व्यापारी संबंध होते. त्यांचा व्यापार इजिप्त, मेसोपोटेमियाशी (सुमेरियन संस्कृती) होता. ते अलंकार तयार करण्यासाठी

नीलमण्यांचा वापर करत असत.

इसवी सनपूर्व २६०० वर्षांपूर्वी हडप्पा संस्कृतीचा दुसरा अधिक प्रगत टप्पा सुरू झाला. या काळात अनेक मोठमोठ्या शहरांच्या वसाहती झाल्या. उदा. - हडप्पा, ढोलवीरा, मोहेंजोदारो, लोथल, राखीगढ यांसह १००० शहरे आणि खेडी बांधली. शहरांचा विकास नियोजनबद्ध व अत्याधुनिक तंत्रज्ञानाने केल्याचे पुरावे मिळतात. ते वास्तुविद्याशास्त्रात अत्यंत प्रगत होते. आरोग्यवर्धक सुविधा व उच्चदाबाने घरोघर पाणीपुरवठा होत असल्याचे आढळून आले आहे. प्रत्येक घरी स्नानगृहे व सांडपाणी वाहून नेण्यासाठी बंदिस्त नाल्या होत्या; तसेच रस्त्याच्या कडेने बंदिस्त नाल्याने सांडपाणी वाहून नेण्याची व्यवस्था होती. आधुनिक काळातदेखील भारत आणि पाकिस्तानातील अनेक वसाहतीत बंद गटारातून सांडपाणी वाहून नेण्याची व्यवस्था नाही. प्रत्येक घरासमोर मोठे अंगण व घरांना लहान लहान गल्लीतून जाणारे रस्ते होते. व्यापारासाठी अनेक गोद्या (डॉकयार्ड्स) बांधलेल्या होत्या. धान्याची कोठारे व मोठमोठ्या वखारी बांधलेल्या होत्या. त्यांच्याभोवती विटेच्या मोठमोठ्या तटरक्षक भिंती बांधलेल्या होत्या. सिंधू संस्कृतीतील शहरांभोवती उंच संरक्षक भिंती बांधलेल्या होत्या. त्यामुळे शहरांचे पुरापासून व शत्रू-सैनिकांपासून संरक्षण होत असे. एवढी प्रगत वसाहत, व्यापार व शहरांची रचना जगात इतर कुठल्याही समकालीन संस्कृतीत आढळून येत नाही.

शासन व अधिकार : सामाजिक समानता होती. कोणीही धनसंचय करत नसे. शासनव्यवस्थेत राजा नव्हता; सामुदायिक नेतृत्व होते. सर्वांना समान हक्क व दर्जा होता.

भाषा : सिंधू संस्कृतीत द्रविडियन भाषेशी संबंधित भाषा बोलली जात असे. सध्या अशी भाषा दक्षिण भारत, उत्तर श्रीलंका, पाकिस्तान, दक्षिण अफगाणिस्तानात बोलली जाते. उत्तर भारतातील काही भागात ब्राहू भाषा बोलली जाते, ती द्रविडियन भाषेशी संबंधित आहे.

४) चीनची प्राचीन संस्कृती :

चीनमध्ये यांग्झेत्से या आशिया खंडातील सर्वांत लांब नदीच्या खोऱ्यात इसवी सनपूर्व ७००० वर्षांपूर्वी छेंग्ताउशान येथे ज्वारी व बाजारीची शेती सुरू झाली. इसवी सनपूर्व ६५०० वर्षांपूर्वी या ठिकाणी भाताची शेती सुरू झाली. अश्मयुगाच्या उत्तरार्धात इसवी सनपूर्व ७००० ते ५८०० वर्षांपूर्वी जियाहू संस्कृतीची सुरुवात झाली. ग्झींझेंग परगण्यातील उत्खननात शेती केल्याचे पुरावे आढळले; तसेच

बांधलेली घरे, मातीची भांडी व दफन केलेली प्रेते मिळाली; ती इसवी सनपूर्व ५५०० ते इसवी सनपूर्व ३००० दरम्यानची असावीत. शेतीतील वाढलेल्या उत्पन्नामुळे लोकसंख्या वाढली. अन्नधान्य साठवून ठेवण्यात येत असे. कुशल कामगार व प्रशासकांना अन्नधान्य पुरवठा करण्यात येत असे. अश्मयुगाच्या उत्तरार्धात म्हणजे इसवी सनपूर्व ५००० ते इसवी सनपूर्व ३००० वर्षांपूर्वी यलो नदीच्या खोऱ्यात (यलो रिव्हर) यांग्शॉ संस्कृतीचा विकास झाला. यानंतर या सुपीक खोऱ्यात इसवी सनपूर्व ३००० ते २००० इसवी सनपूर्व यांग्शॉ संस्कृतीच्या जागी लॉन्शान संस्कृतीचा विकास सुपीक खोऱ्यात झाला. येथील उत्खननात कथिलापासून तयार केलेल्या काही कौशल्यपूर्ण वस्तू मिळाल्या.

५) दक्षिण अमेरिकेतील प्राचीन संस्कृती (नॉर्टेचिको संस्कृती) :

दक्षिण अमेरिकेतील अँडियन प्रदेशात म्हणजेच दक्षिण अमेरिकेतील पश्चिम किनारा, आजच्या पेरूत, इसवी सनपूर्व ४७०० वर्षांपूर्वी मानवाने शेती करण्यास प्रारंभ केला. विशेषतः उत्तर पेरूतील झाना खोऱ्यातील शेतीला कालव्याने पाणी देत असल्याचे पुरावे मिळालेले आहेत. अँडीज प्रदेशात; तसेच उत्तर आणि दक्षिण अमेरिकेत इसवी सनपूर्व ३५०० वर्षांपूर्वीची शहरी वसाहती असल्याचे पुरावे मिळाले आहेत. इसवी सनपूर्व ३२०० वर्षांपूर्वी नॉर्टेचिको संस्कृतीतील मोठमोठ्या वसाहती असल्याचे आढळून आले आहे. इसवी सनपूर्व २१०० वर्षांपूर्वी दक्षिण अमेरिकेत फोर्टालेझा, पाटीविल्का व सुपे या उत्तर पेरूतील नद्यांच्या संगमाच्या प्रदेशात प्राचीन संस्कृतीची भरभराट झाली. या नद्यांच्या खोऱ्यात अनेक वसाहतींचे समूह आढळून आले आहेत; तसेच हौरा नदीच्या खोऱ्यातदेखील तत्कालीन वसाहती आढळून आलेल्या आहेत; परंतु या नार्टोचिको वसाहतीत नेहमीप्रमाणे आढळणारी मातीची भांडी मिळालेली नाहीत किंवा कोणत्याही कलाकुसरीची वा कोरीव नक्षीकामाची शिल्पे सापडलेली नाहीत. मातीच्या ढिगाऱ्याचे फलाट व कापड विणकामाचे साहित्य मिळाले आहे; तसेच दगडी बांधकाम असलेली गोदामे आढळून आलेली आहेत; परंतु संरक्षणासाठी त्याभोवती तटरक्षक भिंती आढळून आलेल्या नाहीत. त्यांचे मुख्य पीक बटाटा, कोका, भुईमूग, टोमॅटो, तंबाखू, अननस हे होते. पेरूमध्ये इसवी सनपूर्व ३६०० वर्षांपूर्वी कापूस पिकवत असत. ते लमासा व लोकरीसाठी मेंढरांचे पालन करत असत; तसेच ते गिनीपिग (मोठ्या उंदरासारखे प्राणी) पाळीत असत. हे लोक समुद्री खाद्याचा प्रोटिनयुक्त आहारासाठी वापर करत असत. तेथील लोक दोरीच्या साह्याने नोंदी ठेवत

असल्याचे अनेक दाखले सापडलेले आहेत. इसवी सनपूर्व १८०० वर्षांपूर्वी नॉर्टेचिको संस्कृतीचा ऱ्हास सुरू झाला. मातीच्या भांड्यांचा उपयोग इसवी सनपूर्व २००० वर्षांपूर्वी अँडियन संस्कृतीत करत असल्याचे पुरावे मिळालेले आहेत.

६) मध्य अमेरिकेतील प्राचीन संस्कृती (कल्चर ऑफ मिजोअमेरिका) :

या संस्कृतीचा विकास मेक्सिकोपासून बेलिझ, गोटेमाला, इल-साल्व्हाडोर, हाँडूरस, निकारागॉ व उत्तर कोस्टारिकापर्यंत झाला. या संस्कृतीला ओल्मेक संस्कृती असे म्हणतात. या प्रदेशात इसवी सनपूर्व ५००० ते ३४०० वर्षांपूर्वी शेती करत असल्याचे पुरावे मिळालेले आहेत. इसवी सनपूर्व २७०० वर्षांपूर्वी मक्याची लागवड करण्यात येत होती. या काळी तेथील भटका मानव तात्पुरते घरे बांधून वसाहती करून राहू लागला. ऑल्मेक संस्कृतीची सुरुवात इसवी सनपूर्व ५,१०० ते इसवी सनपूर्व ४,६०० वर्षांपूर्वीची आहे. तेथील शेतकरी कोहळा, भोपळा, चवळी, कोका व तंबाखूचे पीक घेत असे. मांसासाठी टर्की या कोंबडीसारख्या पक्ष्यांची जोपासना करत असत.

पाश्चिमात्त्य संस्कृतीचे उगमस्थान (ग्रीसची संस्कृती) :

ग्रीस हा जगातील एक सुंदर प्रदेश आहे; परंतु तेथे मेसोपोटेमिया किंवा इजिप्तसारखी शेती योग्य उपजाऊ जमीन नसल्यामुळे व पाणी मर्यादित असल्यामुळे सांस्कृतिक विकास उशिरा सुरू झाला. येथील विकासाचा मुख्य पाया व्यापार व हस्तव्यवसाय आहे. इसवी सनपूर्व ६००० ते ३००० वर्षांपूर्वी या प्रदेशात शेती व्यवसायास आरंभ झाला. प्रामुख्याने येथील अनुकूल व शुष्क वातावरणामुळे द्राक्ष आणि बदामाची शेती करण्यात येत असे. शेतीचे तंत्रज्ञान सुमेरियनाकडून ग्रीसकडे पसरले. इसवी सनपूर्व ६००० वर्षांपूर्वी गहू, बार्ली, याशिवाय मसूर, बदाम, पिस्ता व द्राक्षाच्या शेतीची सुरुवात झाली. त्यांनी निर्यातीसाठी आणि व्यापारासाठी शेती केली. ग्रीक संस्कृतीतूनच रोमन संस्कृतीचा उदय झाला. ग्रीक संस्कृती ही पाश्चिमात्त्य आधुनिक संस्कृतीचा पाया आहे. याच संस्कृतीत विज्ञान, कला, लोकशाही, राजकारण, वास्तूकला इत्यादींचा उदय झाला. म्हणून विद्वान ग्रीस संस्कृतीला आधुनिक संस्कृतीचे उगमस्थान मानतात.

मानवाची उत्क्रांती जरी दक्षिण व पूर्व आफ्रिकेत झाली असली, तरीही सांस्कृतिक विकासाची सुरुवात मात्र मेसोपोटेमिया, इजिप्त व भारतीय उपखंडात इसवी सनपूर्व १०००० ते ७००० वर्षांपूर्वी झाली. त्यानंतर चीन, दक्षिण अमेरिका

व मध्य अमेरिकेत इसवी सनपूर्व ७००० ते ५००० वर्षांपूर्वी झाली. पूर्व आफ्रिकेत शहरीकरणाची व विकासाची सुरुवात केवळ ३,००० वर्षांपूर्वी झाली व दक्षिण आफ्रिकेत फक्त २,००० वर्षांपूर्वी झाली. आता आता उत्तर ध्रुव प्रदेशातील भटक्या शिकारी, मासे खाऊन जगणाऱ्या माणसाचे जीवनमान बदलत आहे; तसेच ऑस्ट्रेलिया व उत्तर ध्रुव प्रदेशात आदिवासींच्या जीवनात बदल सुरू झालेले आहेत. आफ्रिकेतील बुशमन, पिग्मी व बांटूच्याही भटक्या शिकारी जीवनात बदल होण्यास सुरुवात झाली आहे. यावरून मानवी विकासात विषमता व असमानता आहे हे लक्षात येते.

यानंतर पुढील टप्प्यात जगातील सर्व प्रदेशांत विकास पसरला. राजेशाही व संघटित धर्मांचा विकास झाला. व्यापार वृद्धिंगत झाला. शेती व्यवसायात सुधारणा झाली. १७व्या शतकापासून औद्योगिकीकरण सुरू झाले व १८व्या शतकात औद्योगिक क्रांती झाली. विसाव्या शतकात हरितक्रांती व धवलक्रांती झाली. विज्ञान व तंत्रज्ञानाचा विकास झपाट्याने झाला. गेल्या शतकात तर यंत्रयुग, अणुयुग, संगणकयुग, औषधे व वैद्यकीय ज्ञान वाढले. त्यामुळे मानवाचे आयुर्मान वाढले. दळणवळणाची वाहतुकीची साधने वाढली. मानवाला जग एखाद्या लहान खेड्यासारखे झाले. या काळात मानवाचा सांस्कृतिक विकास झपाट्याने झाला; परंतु त्याचबरोबर लोकसंख्या वाढ, प्रदूषण, प्रांतवाद, धर्मवाद यासारख्या अनेक समस्याही निर्माण झाल्या. मानवाच्या शेती, औद्योगिकीकरण, दळणवळण, बांधकाम या व्यवसायातील प्रगतीमुळे निसर्गाचा प्रचंड ऱ्हास झाला. त्यामुळे संपूर्ण सजीवसृष्टीच्या भविष्यातील अस्तित्वाचा प्रश्न निर्माण झाला. निसर्गातील हे सर्व जटिल प्रश्न मानवामुळे निर्माण झालेले आहेत. त्यामुळे यावर उपायोजना करणे हे आपले कर्तव्य आहे. वरीलप्रमाणे आपण प्राचीन मानवाचा सांस्कृतिक विकास कसा झाला हे समजून घेतले. यानंतरच्या विकासाच्या सर्व नोंदी इतिहासाने घेतलेल्या आहेत.

प्रकरण पंधरावे

धर्म व कलेचा विकास

धर्म :

या प्रकरणात आपण प्राचीन मानवात धर्माचा विकास कसा झाला, याबद्दलचा वैज्ञानिक दृष्टिकोन समजून घेणार आहोत. धार्मिक वर्तन असणे हा मानवी मनाच्या प्रवृत्तीचा विकास आहे. उत्तर अश्मयुगात त्याच्या वर्तनात परमार्थ निष्ठा व पूजापद्धती आढळून येते. तो सत्य परिस्थिती जाणून खरेपणाने वागावे याबद्दल आग्रही होता. त्याची सत्यावर अढळ निष्ठा होती. सत्यावर अढळ निष्ठा असणे यालाच परमार्थ निष्ठा असे म्हणतात. अशा प्रकारचे वर्तन इतर कोणत्याही प्राण्यात आढळून येत नाही. असे वर्तन मानवातच का? याचा आपण शोध घेऊ.

मानवाच्या उत्क्रांतीच्या प्रक्रियेत संस्कृती व धर्माचा विकास झाल्याचे स्पष्टपणे सिद्ध झालेले आहे. सामान्यपणे अनेकांचा असा समज आहे, की धर्म आणि विज्ञान ही दोन तत्त्वे परस्पर विरुद्ध आहेत; परंतु वास्तविकता अशी आहे, की विज्ञान आणि धर्म एकमेकांना पूरक आहेत.

सत्याचा शोध घेणे म्हणजे विज्ञान. निरीक्षण आणि चिकित्सक प्रयोगातून मिळालेले तर्कसुसंगत ज्ञान म्हणजे विज्ञान. जे पडताळ्याने सिद्ध करता येते व तपासून पाहता येते. उदा. - पाणी उताराच्या दिशेने वाहते, हे निरीक्षणाने प्राप्त केलेले ज्ञान आहे. याची सत्यता कोणतीही व्यक्ती कुठेही भूपृष्ठावर किंवा अन्य पृष्ठभागावर पाणी सांडून ते उताराच्याच दिशेने वाहते, हे प्रयोगाने पडताळून पाहू शकते. ही सत्य

शोधण्याची वृत्ती म्हणजे विज्ञान.

काय सत्य आहे व काय असत्य आहे हे ठरवणे, सत्य वर्तन करणे व मानवी जीवनातील सत्याचे महत्त्व लक्षात घेणे म्हणजे धर्म आहे. सत्य हेच धर्माचे परमोच्च तत्त्व आहे. मेंदूचा विकास, हत्यारांचा उपयोग, भाषेचा विकास, नीतिमत्ता व समूह जीवनपद्धती या माध्यमातून धर्माचा विकास झाला, असे मानववंश शास्त्रज्ञांचे मत आहे. मानवाचे सध्या अस्तित्वात असलेले सर्वांत जवळचे नातेवाईक चिम्पांझी व बोनोबोस यांच्यात धर्माचा विकास होण्यासाठी आवश्यक हुशारी, समूह जीवनपद्धती, संपर्क करण्याची क्षमता व 'स्व'ची जाण हे गुण असूनसुद्धा धर्माचा विकास झाला नाही. मग मानवातच धर्माचा विकास का व कसा झाला ते आपण समजून घेऊ.

मानवाच्या मेंदूचा आकार चिम्पांझीच्या मेंदूपेक्षा तीन ते चार पटीने मोठा आहे. प्रत्येक पृष्ठवंशीय प्राण्यांच्या मेंदूत बाह्यपटल (कॉर्टेक्स) व आतले पटल (मेड्यूला) अशी दोन आवरणे असतात. बाह्यपटल ज्ञान, आकलन, स्मरण व हुशारीसंबंधी कार्य करते. ५ लक्ष वर्षांपूर्वी मानवाच्या मेंदूतील बाह्यपटलाची वाढ झाली व त्याने मेंदूचा ८०% भाग व्यापला. चिम्पांझीत बाह्यपटलाने मेंदूचा केवळ ५०% भाग व्यापलेला आहे. मानवाच्या मेंदूत बाह्यपटलाची प्रचंड वाढ झाल्यामुळे आकलन, हुशारी, 'स्व'ची जाण, भाषा, भावना, कल्पनाविष्कार या प्रकारच्या उच्च दर्जाच्या बौद्धिक प्रक्रिया करण्याची त्याची क्षमता वाढली. या बौद्धिक क्षमतेशिवाय मानवात नीतिमत्ता या विशेष गुणाचा विकास झाला. नीतिमत्ता या गुणाचा विकास चिम्पांझीत किंवा इतर कोणत्याही प्राण्यात झालेला नाही. नीतिमत्ता या विशेष गुणामुळेच मानवात धर्माचा विकास झाला, असे मानववंश शास्त्रज्ञ मानतात. प्राचीन मानवाची आकलनक्षमता वाढल्यामुळे मृत्यू अटळ आहे, तो टाळता येत नाही याचे ज्ञान त्याला झाले. माणूस का मरतो? व मेल्यानंतर त्याचे काय होते? यावर विचार करूनसुद्धा त्याला त्याचे काहीच आकलन झाले नाही. जवळची व्यक्ती मेल्यानंतर कधीकधी स्वप्नात भेटत असल्याचे व बोलत असल्याचे भास त्याला होत असत, जे आजही आपल्याला होतात. यातूनच त्याने अनुमान काढले, की मृत्यूनंतर शरीर नष्ट झाले, तरी त्या व्यक्तीचा आत्मा शिल्लक राहतो. तो अमूर्त व अमर असतो. त्याला वेळेचे व जागेचे बंधन नसते. हेच आत्मे आपल्याशी बोलतात, संकटकाळी आपले रक्षण करतात, असे तो मानू लागला. म्हणून निअँडरथल मानवाने मृतांचे त्यांच्या हत्यारासह दफन करण्यास सुरुवात केली. आत्मा अमर आहे असे तो मानू लागला, म्हणून मृत्यूनंतरच्या जीवनावर त्याचा विश्वास होता. अशा प्रकारे आत्मा

ही संकल्पना अस्तित्वात आली.

बौद्धिक विकासामुळे मानव त्याच्या सभोवताली घडणाऱ्या प्रत्येक घटनेचा कार्यकारण भाव शोधू लागला. कोणतीही घटना कारणाशिवाय घडत नाही हे तो जाणू लागला. उदा. - एखादा दगड कोणीतरी ढकलल्याशिवाय जागा बदलत नाही. कोणी तरी दोऱ्यात फुले गुंफल्याशिवाय हार तयार होत नाही इत्यादी. म्हणून कोणतीही घटना आपोआप घडत नाही. त्याला निश्चित कारण असते, हे प्राचीन मानवाला ज्ञात होते. तो तर्कबुद्धीने एखाद्या घटनेचे अनुमान काढत असे. उदा. - वाघ हा हिंस्त्र पशू आहे. त्याने अनेक वेळा मानवावर हल्ला करून त्याला जिवंत मारले आहे, म्हणून आजूबाजूला वाघाचे अस्तित्व असणे म्हणजे आपल्या जीविताला धोका आहे हे तो जाणू लागला. नेहमीच्या निरीक्षणाने त्याला आकलन झाले, की पाऊस पडल्यामुळे नदीला पूर येतो. म्हणून मोठा पाऊस पडल्यानंतर आता नदीला पूर येणार हे तो अगोदरच जाणू लागला. तरीही निसर्गातील अनेक घटनांची कारणे प्राचीन मानवाच्या लक्षात येत नसत. उदा. - मेघगर्जना, आकाशात चमकणारी वीज, सूर्य, चंद्र, ग्रह-ताऱ्यांचे भ्रमण, अतिवृष्टी, महापूर, भूकंप, ज्वालामुखी, वादळे व महामारी यातून होणारी प्रचंड जीवितहानी त्याला सतत अशा नैसर्गिक संकटाची चिंता असे. अशी संकटे का येतात व यातून आपली सुटका कशी करायची ? हे त्याच्या आकलन क्षमतेच्या व भौतिक शक्तीच्या आवाक्याबाहेर होते, म्हणून या घटनांमागे अज्ञात शक्ती आहे असे तो मानू लागला. यातून मुक्ती मिळवण्यासाठी तो त्या अज्ञात शक्तीला शरण जात असे. प्रार्थना करून अशा संकटात संरक्षण देण्याची याचना करू लागला. यातूनच देव ही संकल्पना पुढे आली. या अज्ञात शक्तीला तो देव मानू लागला. देवाला प्रसन्न केल्यावर नैसर्गिक संकटे येत नाहीत व आली तरी देव आपले संरक्षण करतो असे तो मानू लागला. आजही आपण एखाद्या घटनेचे कारण लक्षात आले नाही, तर देवाला माहीत असे म्हणून देवावर सोडून देतो आणि निश्चिंत होतो.

अशा प्रकारे आत्मा आणि देव या दोन संकल्पना अस्तित्वात आल्या आणि यातूनच धर्माचा विकास झाला असे मानववंश शास्त्रज्ञ मानतात. भटका माणूस शेतकरी झाल्यानंतर निसर्गातील बदलाचे तीव्र परिणाम त्याच्या जीवनावर होऊ लागले. उदा. - योग्य प्रमाणात पाऊस झाला तर शेतीतून भरपूर अन्नधान्याचे उत्पन्न होऊन त्याची भरभराट होत असे. अनावृष्टी किंवा अतिवृष्टी होऊन महापूर आले, तर शेतीचे प्रचंड नुकसान होऊन अन्नधान्याची टंचाई निर्माण होऊन उपासमारीमुळे मोठ्या प्रमाणात जीवितहानी होत असे. अशा नैसर्गिक आपत्तीतून स्वत:चे संरक्षण करण्यासाठी व शेतीतून भरपूर अन्नधान्य पिकावे यासाठी मानवाने या अज्ञात

शक्तींना प्रसन्न करून घेण्यासाठी सामुदायिक आचरणपद्धती ठरवली. देवाला (अज्ञात शक्तीला) शरण जाणे, प्रार्थना करणे, त्याच्या आज्ञेत राहणे, देणगी वा बळी देणे व त्याच्यावर निष्ठा ठेवणे, या आचरण पद्धतीमुळे देव व आत्मे प्रसन्न होतात व संकटात ते आपले संरक्षण करतात, असे त्याचे मत होते. या आचरण पद्धतीतूनच धर्माचा विकास झाला.

नीतिमत्ता, समूह जीवनपद्धती यामुळे धर्माचा विकास झाला, असे काही शास्त्रज्ञ मानतात. मानव व एप या समाजशील प्राण्यांत खालीलप्रमाणे काही समान गुणधर्म आहेत. टोळीतील सदस्यांत एकमेकांबद्दल प्रेम व जिव्हाळा असतो. ते एक-दुसऱ्याला सहकार्य करतात. त्यांच्यात इतरांबद्दल सहानुभूती असते. दुसऱ्याच्या अंतःकरणातील भावना जाणून घेणे, परस्परांत निःस्वार्थपणे वागणे, शांततेने राहणे, समूहातील इतरांचे विचार समजून घेणे, सामाजिक जबाबदारी व नियम पाळण्याबद्दल सावध राहणे इत्यादी. याशिवाय सदस्यांतील लबाडी, कलह, भांडणे व संघर्ष टाळण्याकडे त्यांचा कल असणे, हे समान गुणधर्म आहेत. डॉ. डी. वॉलच्या मते, वरील सामाजिक गुणाशिवाय उच्चतम नीतिमत्ता असणे, हा मानवाचा विशेष गुण आहे. नीतिमत्तेची जाणीव असणे व नीतीने वागणे ही त्याची विशेषता आहे. प्रत्येक व्यक्तीने समाजात कसे वर्तन करायचे याबद्दल तो कठोर कायदे करतो व त्यांची अंमलबजावणी करतो. एखाद्या व्यक्तीने सामुदायिक नियम न पाळल्यास त्याला कठोर शिक्षा करण्यात येते. टोळीतील प्रत्येक सदस्याला योग्य न्याय देणे, सामाजिक समानता ठेवणे याबद्दल तो आग्रही असतो. मानवाच्या या विशेष गुणांमुळे धर्माचा विकास झाला असे मॅट जे रोसॅना या मानसतज्ज्ञाचे मत आहे. धर्माच्या साह्याने समाजातील नीतिमत्तेचे सतत संवर्धन करण्यात येते. प्रत्येक व्यक्तीच्या वर्तनात नीतिमत्ता आहे की नाही, याची वेळोवेळी छाननी करण्यात येते. परिणामकारकपणे नीतिमत्तेचे व सामाजिक कायद्याचे पालन व्हावे म्हणून समाजातील प्रत्येक सदस्याच्या वर्तनावर लक्ष ठेवण्यासाठी मोठ्या हिकमतीने मानवाने पूर्वजांच्या पवित्र आत्म्यांना व देवाला समाविष्ट करून घेतले आहे. प्रत्येक व्यक्ती नीतीने वागतो की नाही, याची नोंद देव ठेवतो. अनीतीने वागणाऱ्यांना तो शिक्षा करतो व नीतीने वागणाऱ्यांचे तो कल्याण करतो, यावर त्याचा दृढ विश्वास होता. अशाप्रकारे प्रत्येक व्यक्तीचा स्वार्थ थोपवून धर्माच्या साह्याने समाजात निःस्वार्थ वर्तनाचे संवर्धन केले व समाजात एकोपा निर्माण झाला. त्यामुळे व्यक्तीव्यक्तींत स्नेह, सहकार्य व जिव्हाळा वाढला. या पद्धतीने सामाजिक नीतिमत्तेला परंपरागत सामुदायिक धर्म भावना म्हणून समाजमान्यता मिळाली. अज्ञात शक्तींना प्रसन्न करून घेण्यासाठी

ठरवलेली सामुदायिक आचरणपद्धती; तसेच प्रत्येक व्यक्तीचे समाजातील निःस्वार्थ व नैतिक वर्तन यातूनच धर्माचा विकास झाला. धर्म हे प्राचीन मानवाच्या हुशार मेंदूने निर्माण केलेले शिल्प आहे असे शास्त्रज्ञ मानतात.

उत्क्रांतीच्या तत्त्वानुसार नैसर्गिक निवडीने मानवी जीवनात धर्म रुजला असावा अशी विचारप्रणाली आहे. धार्मिक भावना माणसाचे मनोबल वाढवते, त्याचे मन स्थिर व शांत ठेवते, बिकटप्रसंगी त्याच्या मनात कोणत्याही प्रकारची संदिग्धता व अनिश्चितता नसते, त्यामुळे अशा व्यक्ती कठीण परिस्थितीत ताणतणाव सहन करू शकतात व प्रतिकूल परिस्थितीतसुद्धा सक्षमतेने कार्य करतात. ते दुःख व चिंतामुक्त असतात, त्यामुळे अशा व्यक्तींना मानसिक स्वास्थ्य लाभते. ते मनाने खंबीर व धडधाकट बनतात. डार्विनच्या सिद्धान्तानुसार जीवनकलहात जे सजीव धडधाकट असतात, त्यांचीच नैसर्गिक निवड होते. धर्म व्यक्तीला प्रतिकूल परिस्थितीत तग धरून जिवंत राहण्यासाठीचे शक्तिशाली साधन आहे. म्हणून धार्मिक भावना असलेल्या व्यक्ती जीवनकलहात यशस्वी होतात व त्यांची नैसर्गिक निवड होते. या पद्धतीने अनेक पिढ्यानंतर नैसर्गिक निवडीने मानवात धर्माचा विकास झाला. मानवाच्या उत्क्रांतीतच धर्माचे रहस्य दडलेले आहे, म्हणून धार्मिक वर्तनाचा विकास मानवाच्या डीएनएमुळे रुजला व मानवी वर्तनात तो अधिक दृढ झाला. धर्म मानवाचे मनोबल आणि आत्मबल वाढवतो, म्हणून तो संकटावर मात करून दीर्घ काळ जगण्यासाठी सक्षम बनतो.

पुरावे :

मानवात धर्म केव्हा रुजला हे नेमके सांगता येत नसले, तरी ३ ते ५ लक्ष वर्षांपूर्वी मध्य अश्मयुगात तो प्रेताचे दफन करत असे, यावरून त्याच्यात धार्मिक रुढी होत्या याचा हा सबळ पुरावा आहे. त्या काळी त्याला जीवन व मृत्यू याची जाण होती. मृत्यूनंतरच्या जीवनावर त्याचा विश्वास होता. स्पेनमध्ये अटाप्युर्का येथे एका थडग्यात ३० मृत व्यक्तींच्या अस्थी आढळून आलेल्या आहेत. त्या हैडेलबर्ग मानवाच्या असाव्यात. त्यानंतर निअँडरथल मानवाने मृतांचे हत्यारांसह विधिपूर्वक दफन केल्याचे थडगे इराकमधील शानिदार येथे; तसेच इस्त्रायल येथील केबारा गुहेत आढळून आलेले आहेत. इस्त्रायल येथील गुहेतील थडगे १,००,००० वर्षांपूर्वीचे असावे; तसेच थडग्यातील मानवाच्या अस्थींना गेरूचे लाल ठिपके दिलेले आढळून आलेले आहेत. स्टिवेन मिथेन या पुराणवस्तू संशोधकाच्या मते प्रत्येक धर्मात ईश्वर किंवा धार्मिक कल्पना समजून घेण्यासाठी प्रतिकांचा उपयोग करण्यात येतो.

थडग्यातील मानवाच्या अस्थींना गेरूचे दिलेले लाल ठिपके म्हणजे धर्माचे प्रतीक आहे. तसेच नवीन अश्मयुगात अर्धे मानव व अर्धे प्राण्याचे गुहेतील चित्र हे त्या वेळच्या धार्मिकतेचे प्रतीक आहे.

संघटित धर्म :

११,००० वर्षांपूर्वी भटक्या शिकारी मानवाने जगातील वेगवेगळ्या प्रदेशात शेती करण्यास आरंभ केला. त्यामुळे त्याचे जीवन स्थिर झाले तो वसाहती करून राहू लागला. शेतीतून अन्नधान्याचे मुबलक उत्पन्न झाल्यामुळे लोकसंख्या वाढली व नवीन तंत्रज्ञानाचा विकास झाला. त्यामुळे अन्न गोळा करत फिरणाऱ्या टोळ्यांचे रूपांतर राज्यात व साम्राज्यात झाले व यातूनच संघटित धर्माचा विकास झाला.

एका भटक्या टोळीतील सदस्य संख्या ५०पर्यंत मर्यादित होती. ते एकमेकांचे नातेवाईक होते म्हणून त्यांच्यात स्नेह होता. यापूर्वी दोन टोळ्या एकमेकांशी शत्रुत्वाने राहत असत. भटकताना अचानकपणे दुसऱ्या टोळीतील सदस्याची भेट झालीच, तर ते एकमेकांचे मुडदे पाडत. धर्मामुळे समाजात क्रांती झाली, नीतिमत्ता वाढली. भिन्न समूहातील अनोळखी व्यक्तीत सहकार्य व विश्वास निर्माण झाला आणि टोळीतील भांडणे संपली; परंतु माणूस शेतकरी झाल्यानंतर त्याच्या अनेक गरजा वाढल्या. शेती सुरू केल्यानंतर अनेक टोळ्या एकत्रित वसाहती करून राहू लागल्या. त्यांच्यातील संघर्ष टाळण्यासाठी शेतीचे, अन्नधान्याचे, संपत्तीचे, समन्यायी वाटप करणे, इतर टोळ्यांतील सदस्यांसोबत शांतता प्रस्थापित करणे, सर्वांना सामाजिक व आर्थिक स्थैर्य देणे, न्यायनिवाडा करणे यासाठी सामाजिकदृष्ट्या केंद्रीय सत्तेची गरज निर्माण झाली व यातूनच सुसंघटित धर्माचा आरंभ झाला. धर्मामुळे समाजात मध्यवर्ती सत्ताकेंद्राचे समर्थन करणारी व्यवस्था निर्माण झाली. त्यांना समाजाकडून कर जमा करण्याचा, सामाजिक शांतता प्रस्थापित करण्याचा व समाजातील प्रत्येक व्यक्तीला सुरक्षा देण्याचा अधिकार प्राप्त झाला.

धर्मामुळे हजारो अनोळखी सदस्य शांततेने एकत्रित राहू लागले. यातूनच राज्य आणि साम्राज्य निर्माण झाले. अशा प्रकारे उत्तर अश्मयुगात राज्यांची निर्मिती झाली. प्राचीन इजिप्त व मेसोपोटामियात ईश्वरसत्ताक राज्यपद्धतीचा आरंभ झाला. सिंधू संस्कृतीत सामुदायिक नेतृत्व होते. प्राचीन काळी धर्मगुरूच राज्यसत्तेचे अधिकारी होते. यावरून हे स्पष्टपणे निर्देशित होते, की धर्माला राजाश्रय मिळाला. धर्मसत्ता व राज्यसत्ता एकमेकांच्या हातात हात घालून चालत असत. राजा हा

ईश्वराचा अंश आहे असे समजण्यात येत असे, म्हणून राजाची आज्ञा म्हणजे ईश्वराने दिलेला आदेश समजून सर्व समाज त्याचे पालन करत असे.

धर्माचे महत्त्व :

माणूस भावनाप्रधान आहे. व्यक्तीच्या मनात एकानंतर एक निर्माण होणाऱ्या तीव्र भावनिक मालिकांचे समाधान धर्मच करू शकतो. प्रत्येकाला स्वतःच्या व्यक्तिगत जीवनाचे व जन्म-मृत्यूचे रहस्य जाणून घेण्याची उत्कट इच्छा असते. वैयक्तिक आणि सामाजिक जीवनात काय चूक व काय बरोबर आहे याचे व नीतिशास्त्राचे हजारो वर्षांपासून परंपरेने धर्मानेच मार्गदर्शन केलेले आहे. म्हणून समाधानाने व निर्भयपणे जीवन जगण्यासाठी धार्मिक वर्तन मदत करते. प्रत्येक व्यक्तीत आत्मविश्वास वाढवण्याचे व समाजात विश्वास निर्माण करण्याचे कार्य धर्माने केलेले आहे. प्रत्येक व्यक्तीचा जन्म विशिष्ट हेतू साध्य करण्यासाठी झाला आहे व ईश्वर त्याच्या पाठीशी आहे, ही भावना धर्मानेच प्रत्येकाच्या मनात रुजवली आहे. त्यामुळे व्यक्तीचे आत्मबल वाढते व त्याला स्वतःच्या जीवनाचे महत्त्व वाटते. नैराश्य व नकारात्मक भावना निर्माण होत नाही. जीवनाकडे तो सकारात्मक दृष्टीने पाहतो.

जागतिक आरोग्य संघटनेने (डब्ल्यूएचओ) आरोग्याची व्याख्या पुढीलप्रमाणे केलेली आहे. 'आरोग्य म्हणजे व्यक्तीचे शारीरिक, मानसिक, सामाजिक व आध्यात्मिक स्वास्थ्य.' या चार स्वास्थ्यांपैकी एक स्वास्थ्य जरी बिघडले, तरी ती व्यक्ती आजारी आहे असे निर्देशित होते. धार्मिक वर्तनच व्यक्तीला आध्यात्मिक स्वास्थ्य देऊ शकते व मनात सकारात्मक भाव निर्माण करते.

समाजात सत्य प्रस्थापित करणे, प्रत्येकाचे भौतिक व आध्यात्मिक कल्याण करणे, मनोबल वाढवणे, प्रत्येकाला आर्थिक व सामाजिक संरक्षण देणे, समाजातील झगडे संपवून शांतता प्रस्थापित करणे, समाजात श्रद्धा व विश्वास वाढवणे व एकसंध समाज निर्माण करणे हे धर्माचे कार्य आहे. याच उद्देशाने जगातील वेगवेगळ्या भागात वेगवेगळ्या धर्मांची स्थापना झाली.

यानंतर जगातील सर्व धर्मांच्या नोंदी इतिहासाने घेतलेल्या आहेत. हिंदू, जैन, बौद्ध, ज्यू, ख्रिश्चन, इस्लाम, शिख इत्यादी. सर्व धर्मांनी जगाला सत्याचे ज्ञान दिलेले आहे. प्रत्येक धर्म संपूर्ण मानव जातीच्या कल्याणासाठी प्रयत्न करत आहे. मानवाचे दुःख, चिंता, नैराश्य, अन्याय, अज्ञान, दारिद्र्य, अविश्वास, अंधश्रद्धा व असत्याचे उच्चाटन करून सत्याची स्थापना करणे, वेगवेगळे मानव समूह एकसंध

करून परस्परांत विश्वास व श्रद्धा वाढवणे, प्रत्येक व्यक्तीचे कल्याण करणे, यासाठी सर्व धर्म आपापल्या परीने प्रयत्नशील आहेत.

कला :

शिकारी मानवात संपर्कासाठी व भावना प्रकट करण्यासाठी कलेचा विकास झाला असावा. कला व्यक्तीच्या भावना जागृत करून गतकाळातील घटनांच्या भावनिक स्थितीची अनुभूती देते, म्हणून कला म्हणजे विविध घटकांची अनुभूती देणारी मांडणी. उदा. - चित्रकला, शिल्पकला, संगीतकला, नाट्यकला इत्यादी. मानवाच्या उत्क्रांती प्रक्रियेत संस्कृती व धर्माचा जसा विकास झाला, त्याच पद्धतीने कलेचा विकास झाला. सांस्कृतिक विकासाशिवाय कलेचा विकास नाही. कला संस्कृतीचे प्रतिबिंब आहे. संस्कृतीशिवाय कलेला अस्तित्व नाही. कला संस्कृतीवर भाष्य करते. कला सौंदर्य व्यक्त करते. इतिहास काळापासून कलेचा जास्तीत जास्त उपयोग सौंदर्य व्यक्त करण्यासाठी झालेला आहे. आपण निसर्गाचे सौंदर्य श्वास रोखून पाहतो. उदा. - समुद्र किनाऱ्यावरील सूर्यास्ताचे दृश्य. जणू काही सूर्य समुद्राच्या पाण्यात बुडतो असे भासते. तेवढ्याच तन्मयतेने आपण ताजमहालाचे सौंदर्य पाहतो. ताजमहाल शिल्पकलेचा एक अप्रतिम नमुना आहे. निसर्गरम्य ठिकाणी मोर नृत्य करत असताना त्याचे अप्रतिम सौंदर्य, त्याचा ऐटबाज पिसारा व त्यातील निरनिराळ्या रंगछटा हे मनमोहक दृश्य पाहताना आपण देहभान विसरून जातो.

वरील सर्व कलाविष्कार आपल्या भावना उत्तेजित करतात. आपण भावनावश होतो. या भावना आठवणींच्या रूपात आपण दीर्घ काळ जपतो. कलेतून प्रकट झालेले दृश्य सौंदर्य, व्यक्तीच्या भावनिक आणि मानसिक स्थितीवर परिणाम करते. पूर्वी घडलेल्या घटनेचे चित्र पाहून गतकाळातील घटना दृश्य स्वरूपात जशाच्या तशा आपल्या समोर उभ्या राहतात. त्या घटनेची अनुभूती मिळते आणि आपण त्याच भावनिक स्थितीत जातो. उदा. - नाचणाऱ्या मोराचे रेखाटलेले चित्र पाहून यापूर्वी जंगलात मोर नाचत असलेले पाहिल्याच्या आठवणीने आपल्या मनातील भावना उचंबळून येतात व आपल्याला यापूर्वी अनुभवलेल्या भावनिक स्थितीची अनुभूती मिळते.

कलेची सुरुवात कशी झाली :

क्रोमॅग्नॉन मानव उत्तम चित्रकार होता. त्याने युरोपात अनेक गुहेतील भिंतीवर रंगवलेली चित्रे ही आपल्या संस्कृतीतील दृश्यकलेची सुरुवात होती. त्या काळी

चित्रकलेची सुरुवात भूतकाळातील घटनांचे स्मरण करण्यासाठी झाली असावी. प्राचीन मानव काही तरी चित्र काढून दुसऱ्या व्यक्तीला भूतकाळातील आठवणींचे स्मरण करण्यास प्रवृत्त करत असावा. अशा चित्रांचा उपयोग त्या काळी संपर्कासाठी आणि इतरांना शिकवण्यासाठी करण्यात येत असावा. कलाविष्कार मानवाच्या उत्तम मेंदूचे कार्य आहे. प्राचीन मानवाच्या अंतर्मनाला ज्या अनुभूती आल्या, त्या त्याने चित्ररूपात साकारण्याचा प्रयत्न केला. भटक्या मानवाने प्रयत्नाने प्राप्त केलेले चित्रकलेचे कौशल्य त्याने प्राण्यांची शिकार करण्यासाठी वापरले. प्राण्यांची शिकार कशी करायची हे चित्र काढून तो इतरांना समजून सांगत असे. यामुळे ज्या व्यक्तीला चित्रकलेचे कौशल्य प्राप्त होते, त्याच्याकडे आपोआप टोळीचे नेतृत्व आले. म्हणून शिकारी मानवात चित्रकलेचे महत्त्व वाढले. अशा प्रकारे व्यक्तीत असलेल्या कलागुणांचा नैसर्गिक निवडीने विकास झाला आणि भटका मानव कलाकार झाला.

यानंतरच्या काळात सांस्कृतिक विकासाच्या समांतर चित्रकला, शिल्पकला, संगीतकला, नृत्यकला इत्यादींचा विकास झाला. गुहेच्या भिंतीवर रंगवलेली चित्रे ही प्राचीन चित्रकलेचा उत्कृष्ट नमुना आहेत. सन १९९५मध्ये दक्षिण पूर्व तुर्कीत उत्खननात सापडलेले ११,५०० वर्षांपूर्वीचे गोबेक्ली मंदिर हे प्राचीन शिल्पकलेचा उत्कृष्ट आविष्कार आहे. त्या मंदिराचे दगडी खांब नक्षीकाम करून नेत्रदीपकपणे सजवलेले आहेत. प्राचीन इजिप्त संस्कृतीतील इसवी सनपूर्व २६८६ नंतर बांधलेले गिझा पिरॅमिड्स शिल्पकलेचा वैभवशाली नमुना आहे. मोहेंजोदाडो संस्कृतीत नर्तिकेचे मिळालेले शिल्प हे त्या काळच्या नृत्यकलेचा व शिल्पकलेचा उत्कृष्ट नमुना आहे. उत्तरोत्तर नृत्यकला, संगीतकला, चित्रकला, नाट्यकला, शिल्पकलांचा उच्च दर्जाचा विकास झालेला आहे. त्याच्या इतिहासाने नोंदी घेतलेल्या आहेत. आपण इथे इतिहासपूर्व मानवात कलेचा विकास कसा झाला, याचे विज्ञान समजून घेतलेले आहे.

साने गुरूजींच्या मते कला हे भावनाप्रदानाचे साधन आहे. जी कला सद्भावना निर्माण करते तीच खरी कला आहे. कला विविध मानवी समूहांना जोडणाऱ्या धार्मिक भावना निर्माण करते. कलेमुळे समाजात बंधुभाव व ऐक्यभावना निर्माण होते. समाजात सद्भावना निर्माण होऊन व्यक्तीव्यक्तींत स्नेहभाव वृद्धिंगत होतो व समाजात शांतता प्रस्थापित होते, म्हणून आधुनिक मानवाच्या उत्क्रांतीत कलेचे अनन्यसाधारण महत्त्व आहे.

⋙

प्रकरण सोळावे

मानवाचे भवितव्य

वेगवेगळ्या भूखंडांत व निरनिराळ्या देशात राहणारे विविध मानवी समूह एकजिनसी व एकसारखेच आहेत, म्हणून जगातील सर्व माणसे एकाच जैविक जातीचे (स्पेसिज) आहेत. मानवाने स्वत:च्या स्वार्थासाठी स्वत:भोवती अनेक धर्मांच्या व अनेक प्रकारच्या सामाजिक जातींच्या भिंती निर्माण करून जगातील मानवी लोकसंख्येचे अनेक समूहात कृत्रिमपणे विभाजन केले आहे. प्रत्येक समूहातील लोक आपण इतरांपेक्षा कसे वेगळे व उच्च दर्जाचे आहोत, हे दाखवण्याचा प्रयत्न करून सतत सामाजिक कलह निर्माण करतात. जगात सर्वदूर, वेगवेगळ्या खंडांत व विभिन्न देशांत राहणारी सर्व माणसे जीवशास्त्रीयदृष्ट्या एकाच मानव (*होमो सेपियन्स सेपियन्स*) या जातीचे सदस्य आहेत. बाह्यरूपाने, रंगाने, उंचीने वेगळे असले, तरी जैविकदृष्ट्या त्यांच्यात भिन्नता नाही, म्हणून त्यांची विभागणी वेगळ्या जातीत होत नाही.

जैविक जात म्हणजे काय? याबद्दल डार्विन या प्रकरणात समजून घेतले आहे. समान गुणधर्म असणाऱ्या सजीवांचा गट ज्या गटातील कोणत्याही नराचा समागम कोणत्याही मादीशी होऊ शकतो व त्यातून सुदृढ प्रजोत्पत्ती होऊ शकते; अशा सजीवांच्या गटाला जैविक जात म्हणतात. त्यांचा जीनभांडार समान असतो. एकाच जातीतील कोणत्याही नर आणि मादीत लैंगिक आकर्षण असते. त्यांच्यात प्रजोत्पादन होऊन प्रजननक्षम अपत्ये जन्माला येतात. दोन भिन्न जातीतील नर व

मादीत लैंगिक आकर्षण नसते, म्हणून त्यांच्यात लैंगिक प्रजनन होत नाही. जर समागम झालेच, तर गर्भधारणा होत नाही. गर्भधारणा झालीच, तर गर्भपात होतो किंवा वांझ अपत्य जन्मते. हा आहे दोन भिन्न जीवजातीतील फरक ओळखण्याचा हा मूलभूत नियम आहे.

जगातील कुठल्याही स्त्री-पुरुषात लैंगिक आकर्षण असते. त्यांच्यात लग्न झाले, तर त्यांना सक्षम व प्रजननक्षम बाळ जन्मते, म्हणून जगातील सर्व मानव एकाच जैविक जातीचा आहे. जगातील वेगवेगळ्या मानवी समुहांच्या चालीरीती, रंग, उंची, चेहरा, संस्कृती जरी वेगळी असली, तरी त्यांची जैविक जात मात्र एकच आहे. रंगाचा, काही समान वैशिष्ट्यांचा आणि भौगोलिक आधिवासाचा विचार केला, तर मानवाची प्रामुख्याने खालीलप्रमाणे चार गोत्रांत विभागणी होते.

१) कोकॅसॉइड : युरोपियन पांढरे लोक ज्यांच्या डोक्यावरील केस नागमोडी, सरळ किंवा कुरळे असतात; परंतु कधीही निग्रो लोकांच्या लोकरी केसांसारखे नसतात. त्वचेचा रंग फिकट पांढरा ते बदामी असतो. नाक निमुळते आणि पुढे आलेले असते. पुरुषात दाढी आणि अंगावर जास्त प्रमाणात केस असतात. हे लोक युरोप, उत्तर आफ्रिका, रशिया, पश्चिम आशिया ते भारतीय द्वीपकल्पापर्यंत पसरलेले आहेत.

२) निग्रॉइड : यांच्या डोक्यावर काळे लोकरीसारखे केस असतात. ते रंगाने काळे ते गडद बदामी असतात, डोळे काळे, नाक पसरट चपटे, कान लहान आणि ओठ जाड असतात. पुरुषांना विरळ दाढी व अंगावर पातळ केस असतात. हे लोक सहाराच्या दक्षिणेतील संपूर्ण आफ्रिका खंडात पसरलेले आहेत; तसेच ते आशिया खंडातील उष्ण कटिबंधीय प्रदेशात विखुरलेले आढळून येतात.

शरीराने त्यांच्यात बरीच भिन्नता आढळून येते. आफ्रिकन भटके, सडपातळ, सरासरी ६ फूट उंच, तर कांगो पिग्मी उंचीने साडे चार फूट असतात. अंदमान बेटे, मलाया, फिलिपिन्स आणि न्यू गिनीतील लोकांशी त्यांचे साम्य आहे. आज त्यांची संख्या तुरळक असली, तरी पूर्वी ते बहुसंख्येने असावेत.

३) मंगोलॉइड : यांच्या डोक्यावरील केस काळे, जाडेभरडे, सरळ असतात. त्वचेचा रंग पिवळा, बदामी व डोळे बदामी रंगाचे असतात. डोळ्यांच्या वरच्या पापणीला घडी असते. त्यामुळे डोळे फटीसारखे अरुंद असतात. नाकाचा पृष्ठभाग किंचित बसका, नाकपुड्या किंचित पसरट असतात, गालाचे हाड वर आलेले असते. चेहऱ्यावर व अंगावर विरळ केस असतात. हे लोक सैबेरिया, मंगोलिया, तिबेट व उत्तर चीनमध्ये आढळून येतात. उत्तर ध्रुव प्रदेशातील एस्किमोदेखील

मंगोलॉइडच्या प्रकारात येतात. अनेक मानववंश शास्त्रज्ञ अमेरिकेतील रेड इंडियन्सना मंगोलॉइडचा प्रकार मानतात.

४) ऑस्ट्रालॉइड : डोक्यावरील केस नागमोडी किंवा कुरळे, काळे रंग फिकट बदामी, नाक रुंद पण उंच, कपाळ उतरते, दाढीचे व अंगावरील केस युरोपियन लोकांसारखे असतात. उदा. - ऑस्ट्रेलियातील आदिवासी लोक.

मानवाचे वरीलप्रमाणे चार गोत्र असले, तरी त्यांच्यात होणाऱ्या संकरणातून अनेक प्रकारचे भिन्न भिन्न समुदाय तयार झालेले आहेत. कोणत्याही गोत्रातील स्त्रीचा वरील चारपैकी कोणत्याही गोत्रातील पुरुषाशी विवाह होऊन प्रजननक्षम संतती जन्माला येते. म्हणून जीवशास्त्रज्ञ वरीलप्रमाणे रंगावरून विभागणी केलेल्या चार गोत्रांना वेगळे मानण्यास तयार नाहीत. ते या सर्वांना एकाच कुलाचे मानतात. कारण या सर्वांची आनुवंशिकता जनुक भांडार (जिनोम) एकच आहे. जोपर्यंत आनुवंशिकता जनुक भांडार (जिनोम) बदलत नाही, तोपर्यंत वेगळ्या गोत्राची किंवा जातीची उत्पत्ती होत नाही.

वेगवेगळ्या भौगोलिक परिस्थितीत लोकसमूह राहत असल्यामुळे त्यांच्या बाह्यरूपात व रंगात बदल होतो. म्हणून वरीलप्रमाणे त्यांची चार प्रकारच्या गोत्रांत विभागणी केली. उदा. - उत्तर युरोपियन माणसाचे तपकिरी केस, गुलाबी त्वचा व निळे डोळे, तर आफ्रिकन माणसाचे काळे केस, काळी त्वचा व बदामी रंगाचे डोळे आहेत. असे बदल त्या त्या पर्यावरणात स्वत:ला जुळवून घेण्यासाठी होतात. काळी त्वचा आफ्रिकेतील प्रखर सूर्यप्रकाशातील अतिनील किरणांपासून संरक्षण देते व शरीराचे नुकसान होऊ देत नाही, तर उत्तर युरोपातील मानवाची गुलाबी त्वचा तेथील कोमल सूर्यप्रकाशात 'ड' जीवनसत्वाच्या उत्पत्तीसाठी पारदर्शक आहे. आफ्रिकेतील प्रखर सूर्यप्रकाशात गुलाबी किंवा पांढरी त्वचा असणे जगण्यास घातक ठरू शकते; कारण ही त्वचा घातक अतिनील किरणांपासून शरीराचे संरक्षण करू शकत नाही; तसेच युरोपात काळी त्वचा असणे म्हणजे जीवनसत्वाच्या अभावास निमंत्रणच होय. म्हणून बाह्यरूपातील बदल त्या त्या भौगोलिक परिस्थितीत जुळवून घेण्यासाठी आवश्यक असणारे अनुकूलन होय, जे त्या व्यक्तीस यशस्वीपणे जीवन जगण्यासाठी मदत करतात.

एकाच जातीचे दोन समूह प्रदीर्घ काळ वेगवेगळ्या भौगोलिक आधिवासात हजारो, लाखो वर्षे एकमेकांपासून विभक्त झाले, तरच त्यांच्यात त्या त्या पर्यावरणात वेगवेगळे अनुकूलन प्राप्त होऊन त्यांचे रूपांतर जैविकदृष्ट्या दोन भिन्न जातींत होऊ शकते. हे मानव सोडून इतर प्राण्यात उदा. - ससा, हरीण, घोडा

इत्यादीत शक्य आहे; परंतु मानवी समूहाच्या बाबतीत असे घडणे आता शक्य नाही. कारण जलद दळणवळण, वाहतुकीच्या सुविधा उदा. - रेल्वे, विमानामुळे मानवासाठी जग एखाद्या लहान खेड्यासारखे झाले आहे. मानवाचे वेगवेगळे समूह उद्योगधंदा, नोकरी व पर्यटनासाठी जगात सर्वत्र फिरतात. ते एकमेकांत मिसळतात, त्यामुळे पुन्हा पुन्हा त्यांच्यात संकरण होऊन त्यांचे आनुवंशिक गुणधर्म एकमेकांच्या समूहात पसरतात. म्हणून त्यांचे वेगवेगळ्या जातीत विभाजन होणे शक्य नाही.

मानव जैविक उत्क्रांतीच्या अत्युच्च शिखरावर आहे. मग उत्क्रांती थांबली आहे काय? निसर्गातील बदलाची आणि विकासाची प्रक्रिया परिपूर्ण झाली आहे काय? मानवाचे उद्याचे भवितव्य काय आहे? असे अनेक प्रश्न निर्माण होण्याची कारणे उत्क्रांतीच्या प्रक्रियेत दडलेली आहेत. अनेक प्राणी उत्क्रांत झाले आणि कालांतराने परिस्थिती बदलली आणि त्यांचा लय झाला. मानवाच्या अनेक पूर्वजांची उत्पत्ती झाली आणि काळाच्या ओघात त्यांचा लय झाला. ५०,००० वर्षांपूर्वी आधुनिक मानवाची उत्पत्ती झाली. मग आपले या पुढील भवितव्य काय? आपल्या अनेक पूर्वजांप्रमाणे आपलाही लय होणार काय? बदलत्या परिस्थितीत हा आधुनिक मानव टिकणार काय? या अनेक प्रश्नांचे उत्तर काय असेल, हे समजून घेण्याच्या अगोदर आपल्या पूर्वजांची उत्पत्ती व लय झाल्याचा कालावधी खालील तक्त्यात समजून घेऊ या.

क्र.	पूर्वजांचे नाव	उत्पत्ती	लय	अस्तित्वाचा कालावधी
१.	ऑस्ट्रालोपिथिकस	५० लक्ष वर्षांपूर्वी	२० लक्ष वर्षांपूर्वी	३० लक्ष वर्षे
२.	होमो हॅबिलीस	२४ लक्ष वर्षांपूर्वी	१४ लक्ष वर्षांपूर्वी	१० लक्ष वर्षे
३.	हामो इरेक्टस	१८ लक्ष वर्षांपूर्वी	३ लक्ष वर्षांपूर्वी	१५ लक्ष वर्षे
४.	हैडेलबर्ग	६ लक्ष वर्षांपूर्वी	१.५ लक्ष वर्षांपूर्वी	४.५ लक्ष वर्षे
५.	निॲंडरथल	३ ते १.५ लक्ष वर्षांपूर्वी	२५,००० वर्षांपूर्वी	२ लक्ष ७५ हजार वर्षे
६.	क्रोमॅग्नॉन	२ लक्ष वर्षांपूर्वी	२०,००० वर्षांपूर्वी	१ लक्ष ८० हजार वर्षे
७.	आधुनिक मानव	५०,००० वर्षांपूर्वी	अस्तित्वात आहे	अस्तित्वात आहे

या तक्त्याचे निरीक्षण केल्यानंतर स्पष्टपणे आपल्या लक्षात येते, की मानवाच्या सर्वांत प्राचीन पूर्वजाची - ऑस्ट्रालोपिथिकसची- बुद्धिमत्ता सुमार होती. त्याने नुकतीच दोन पायांवर चालण्यास सुरुवात केली होती. या एप मानवाचे अस्तित्व सर्वांत दीर्घ काळ म्हणजे ३० लक्ष वर्षे होते. त्यानंतरचा पूर्वज - होमो हॅबिलीस - अधिक कुशल असूनसुद्धा फक्त १० लक्ष वर्षे टिकू शकला. होमो इरेक्टस हा प्राचीन शिकारी मानव १८ लक्ष वर्षे व हैडेलवर्ग ४.५ लक्ष वर्षे पृथ्वीवर तग धरू शकले. निअँडरथल मानव आधुनिक मानवाएवढाच हुशार असून देखील फक्त २.७५ लक्ष वर्षे त्याचे अस्तित्व टिकवू शकला. आपला सर्वांत जवळचा पूर्वज क्रोमॅग्नॉनचा मेंदू आधुनिक मानवापेक्षा मोठा होता. तो विचारवंत होता, तरी या जगात तो केवळ १ लक्ष ८०,००० वर्षे टिकू शकला व नंतर लोप पावला. आपल्या अनेक पूर्वजांची उत्पत्ती व त्यानंतर लय झालेला आहे. आधुनिक मानवाची उत्पत्ती ५०,००० वर्षांपूर्वी झाली. वरील तक्त्यावरून हे स्पष्ट होते, की आपल्या प्रत्येक पूर्वजाच्या अस्तित्वाचा कालावधी क्रमाने कमी झालेला आहे. आपल्या सर्वांत जवळचा पूर्वज क्रोमॅग्नॉन फक्त १ लक्ष ८०,००० वर्षे स्वतःचे अस्तित्व टिकवू शकला. आपली उत्पत्ती ५०,००० वर्षांपूर्वी झाली. मग आधुनिक मानव अस्तित्वाच्या अंतिम टप्प्यावर तर नाही ना?

मानवासह सर्व सजीव भौतिकबल, रासायनिक अभिक्रिया आणि नैसर्गिक निवड या प्रक्रियांच्या नियंत्रणात आहेत; परंतु २१व्या शतकात मानवाने जैविक मर्यादा ओलांडण्यास सुरुवात केली आहे. नैसर्गिक निवड या नियमात हस्तक्षेप करून बुद्धिमान आराखड्याने डीएनएची रचना बदलून जैविक उत्क्रांतीला पाहिजे तशी दिशा देण्याचा प्रयत्न सुरू केला आहे. गेल्या ३.५ अब्ज वर्षांपासून पृथ्वीवरील प्रत्येक सजीवाचा विकास डार्विनने सांगितल्याप्रमाणे नैसर्गिक निवडीनेच झालेला आहे; परंतु मानवाने शेती करण्यास आरंभ केल्यापासून (१०,००० वर्षांपूर्वीपासून) त्याने स्वतःच्या इच्छेनुसार अत्यंत हुशारीने जैविक उत्क्रांतीला नैसर्गिक निवडीऐवजी वेगळी दिशा देण्याचा प्रयत्न चालवलेला आहे. उदा. - मेंढीच्या कळपातील आक्रमक मेंढ्यांची कत्तल करून गरीब मेंढ्यांपासून मृदू मेंढ्याचे कळप तयार केले. चपळ कोंबड्यांऐवजी मंदगतीने चालणाऱ्या मांसल कोंबड्यांचा समूह निर्माण केला. बैलांची आक्रमकता कमी करण्यासाठी त्यांचे निर्बीजीकरण केले, त्यांना अंकित करून गाडीला व नांगराला जुंपले इत्यादी. मानवाच्या दोन प्रकारच्या आनुवंशिकता आहेत. त्या म्हणजे, जैविक आनुवंशिकता आणि सांस्कृतिक आनुवंशिकता.

१) जैविक आनुवंशिकता : आई-वडिलांकडून डीएनएच्या माध्यमातून प्राप्त होणाऱ्या गुणांना जैविक आनुवंशिकता असे म्हणतात. उदा. - रंग, रूप, चेहरा, उंची, हुशारी इत्यादी जैविक आनुवंशिकता मिळवण्यासाठी प्रयत्न करावे लागत नाहीत. ती आपोआप आनुवंशिकतेने आईवडिलांकडून प्राप्त होते. डीएनएच्या रचनेत बदल होऊन किंवा डीएनएत उत्परिवर्तन होऊन सजीवांच्या आनुवंशिकतेत बदल होतात व त्यांच्यात विविधता निर्माण होते. ज्या सजीवांना विविधतेतून उपयुक्त आनुवंशिक बदल प्राप्त होतात, असे सजीव जीवनकलहात यशस्वी होतात व ते जगतात. त्यांच्यात प्रजनन होऊन त्यांची संख्या वाढते. यालाच डार्विनने नैसर्गिक निवड असे म्हटले आहे; परंतु अशा प्रकारचे उपयुक्त जैविक बदल सजीवांत फारच हळुवार - हजारो किंवा लाखो वर्षांनंतर - होतात. सजीवांना डीएनएच्या माध्यमातून आईवडिलांकडून जन्माच्या वेळी आयुष्यात एकदाच जैविक आनुवंशिकता प्राप्त होते.

२) सांस्कृतिक आनुवंशिकता : ज्ञानी व अनुभवी व्यक्तीकडून शिक्षणाने प्राप्त होणाऱ्या जीवन जगण्याच्या पद्धतींना सांस्कृतिक आनुवंशिकता असे म्हणतात. उदा. - वर्तणूक, कौशल्य, ज्ञान, तंत्रज्ञान, भाषा, रुढी, परंपरा, चालीरीती इत्यादी. ती प्रयत्नपूर्वक, शिक्षणाने व अनुकरणाने प्राप्त करावी लागते. सांस्कृतिक आनुवंशिकतेत डीएनएचा सहभाग नसतो. ती समाजातील विद्वान व ज्येष्ठ लोकांकडून शिकून अभ्यासाने प्राप्त करता येते. जैविक उत्क्रांती अत्यंत हळुवारपणे होते; परंतु सांस्कृतिक उत्क्रांती फारच झपाट्याने होते. गेल्या १०,००० वर्षांत सांस्कृतिक विकास प्रचंड गतीने झालेला आहे आणि सतत तो होत आहे. अन्नाच्या शोधात वणवण फिरणाऱ्या मानवाला शेतीचा शोध लागला आणि गेल्या १०,००० वर्षांपासून त्याने शेती करण्यास व पशुपालनास सुरुवात केली. त्यामुळे तो स्थिर जीवन जगू लागला व त्याची भटकंती थांबली. शेतीमुळे अन्नधान्याचा प्रश्न मिटला. त्यामुळे लोकसंख्या वाढली. शेतीत अधिकाधिक मनुष्यबलाचा वापर सुरू झाला व शेतीची भरभराट झाली. अन्नधान्याचे साठे शिल्लक राहू लागले. माणूस वसाहती करून राहू लागला. अन्नसाठे शिल्लक राहिल्यामुळे वेगवेगळ्या वसाहतींत अन्नाची देवाणघेवाण सुरू झाली आणि व्यापार वाढला. गुंतागुंतीच्या सामाजिक जीवनास सुरुवात झाली. वसाहतीचे रूपांतर खेड्यात व खेड्याचे रूपांतर शहरात व महानगरात झाले. समाजात निर्मितीक्षमता व सृजनशीलतेचा विकास झाला. त्यामुळे राजकारण, अर्थशास्त्र, कला, विज्ञान व तंत्रज्ञानाचा विकास झाला.

मानवाने अनेक प्रकारची कौशल्ये प्राप्त केली. व्यक्ती-व्यक्तींतील स्नेह व सहकार्य वाढले, समंजसपणा व परस्परांत अनुकूल वर्तनाचा विकास झाला. आज दर १५ वर्षांनी समाजातील प्रत्येक व्यक्तीची ज्ञान आत्मसात करण्याची क्षमता दुप्पट होत आहे. आपण आयुष्यात प्राप्त केलेले सांस्कृतिक ज्ञान १० पिढ्यांच्या अनुभवानंतर मिळणाऱ्या ज्ञानापेक्षा जास्त आहे. अशा पद्धतीने ज्ञानातील आणि तंत्रज्ञानातील बदल अत्यंत झपाट्याने होत आहेत. आतापर्यंत जगात जेवढे शास्त्रज्ञ होऊ गेले, त्यापेक्षा आज किती तरी जास्त संख्येने शास्त्रज्ञ आता कार्यरत आहेत आणि ते वेगवेगळ्या विषयांवर संशोधन करीत आहेत. आधुनिक मानवाने विज्ञान आणि तंत्रज्ञानात गरुडझेप घेतली आहे, संगणक व माहिती तंत्रज्ञानामुळे तर मानवापुढे अलिबाबाच्या गुहेतील खजिन्यासारखे ज्ञानभांडार खुले झाले आहे.

एकीकडे गेल्या १०,००० वर्षांत संस्कृती, विज्ञान व तंत्रज्ञानात झपाट्याने बदल होत असताना आपल्या जैविक आनुवंशिकतेत मात्र कसलेच बदल झालेले नाहीत. मानवाच्या जैविक उत्क्रांतीतील सर्वांत महत्त्वाचा बदल म्हणजे मेंदूचा विकास; परंतु गेल्या १,००,००० वर्षांत त्याचा आकार वाढलेला नाही. ५०,००० ते ३०,००० वर्षांपूर्वी डीएनएत उत्परिवर्तन होऊन त्याच्या बौद्धिक क्षमतेत वाढ झालेली आहे; परंतु हा बदल शिकारी मानवातच झालेला आहे. तो शेतकरी झाल्यानंतर त्याच्या बौद्धिक क्षमतेत कसलाच बदल झालेला नाही; परंतु अनेक पिढ्यांपासून आपल्या पूर्वजांकडून प्राप्त होणारे ज्ञान, शिक्षण व झपाट्याने वाढत असलेले अनुभवाचे संचित (संस्कृती) मानवाच्या एक लक्ष वर्षांपूर्वी विकसित झालेल्या शारीरिक उपकरणालाच पेलावे लागत आहे. जैविक उत्क्रांती आणि सांस्कृतिक उत्क्रांती यात एवढी तफावत का आहे? कारण हा दोन प्रकारचा विकास वेगवेगळा आहे. शिक्षणामुळे प्रत्येक व्यक्तीत सांस्कृतिक विकास आयुष्यभर सतत होत असतो. व्यक्ती-व्यक्तीतील वाढलेला संपर्क, मिळालेल्या ज्ञानात मानवाच्या फायद्यासाठी वेळोवेळी केलेले बदल, विद्युतगतीने होणारी माहितीची देवाण-घेवाण यामुळे सांस्कृतिक उत्क्रांतीची गती फारच जलद आहे. मानवाच्या शरीररचनेतील बदल व मेंदूचा विकास, डीएनएतील बदलाने व नैसर्गिक निवडीने अनेक पिढ्यानंतर हळुवार होतात, म्हणून या दोन उत्क्रांतीत खूप तफावत आढळून येते.

जैविक मर्यादा :

मानवाच्या सांस्कृतिक गरजा वाढत आहेत. त्या तुलनेने आनुवंशिक विकासाची गती कमी पडत आहे. आधुनिक तंत्रज्ञानामुळे आपले जीवन स्थिर झाले. आपण

बैठे काम करतो. तरीही आपल्या आतड्यात व भुकेत बदल झालेला नाही. आपण भटके जीवन जगत असताना जेवढा आहार घेत होतो, तेवढाच आहार आजही घेत आहोत. पूर्वी आपल्या आहारात तेलकट, गोड आणि मिठासारखे खारट घटक नव्हते. आज आपल्या आहारात हे सर्व घटक आहेत. त्यामुळे वजन वाढले. उच्च रक्तदाब, कोलेस्ट्रेरॉल, हृदयविकार व मधुमेहासारखे अनेक आजार सुरू झाले. मानवाच्या सरळ उभे राहण्याच्या अनुकूलनामुळे बाळाच्या जन्माच्या वेळी आईच्या वेदना वाढल्या व बाळाला जन्म देणे अधिक कठीण व गंभीर झाले. सामाजिक जीवनातील वाढलेली स्पर्धा, महत्त्वाकांक्षा यामुळे येणारे ताणतणाव यांना तोंड देण्यासाठी आपल्यात कोणत्याही प्रकारचे जैविक बदल झालेले नाहीत. शेती, उद्योग आणि सांस्कृतिक विकासामुळे आपली जीवनपद्धती बदललेली आहे. हे सर्व बदल एक लक्ष वर्षांपूर्वी शिकारी, भटक्या दैनंदिनीसाठी विकसित झालेल्या आपल्या शारीरिक उपकरणाला पेलावे लागत आहेत. त्यामुळे संगणकाच्या जुन्या हार्डवेअरमध्ये त्याची क्षमता नसताना नवीन आज्ञावली देऊन काम करण्यात जशा अडचणी येतात, तशाच अडचणी जलद गतीने होणारे सांस्कृतिक बदल पेलण्यासाठी आपल्या शरीराला येत आहेत. म्हणूनच आज मानव ताणतणाव, लठ्ठपणा, मधुमेह, उच्च रक्तदाब, हृदयरोग या आजारामुळे त्रस्त आहे; तसेच वेगवेगळ्या प्रकारच्या प्रदूषणामुळे तो कर्करोग, श्वसनाचे विकार, अस्थिविकार, वेगवेगळ्या प्रकारच्या ॲलर्जींचा बळी ठरत आहे.

दुसरा एक अत्यंत महत्त्वाचा जैविक विरोधाभास असा आहे, की २० ते ३० वर्षे प्रजोत्पादनाचा उत्तम कालावधी असतो. यानंतरच्या वयात मानवाची भौतिक कार्यक्षमता कमी होण्यास सुरुवात होते; परंतु याच वयात त्याची सांस्कृतिक कार्यक्षमता वाढते व त्यानंतरच्या वयात ती अधिकाधिक वाढत जाते. जीवशास्त्रविषयक येणाऱ्या आपल्या शारीरिक कमजोरीमुळे सांस्कृतिक विकासावर मर्यादा येते. आपला जीवशास्त्रीय वारसा फक्त प्रजननावर भर देतो आणि नंतर भौतिक कार्यक्षमता कमी होते. मानवाच्या सांस्कृतिक विकासासाठी प्रजोत्पादनानंतरसुद्धा शारीरिक कार्यक्षमता आणि दीर्घायुष्य असणे आवश्यक आहे. दुर्दैवाने सर्व सजीवांत प्रजोत्पादनानंतरचे आयुष्य फार कमी असते. मानव प्रजननासाठी फार कमी वयात म्हणजे १२ ते १३ वर्षे वयात प्रौढ होतो. मानवाच्या सांस्कृतिक विकासाच्या पूर्वी समाजातील ५०% व्यक्ती केवळ २० वर्षे वयापर्यंत जगत असत आणि फक्त १०% व्यक्ती वयाची चाळिशी ओलांडत असत. १०,००० ते ५,००० वर्षांपूर्वी मानवाचे सरासरी आयुर्मान फक्त २० ते ३० वर्षे एवढे

अल्प होते. एकोणिसाव्या शतकात १८५०नंतर युरोप आणि अमेरिकेत मानवाचे सरासरी वय वाढले व ते ४० वर्षे झाले. आजचे युरोपचे सरासरी आयुर्मान ८० वर्षे, तर अमेरिकेचे ७५ वर्षे आहे. या आकडेवारीने हे स्पष्ट होते, की वैद्यकीय सुविधा वाढल्यानंतर सरासरी आयुर्मान वाढलेले आहे. भारतीयांचे इ. स. १९४०मध्ये सरासरी आयुर्मान फक्त ३३ वर्षे होते. २०११ च्या जनगणनेनुसार ते ६५ वर्षे झालेले आहे. आजही केवळ १२% व्यक्ती ९० वर्षांपर्यंत जगतात आणि हजारात फक्त एखादी व्यक्ती १०० वर्षे जगते. सध्या एवढ्या मोठ्या प्रमाणात वैद्यकीय सेवा उपलब्ध असूनसुद्धा युरोप व अमेरिकेचे सरासरी आयुर्मान ८० ते ८५ वर्षांच्या पुढे जात नाही.

भूतकाळातील आणि वर्तमानातील अत्यंत महत्त्वाचा विरोधाभास असा आहे, की पूर्वी जास्त अपत्यांना जन्म देणे हे मानवाच्या अस्तित्वासाठी गरजेचे होते. एक स्त्री तिच्या आयुष्यात ८ ते ९ अपत्यांना जन्म देत असे. त्यातील फक्त दोन मुले जगत असत. कारण त्या वेळी ८०% बालमृत्यूचे प्रमाण होते. वैद्यकीय सुविधा, संसर्गजन्य रोगावर मिळवलेले नियंत्रण व सुधारलेले बाळाचे संगोपन यामुळे विकसित देशात आता बालमृत्यूचे प्रमाण कमालीचे घटले आहे, ते केवळ १% आहे. यामुळे लोकसंख्येत झपाट्याने वाढ झाली आहे. दर ४० वर्षांनी जगाची लोकसंख्या दुप्पट होत आहे. जन्मदरावर नियंत्रण ठेवले नाही, तर पुढील १०० ते १२५ वर्षांत जगाची लोकसंख्या ५० अब्ज होऊ शकते. एवढ्या मोठ्या लोकसंख्येचे पोषण पृथ्वी करू शकत नाही. कारण जागा, पाणी, अन्न, हवा इत्यादी पोषण करणारे सर्व स्रोत कमी पडून प्रचंड जीवितहानी होऊ शकते. २०१६ची जगाची लोकसंख्या ७.५ अब्ज आहे. लोकसंख्या वाढली, तरी अन्नधान्याच्या उत्पादनात त्या प्रमाणात वाढ होणे शक्य नाही. अनेक देशांत दुष्काळामुळे भूकबळी जातात. जागतिक आकडेवारीवरून दुसऱ्या महायुद्धापासून आजपर्यंत दरडोई अन्नपुरवठ्यात वाढ झालेली नाही. शेती उपयोगी जमीन दिवसेंदिवस कमी होत आहे. त्यामुळे जन्मदर कमी करून लोकसंख्येवर नियंत्रण ठेवणे गरजेचे आहे. वाढत्या लोकसंख्येमुळे सर्वांत गंभीर प्रश्न बनला आहे शिक्षणाचा आणि आरोग्याचा. सर्वांना चांगले आरोग्य लाभले पाहिजे व सरासरी आयुर्मान वाढले पाहिजे. मानवाचा झालेला सांस्कृतिक विकास लक्षात घेऊन जाणीवपूर्वक मानवाच्या जैविक उत्क्रांतीला योग्य दिशा देणे गरजेचे आहे. डीएनएत सुधारणा करून भविष्यातील मानव समंजस, सुखी, समाधानी व संघटितपणे कसा राहील याकडे लक्ष देणे आवश्यक आहे.

आनुवंशिक आजार :

ज्या जनुकाच्या उपस्थितीमुळे व्यक्तीची यशस्वी जीवन जगण्याची क्षमता कमी होते, त्या जनुकाला दोषी जनुक म्हणतात. त्यामुळे व्यक्तीतील धडधाकटपणा कमी होतो. यालाच आनुवंशिक आजार असे म्हणतात. असे आजार वैद्यकीय उपचाराने दुरुस्त करता येत नाहीत. त्यासाठी दोषी जनुक खोडून टाकणे आवश्यक आहे. दोषी जनुकांमुळे दर हजारी २० ते २५ मुले शारीरिक किंवा मानसिकदृष्ट्या आजारी जन्मतात. त्यापैकी १५% मुले जन्मतःच मरतात. दवाखान्यातील लहान मुलांच्या एकूण रुग्णसंख्येपैकी ३०% रुग्ण आनुवंशिकतेमुळे आजारी असतात. ५०% बालमृत्यू आनुवंशिक आजारामुळे होतात. काही आनुवंशिक आजार जन्माच्या वेळी लक्षात येत नाहीत; परंतु मुलांच्या बाल्यावस्थेत वाढीच्या काळात प्रकट होतात. उदा. - स्नायूंचा शक्तिपात (मस्क्युलर डिसट्रॉफी), मधुमेह (डायबेटीस) इत्यादी सर्व प्रकारच्या आनुवंशिक आजारांचा एकत्रितपणे विचार केल्यास एकूण ६% अर्भके दोषी जनुकांमुळे बाधित असतात. त्याशिवाय ताणतणाव सहन करण्याची दुर्बलता, संसर्गजन्य रोगाविरुद्ध प्रतिकारशक्तीचा अभाव, मानसिकदृष्ट्या दुर्बल असणे हे सर्व दोषी जनुकांचे परिणाम आहेत. मॉर्टन आणि त्याचे सहकारी या अमेरिकन डॉक्टरांच्या अभ्यासातील निष्कर्षानुसार जगाच्या विविध भागांतील जवळच्या रक्तसंबंधातील विवाहातून जन्मलेल्या अपत्यात दोषी जनुकांचे (डेलिटरियस जीन्स) प्राणघातक परिणाम आढळून आलेले आहेत. बाह्यतः धडधाकट वाटणाऱ्या अपत्यातदेखील १ ते ८ अपायकारक जनुके आढळून येतात.

मुख्य प्रश्न आहे - असे अपायकारक जनुके टाळायची कशी? उत्परिवर्तनामुळे (म्युटेशन) अपायकारक जनुके निर्माण होतात. लोकसंख्येत अशा दोषी जनुकांचे प्रमाण वरचेवर वाढत आहे. त्यामुळे आनुवंशिक आजार वाढत आहेत. हर्मन मुलर या अमेरिकन आनुवंश शास्त्रज्ञाच्या मते, पूर्वी उत्परिवर्तनाने अशी दोषी जनुके तयार झाली, तरी नैसर्गिक निवडीमुळे ती लोकसंख्येतून वगळले जात असत; परंतु सध्या वैद्यकीय सुविधा वाढल्यामुळे अप्रत्यक्षरीत्या त्याचा परिणाम नैसर्गिक निवडीवर होत आहे. वाढलेल्या वैद्यकीय सुविधामुळे अपायकारक जनुके असलेल्या व्यक्तीदेखील जगत आहेत. त्यामुळे अशी दोषी जनुके पुढच्या पिढीकडे संक्रमित होऊन अनेक व्यक्तीत अपायकारक जनुकांचे प्रमाण वाढत आहे. हर्मन मुलरच्या मते, दोषी जनुके आनुवंशिकतेतून खोडून टाकल्याशिवाय मानवाला जैविक स्थैर्य लाभणार नाही आणि माणूस सुखी होणार नाही. सदोष

आनुवंशिकतेवर नियंत्रण नाही आणले, तर भविष्यात याचे परिणाम गंभीर होऊ शकतात. यामुळे लोकसंख्येत दोन प्रकारच्या व्यक्ती असतील - (१) अपंगत्व प्राप्त झालेल्या व्यक्ती, ज्यांना हालचाल करणे अशक्य झालेले असेल, (२) दुसऱ्या कमी अपंग असलेल्या व्यक्ती असतील, ज्यांचा पूर्ण वेळ अपंग व्यक्तींची शुश्रुषा करण्यात जाईल. या अंधकारमय भवितव्याची तीव्र चिंता कमी करण्यासाठी आनुवंशिकतेतील दोषी जनुके खोडून टाकणे आवश्यक आहे. आपल्या प्रत्येकात अप्रकट (रिसेसिव्ह) दोषी जनुके आहेत, जी आपल्याला ज्ञात नाहीत, म्हणून अशा व्यक्तीतील केवळ लग्न टाळण्यामुळे अपायकारक जनुके नष्ट होणार नाहीत.

सुप्रजाजनन (युजेनिक्स):

लोकसंख्येतील आनुवंशिक दोष कमी करून, चांगल्या चांगल्या आनुवंशिक गुणांचे संवर्धन करणे यालाच सुप्रजाजनन असे म्हणतात. आनुवंशिक गुणात्मक वाढ करण्याच्या प्रस्तावाला सुप्रजाजननशास्त्र असे म्हणतात. एकोणिसाव्या शतकाच्या शेवटी फ्रान्सिस गाल्टन (१८८३) या ब्रिटिश संख्याशास्त्रज्ञाने हा सिद्धान्त मांडला. एकोणिसाव्या शतकात काही समाजशास्त्रज्ञांनी सांस्कृतिक विकास हा जैविक उत्क्रांतीप्रमाणे नैसर्गिक निवड या तत्त्वावर आधारित आहे, असा विचार मांडला. यालाच सामाजिक डार्विनिझम असे म्हणतात. अस्तित्वासाठी संघर्ष व लायक तेच जगतात हे घोषवाक्य सामाजिक तत्त्व म्हणून वापरण्यात आले. या तत्त्वानुसार नैसर्गिक निवडीमुळे समाजात भेद निर्माण होतात व समाज अनेक वर्गांत विभागला जातो. उदा. - उच्च वर्ग व कनिष्ठ वर्ग. हर्बर स्पेन्सर (१८२०-१९०३) या इंग्लिश जीवशास्त्रज्ञ व समाजशास्त्रज्ञाने या विचाराचे समर्थन केले. याच तत्त्वामुळे राणी व्हिक्टोरियाच्या काळात इंग्लंडमध्ये सर्वोच्च दर्जाचा सांस्कृतिक विकास झाला. तेथील धार्मिक व सामाजिक चालीरीतींना सर्वोच्च दर्जा देण्यात येतो. विल्यम ग्राहाम (१८४०-१९१०) या अमेरिकी समाजशास्त्रज्ञाने सामाजिक डार्विनिझम या तत्त्वाचे समर्थन करताना विकासाच्या बाबतीत समाज खालील दोन पर्यायांच्या बाहेर जाऊ शकत नाही, असा निष्कर्ष काढला.

१) स्वातंत्र्य, असमानता आणि लायक तेच जगतात : सर्वांना स्वातंत्र्य मिळाले, तर पात्र व्यक्ती चांगल्या पद्धतीने जीवन जगतात. अपात्र व्यक्ती जगण्याच्या स्पर्धेत मागे पडतात व समाजात असमानता निर्माण होते. या पद्धतीने समाज पुढे जातो आणि सर्वोत्कृष्ट व्यक्तींना जास्त प्राधान्य मिळते.

२) स्वातंत्र्य नाही, समानता आणि अयोग्य (अपात्र) ते जगतात : सर्वांना स्वातंत्र्य न देता समानता निर्माण केली, तर अपात्र व्यक्तीही जगू शकतात. या पद्धतीने समाज मागे पडतो आणि सर्वांत वाईट व्यक्तींना पसंती मिळते.

जगातील अतिश्रीमंत व संपत्ती धारण करणाऱ्या लोकांना स्वातंत्र्य व पात्र व्यक्तीच जगू शकतात हे तत्त्व आवडते. कोणताही मोठा उद्योग उभा राहतो, तो त्याच्या सभोवतालच्या अनेक उद्योगांचा जीव घेऊनच. असे उदाहरण देऊन ते या विचाराचे समर्थन करतात. समाजात उच्चस्थानी विराजमान असलेल्या लोकांना आपल्या स्वार्थासाठी सामाजिक डार्विनिझम हे तत्त्व आदर्श वाटते. विशिष्ट वर्गाच्या मजबूतीसाठी वंश द्वेश, वंशहत्या, सामाजिक व राष्ट्रीय जुलूम करण्यासाठी या तत्त्वाचे समर्थन करण्यात येते. जर्मनीत १९३०मध्ये सुप्रजनन (युजेनिक्स) कायदा पास केला. त्यात 'जर्मन आर्य' हा सर्वांत उच्च दर्जाचा वंश ठरवला आणि त्याच्या वंशशुद्धीसाठी व वंशवृद्धीसाठी कमी दर्जाच्या अनार्याबरोबर विवाहास मनाई केली. एवढ्यावरच न थांबता १९३० ते १९४० दरम्यान जर्मनीत इतर वंशाचे लोक कनिष्ठ व कमी कर्तबगार आहेत समजून लाखो लोकांची हत्या करण्यात आली.

लेस्टर फ्रँकवर्ड (१८ जून १८४१ ते १८ एप्रिल १९१३) याला अमेरिकन समाजशास्त्राचा जनक म्हणतात. या महान अमेरिकन समाजशास्त्रज्ञाने वरील तत्त्वाला कडवा विरोध केला. तो म्हणतो, 'सामाजिक डार्विनिझम हे निर्लज्जपणाचे समर्थन आहे. ही केवळ शब्दांची अदलाबदल आहे.' तो म्हणतो, 'जैविक वर्तन हे सामाजिक वर्तन होऊच शकत नाही. जैविक उत्क्रांती नैसर्गिक आहे. नैसर्गिक विकासात सशक्त तो जगतो आणि अशक्तांचा संहार होतो, तर सामाजिक आणि सांस्कृतिक विकास दुर्बलांना संरक्षण देऊन होतो. यात नीतिमत्ता असते, दुर्बलांबद्दल सहानुभूती असते. म्हणून सशक्तांकडून दुर्बलांना जगण्यासाठी आधार मिळतो. समाजात स्नेह, आनंद, सामंजस्य व विश्वास वाढवून मानवता आणि समानता प्रस्थापित करणे हे सांस्कृतिक विकासाचे लक्ष्य असते.'

वंशभेदाला मूठमाती देणारा अमेरिका (यूएसए) हा जगातील पहिला देश आहे. हुशारीबद्दल वंशश्रेष्ठत्वाचा कुठलाही जीवशास्त्रीय पुरावा नाही. पूर्वी अमेरिकेत काळे आणि गोरे असा रंगावरून भेद होता; परंतु हुशारीत काळे आणि गोरे यांच्यात काहीच फरक नाही. त्यांचा बुद्ध्यांक (आयक्यू) समान आहे, हे वैज्ञानिक अभ्यासाने सिद्ध झालेले आहे. हुशारी रंगावर किंवा वंशावर अवलंबून नाही. सन १९३२मध्ये घेतलेल्या स्कॉटिश तपासणीवरून (सर्व्हे) ११ वर्षे वयाच्या ९०%

मुलांचा बुद्ध्यांक (आयक्यू) सारखाच होता. परत १९४७मध्ये तपासणी (सर्व्हे) करण्यात आली. त्यात सर्वसाधारणपणे सर्वांचा बुद्ध्यांक (आयक्यू) वाढलेला होता. पूर्वी वर्णभेद मानणारे व स्वतःला उच्चवंशीय समजणारे वर्णसंकरातून हुशारी कमी होईल अशी जी भीती व्यक्त करत असत, त्याला आनुवंशशास्त्राच्या आधारे कोणताच पुरावा नाही. हुशारी ही कुठल्याच वंशाची किंवा कुलाची मक्तेदारी नाही. सामाजिक मागासलेपणा, पोषणद्रव्यांचा आभाव, संधी प्राप्त न होणे यामुळे हुशारी झाकल्या जाते. सर्वांना संतुलित आहार, समान आर्थिक व शैक्षणिक संधी मिळाली, तर प्रत्येकात उच्च दर्जाच्या हुशारीचे प्रदर्शन करण्याची क्षमता आहे. त्याला वंश, प्रांत व देश भेद नाही. वरीलप्रमाणे आनुवंशिक गुणात्मक वाढ करण्याची कोणतीही पद्धत वैज्ञानिक नाही. वैज्ञानिक दृष्टिकोनातून खालील दोन पद्धतीने मानवाची आनुवंशिक गुणात्मक वाढ करता येईल. (१) आनुवंशिकतेतील दोषी जनुके खोडून टाकणे (२) उपयुक्त जनुकांची संख्या वाढवणे.

१) आनुवंशिकतेतील दोषी जनुके खोडून टाकणे :

समजा एखाद्या व्यक्तीला हिमोफिलियासारखा आनुवंशिक आजार आहे. हा आजार अपायकारक जनुकांमुळे होतो. या आजाराने पीडित व्यक्तीचे रक्त गोठत (क्लॉटिंग) नाही. त्यांना झालेली लहानशी जखमदेखील थेट मरणाला आमंत्रण ठरू शकते. कारण रक्त न गोठल्यामुळे सतत रक्तस्राव होतो. रक्तस्राव थांबवण्यासाठी अशा व्यक्तींना रक्त गोठवणारे घटक बाहेरून द्यावे लागतात व त्यांच्या जगण्यासाठी त्यांना आधार देण्यात येतो. अशा व्यक्ती दोषी जनुकांमुळे आजारी मुलांनाच जन्म देतात, म्हणून त्यांना समजावून सांगून लग्न करण्यापासून परावृत्त करण्यात येते व अपायकारक जनुकांचे पुढच्या पिढीत जाणे रोखता येते. अशा पद्धतीने दोषी व्यक्तींचे लग्न टाळून अपायकारक जनुके आनुवंशिकतेतून खोडून टाकण्यात येतात. एखाद्या व्यक्तीत बाल्यावस्थेत दोषी जनुके आढळून आल्यास उदा. - सिकलसेल ॲनिमिया, स्नायूंचा शक्तिपात (मस्क्युलर डिस्ट्रॉफी) त्यांचे लग्न टाळून अशी जनुके खोडून टाकता येतात; परंतु मधुमेहासारख्या आजारात (डायबेटिस) आनुवंशिक दोष लवकर लक्षात येत नाहीत. अशा व्यक्तीत साधारणपणे चाळिशीनंतर आजाराची लक्षणे आढळून येतात; परंतु त्यापूर्वीच त्याचे लग्न होऊन हा आजार पुढच्या पिढीत जनुकांच्या माध्यमातून गेलेला असतो, म्हणून लग्न टाळण्याने सर्वच दोषी जनुके खोडून टाकता येत नाहीत. अशा वेळी उपयुक्त जनुकांची संख्या वाढवून आनुवंशिकतेत सुधारणा करता येते.

२) उपयुक्त जनुकांची संख्या वाढवणे :

अनेक प्रकारच्या आनुवंशिक आजारात व्यक्तीतील अपायकारक जनुके लक्षात येत नसल्यामुळे त्यांचे लग्न टाळता येत नाही आणि अशा आनुवंशिक आजाराचे उच्चाटन करता येत नाही. अशा वेळी डीएनएतील उपयुक्त जनुकांची संख्या वाढवून व्यक्तीतील चांगल्या आनुवंशिक गुणांचे संवर्धन करण्यात येते; परंतु चांगली जनुके निवडणे काही गुणांच्या बाबतीत अवघड आहे. उदा. - हुशारी, संवेदनशीलता (समजदारी), दीर्घायुष्य, धडधाकट शरीर हे सर्व गुण असणे चांगल्या आनुवंशिकतेचे लक्षण आहे; परंतु वरील एक गुण एका जनुकामुळे प्रदर्शित होत नाही, तर अनेक जनुके मिळून एका गुणाचे प्रदर्शन करतात, म्हणून जनुकांची निवड करणे कठीण आहे. अशा वेळी खालील पद्धतीने आनुवंशिकतेचे संवर्धन करण्यात येते.

शुक्राणू बँक (स्पर्म बँक) : उच्च दर्जाच्या प्रजेची निपज करण्यासाठी शुक्राणू बँकेचे साह्य घेण्यात येते. शुक्राणू बँकेत सृजनशील, अलौकिक बुद्धिमत्ता, धडधाकट व सुंदर शरीर असणाऱ्या गुणवान व्यक्तींचे शुक्राणू शीतपेटीत अनेक वर्षे जतन करून ठेवण्यात येतात. एखाद्या जोडप्यातील पुरुषात आनुवंशिक दोष असतील उदा. - हिमोफिलिया, पती-पत्नीच्या रक्तातील आरएच घटक जुळत नसेल किंवा पुरुषात शुक्राणूंची संख्या कमी असेल किंवा एखाद्या जोडप्याला अलौकिक बुद्धिमत्ता, धडधाकट शरीर असणारे गुणवान व सुंदर मूल हवे असेल, तर अशी जोडपी शुक्राणू बँकेचे साह्य घेऊ शकतात. ज्या स्त्रिया इच्छुक असतील, त्यांच्यात या शुक्राणूंच्या साह्याने कृत्रिमपणे गर्भधारणा करण्यात येते. अमेरिकेत या पद्धतीने दर वर्षी ५,००० ते १०,००० मुलांना जन्म देण्यात येतो. ज्या पुरुषांचे शुक्राणू जतन केलेले असतात, त्यांच्या मृत्यूनंतरच त्यांचे शुक्राणू अशा कृत्रिम गर्भधारणेसाठी वापरण्यात येतात. अशा प्रकारे लोकशिक्षणातून समाजात अत्युच्च आनुवंशिकता असणाऱ्या अपत्यांना जन्म देता येतो.

कृत्रिमपणे आनुवंशिकतेत हस्तक्षेप करणे (जेनेटिक मॅनिप्युलेशन) : डीएनएची शस्त्रक्रिया करून पाहिजे त्या जनुकांचे रोपण करण्यात येते व दोषी जनुके खोडून टाकण्यात येतात. अशा पद्धतीने आनुवंशिक गुणांचे संवर्धन करून सृजनशील, धडधाकट व उच्च दर्जाच्या अपत्यांना जन्म देण्यात येतो. जैविक तंत्रज्ञानाच्या साह्याने व्यक्तीच्या डीएनएत बदल करून त्याचे भवितव्य बदलण्यात येते. मानवाचे निवडक उपयुक्त जनुके विषाणूत टाकून त्या विषाणूच्या साह्याने ही जनुके ज्या व्यक्तीच्या आनुवंशिकतेचे संवर्धन करायचे, त्या व्यक्तीच्या

प्रजननपेशीतील (जर्म सेल) डीएनएला जोडण्यात येतात. अशा प्रकारे उपयुक्त जनुकांचे प्रजननपेशीत रोपण करण्यात येते. या प्रजननपेशी सुधारीत आनुवंशिकता असणारे स्त्री-बीज व शुक्राणू (स्पर्म्स) तयार करतात. अशा स्त्री-बीज व शुक्राणूच्या संयोगाने उच्च दर्जाची आनुवंशिकता असणारा गर्भ तयार होतो व सृजनशील आणि धडधाकट बाळाचा जन्म होतो.

क्लोनिंग (पार्थिनोजेनेसिस) : स्त्री-बीज व शुक्राणूच्या मिलनाशिवाय गर्भ तयार होण्याच्या प्रक्रियेला पार्थिनोजेनेसिस असे म्हणतात. हा अलैंगिक प्रजननाचा प्रकार आहे. तो अनेक वनस्पतींत आढळून येतो. अशा प्रकारचे प्रजनन प्राण्यांत होत नाही; परंतु आधुनिक जैवतंत्रज्ञानाच्या साह्याने प्राण्यांतदेखील अशा प्रकारचे गर्भ तयार करून बाळाला जन्म देण्यात येतो.

ज्या स्त्रियांत पाहिजे ते आनुवंशिक गुणधर्म आहेत, उदा. - बुद्धिमत्ता, धडधाकटपणा, सौंदर्य, रोगप्रतिकारशक्ती, संवेदनशीलता, अशा स्त्रियांचे द्विसूत्री (२n) बिजांड (एग) प्राप्त करण्यात येते. या बिजांडापासून गर्भाचा विकास करून स्त्री अपत्याला जन्म देण्यात येतो. ते आनुवंशिकतेने हुबेहुब आईसारखेच असते. या प्रक्रियेला क्लोनिंग म्हणतात, तर अपत्याला क्लोन (क्लोन) म्हणतात. क्लोनचा विकास करण्यासाठी कोणत्याही स्त्रीचे एकसूत्री अंडे (n) प्राप्त करून त्यातील केंद्रक (n) काढून टाकतात. उच्च दर्जाची आनुवंशिकता असलेल्या स्त्रीच्या शरीरपेशीतील द्विसूत्री (२n) केंद्रक त्या केंद्रक काढलेल्या अंड्यात टाकण्यात येते. त्यानंतर त्या द्विसूत्री बीजांड्याचा विकास गर्भात होतो. हा गर्भ सरोगेट आईच्या गर्भाशयात रोपण करण्यात येतो. २८० दिवसानंतर सरोगेट आई मुलीला जन्म देते. ते बाळ द्विसूत्री केंद्रक (२n) घेतलेल्या उच्च दर्जाची आनुवंशिकता असलेल्या आईसारखेच जन्मते. ते रूप, रंग, हुशारी, धडधाकटपणा व वर्तनात हुबेहुब आईसारखेच असते. डॉली या मेंढीचा जन्म क्लोनिंग पद्धतीने ५ जुलै १९९६मध्ये रोसलीन इन्स्टिट्यूट एडिनबर्ग, स्कॉटलँड येथे झाला. हा सस्तन प्राण्यांचा जगातील पहिला क्लोन आहे.

वरीलप्रमाणे वेगवेगळ्या जैवअभियांत्रिकी पद्धतीने मानवातील उच्च दर्जाच्या आनुवंशिकतेचे संवर्धन करण्यात येते. या पद्धतीने समंजस, हुशार, निरोगी, सशक्त व कार्यक्षम प्रजेची उत्पत्ती करता येते. त्यांच्यावर संस्कार करून संघटित, समाज निर्माण करून, प्रांतवाद, धर्मभेद व वंशभेदांना मूठमाती देता येते.

आनुवंशिकतेत हस्तक्षेप :

आता तर सन २००० सालानंतर जगातील वेगवेगळ्या प्रयोग शाळेत अनेक

शास्त्रज्ञ सजीवांच्या डीएनएचा आराखडा ठरवून त्याप्रमाणे त्यांची निर्मिती करत आहेत. इडॉर्डो कॅक या ब्राझीलच्या जैवअभियंत्याने फ्रान्सच्या प्रयोगशाळेत प्रकाशाने चमकणारा हिरवा ससा तयार केला. प्रयोगशाळेत पांढऱ्या सशाचा गर्भ घेऊन त्यात हिरव्या चमकणाऱ्या जेलीफिशचे जीन टाकले आणि चमकणारा हिरव्या रंगाचा ससा तयार केला व त्याला अल्बा नाव दिले. ही जीवशास्त्रातील सर्वांत मोठी क्रांती होय. यानंतर भविष्यातील सजीव कसे असावेत त्याचे अत्यंत हुशारीने आराखडे आखून जैविक उत्क्रांतीला पाहिजे तशी दिशा देण्याचा प्रयत्न मानवाने चालवलेला आहे. जैवअभियांत्रिकी मानवासाठी नवीन नाही उदा. - दुधाचे दही करणे, इडली व डोसा तयार करण्यासाठी आंबवण्याची प्रक्रिया, अल्कोहोलिक पेय तयार करण्याच्या प्रक्रियांचा अवलंब शेकडो वर्षांपासून आपण करत आहोत;परंतु या शतकात मानवाने सजीवांच्या डीएनएत कृत्रिमपणे हस्तक्षेप करण्यास सुरुवात केले आहे. इ. *कोलाई* (*एस्चेरिचिया कोलाई*) जिवाणूत मानवाचे इन्सुलिन तयार करणाऱ्या जीनचे रोपण करून मोठ्या प्रमाणात इन्सुलिन मिळवण्यात येत आहे. त्यामुळे मधुमेहाच्या रुग्णांना फार मोठा दिलासा मिळाला आहे. उत्तर ध्रुवावरील बर्फाळ प्रदेशातील माशाचे (फिश) जीन बटाट्यात रोपण करून बर्फवृष्टीला दाद न देणाऱ्या बटाट्यांची रोपे तयार करण्यात आली आहेत. १९९९मध्ये *बॅसिलस थुरियंजेन्सीस* या जिवाणूचे बी टी जीन कापसाच्या डीएनएला जोडून बी टी कापूस हे नवीन वाण विकसित करण्यात आले आहे. ही जात बोंड अळीला दाद देत नाही. त्यामुळे कापसाचे दर एकरी दुप्पट उत्पन्न वाढले आणि रासायनिक कीटक नाशकांची फवारणी करण्याची आवश्यकता राहिली नाही. सध्या तर वैद्यकशास्त्राच्या साह्याने उत्प्रेरकांचे (हर्मोन्स) प्रमाण कमी-जास्त करून शस्त्रक्रियेने मानवाचे लिंग बदलण्यात येत आहे; तसेच मानवाच्या डीएनएतील घातक जनुके खोडून टाकून रक्तक्षयासारखे आनुवंशिक आजार टाळता येतात. क्लोनिंग पद्धतीने कमी कालावधीत अधिक दूध देणाऱ्या अनेक गायी व म्हशींची पैदास करता येते.

अशा प्रकारे अनेक उपयुक्त सजीवांचा अधिक उत्पादन व नफा मिळवण्यासाठी यंत्रासारखा वापर करण्यात येत आहे. त्यांच्या वेदनांची नोंद घेण्यात येत नाही; परंतु अशा कृतीमुळे भविष्यात काही धोके निर्माण होऊ शकतात. निसर्गातील जीवशास्त्राच्या मूळ आराखड्यात बदल करून अब्जावधी वर्षांपासून सुरू असलेल्या जैविक उत्क्रांतीचा मार्गच बदलण्याचा प्रयत्न मानवाकडून सातत्याने होत आहे. हे निसर्ग व पर्यावरणाच्या विरुद्ध आहे. यात मूळ सजीवांच्या जाती

नामशेष होऊन अनिर्बंधपणे निर्माण केलेल्या कृत्रिम सजीवांच्या जातींचा सुळसुळाट होईल व याचे गंभीर परिणाम मानवाच्या व इतर सर्व सजीवांच्या अस्तित्वावर होतील.

मानवी जिनोम प्रकल्प (ह्युमन जिनोम प्रोजेक्ट) :

माणसाच्या प्रत्येक पेशीतील गाभ्यात गुणसूत्राचे दोन संच असतात. यापैकी एक संच आईकडून व दुसरा संच वडिलांकडून त्याला प्राप्त होतो. प्रत्येक संचात अर्धसूत्री (हॅप्लॉइड) २३ गुणसूत्रे असतात. या अर्धसूत्री २३ गुणसूत्रांतील सर्व जनुकांच्या अभ्यासाला जिनोम असे म्हणतात. मानवी जिनोम म्हणजे मानवाच्या अर्धसूत्री गुणसूत्रांतील सर्व जनुकांचा अभ्यास. डीएनएतील न्यूक्लिओटाइड्सच्या जोड्यांचा क्रमवार अभ्यास करून सर्व जनुके शोधणे व त्यांचा नकाशा तयार करणे या उद्दिष्टाने यू. एस. डिपार्टमेन्ट ऑफ एनर्जी व नॅशनल इन्स्टिटयूट ऑफ हेल्थ यांच्या समन्वयाने हा अत्यंत महत्त्वाकांक्षी आंतरराष्ट्रीय वैज्ञानिक संशोधन प्रकल्प १९९०मध्ये राबवला आणि २०००मध्ये मुदतीच्या आत पूर्ण केला.

मानवाच्या डीएनएत एकूण तीन अब्ज न्यूक्लिओटाइड्सच्या जोड्या आहेत. डीएनएतील सर्व न्यूक्लिओटाइड्सच्या क्रमवार मांडणीचे पृथःकरण करून प्रत्येक जनुकांचा अभ्यास केला. प्रत्येक जनुकाची रचना, गुणसूत्रातील क्रमवार मांडणी व त्याचे कार्य यांचा सविस्तर अभ्यास करून त्यांचे उत्परिवर्तन (म्युटेशन) आणि उत्क्रांतीतील सहभाग समजून घेतला.

डीएनएचा नकाशा दोन प्रकारे तयार करण्यात आला. (१) कोणते जनुक कोणत्या नंबरच्या गुणसूत्रावर आहे, त्या गुणसूत्रातील त्याचे स्थान व क्रम निश्चित करणे व इतर जनुकांपासून त्यांचे अंतर ठरवणे. (२) प्रत्येक जनुकाचा डीएनएतील भाग निश्चित करणे. त्यातील न्यूक्लिओटाइड्सचा क्रम, संख्या व कार्य निश्चित करणे.

या अभ्यासापूर्वी मानवातील अपेक्षित जनुकांची संख्या ८०,००० ते १,००,००० असावी असे शास्त्रज्ञांचे भाकित होते; परंतु अभ्यासानंतर मानवातील जनुकांची संख्या फक्त ३०,००० निश्चित झालेली आहे. सन २००३मध्ये मानवाच्या संपूर्ण डीएनएचा आराखडा प्राप्त झाला आहे, त्यामुळे माणसाचे जीवशास्त्र व जैविक वर्तन समजून घेणे सोपे झाले आहे. आनुवंशिक आजाराला कारणीभूत असणारी जनुके कोणती; तसेच कोणत्या अपायकारक जनुकांमुळे कोणता आजार होतो, हे निश्चित करता आलेले आहे. दोषी जनुकांची यादी व गुणसूत्रातील त्यांचे स्थान याची पूर्ण माहिती आपल्याला प्राप्त झाल्यामुळे असे अपायकारक जनुके

गुणसूत्रातून खोडून टाकणे शक्य झालेले आहे; तसेच उपयुक्त जनुकांचे रोपण करता येणे शक्य झाल्यामुळे आनुवंशिकतेत हवा तसा बदल करता येऊ शकतो. यामुळे चांगली प्रजा निर्माण करणे (युजेनिक) शक्य झालेले आहे.

जनुके उपचार पद्धती (जीन थेरपी) :

कोणताही आनुवंशिक आजार औषधोपचाराने दुरुस्त होत नाही; परंतु जनुक उपचार पद्धतीने असाध्य आनुवंशिक आजारावर सहजपणे मात करता येते. ही उपचारपद्धती दोन प्रकारची आहे.

१) शरीर पेशींच्या डीएनएतील दोषी जनुके खोडून काढून सुधारणा घडवून आणणाऱ्या जनुकांचे रोपण करून आनुवंशिक आजार टाळता येतात; परंतु अशा प्रकारे शरीर पेशीतील डीएनएच्या रचनेत केलेले बदल पुढच्या पिढीत जात नाहीत.

२) प्रजननात भाग घेणाऱ्या पेशींच्या (जर्म सेल) डीएनएतील दोषी जनुके खोडून उपयुक्त जनुकांचे रोपण करण्यात येते. या पद्धतीने दुरुस्त केलेली डीएनएतील रचना पुढच्या पिढीत बीजाद्वारे (स्त्रीबीज व शुक्राणू) जाते व अपत्यात आनुवंशिक आजार येत नाहीत.

वरील उपचार पद्धतीने कर्करोग, मधुमेह, स्नायूंचा शक्तिपात (मस्क्युलर डिस्ट्रॉफी), पिट्यूटरी ड्वार्फिजम, हिमोफिलिया, हेपॅटिटिस-बी, सिस्टीक फायब्रॉसिस (फुफ्फुसाचा आजार) इत्यादी आनुवंशिक आजारावर व जळालेल्या असाध्य जखमांवर उपचार करता येतो. उंदराच्या जिनोममध्ये २.५ (अडीच) अब्ज न्यूक्लिओटाइड्स आहेत, तर मानवाच्या जिनोममध्ये २.९ अब्ज न्यूक्लिओटाइड्स आहेत. यावरून मानवाचा डीएनए उंदरापेक्षा १४% मोठा आहे, हे लक्षात येते. मानवाच्या डीएनएच्या नकाशाबरोबर इतर काही सजीवांच्या डीएनए आराखड्याचा अभ्यास पूर्ण केलेला आहे. उदा. - इ. *कोलाई* जिवाणू, उंदीर, ड्रासोफिला (फ्रूट फ्लाय), यीस्ट इत्यादी. यामुळे सजीवांतील आनुवंशिकतेचा तुलनात्मक अभ्यास करता येतो. मानवात व इतर सजीवांत अनेक जनुके समान आहेत व समान कार्य करतात हे सिद्ध झाले आहे. म्हणून इतर सजीवांच्या आनुवंशिकतेचा अभ्यास करणे, मानवाची आनुवंशिकता समजून घेण्यासाठी उपयुक्त ठरते व उत्क्रांती समजून घेता येते.

मानवाच्या डीएनएचा अभ्यास पूर्ण झाल्यामुळे याचा उपयोग आनुवंशिक आजारांच्या नियंत्रणासाठी व दीर्घायुष्यासाठी केला, तर मानवजातीचे कल्याण होऊ शकते. म्हातारपणात काही व्यक्तींना विस्मरणाचा आजार (अल्झायमर) होतो. या संशोधनाने तो दुरुस्त करता येऊ शकतो; तसेच सामान्य माणसाची

स्मरणशक्ती वाढवता येऊ शकते.

जैवाभियांत्रिकीच्या नवनवीन संधींची ही सुरुवात आहे. आता प्रत्येक व्यक्तीच्या डीएनएच्या नकाशाचा अभ्यास काही आठवड्यात काही रुपयांच्या खर्चात पूर्ण होऊ शकतो, म्हणून येणारे युग वैयक्तिक औषधोपचाराचे राहील. डॉक्टर त्या व्यक्तीच्या डीएनएचा आराखडा बघून त्याला अगोदरच सांगतील, की तुम्हाला मधुमेह किंवा कॅन्सरचा धोका नाही; परंतु हृदयरोगाचा धोका संभवतो इत्यादी; परंतु या वैद्यकीय ज्ञानामुळे काही कठीण नैतिक समस्या निर्माण होतील. नीतीतत्त्वज्ञ व कायदेतज्ज्ञ वैयक्तिक डीएनएची गोपनीयता खुली करण्याच्या विरोधात आहेत. असे झाले, तर विमा कंपन्या प्रत्येकाचा डीएनए पाहून हप्त्याची रक्कम ठरवतील. जर माणसाच्या बेजबाबदार वागण्याचे कारण डीएनएत असेल, तर नोकरीच्या वेळेस कंपन्या डीएनएची माहिती मागवतील आणि मग ज्याचा डीएनए चांगला आहे त्यालाच नोकरी देतील. या पद्धतीने अनेक लोकांना आनुवंशिकतेमुळे सापत्नभावाने वागवले जाईल. उद्या कंपन्या त्यांना हव्या त्या पद्धतीने डीएनएचा आराखडा तयार करतील व त्यावर पेटंट मिळवून नवीन प्राणी तयार करतील व त्या प्राण्यांच्या जातीवर मालकी हक्क सांगतील.

डीएनएत कृत्रिमपणे बदल करून आता अलौकिक बुद्धिमान माणसाला जन्माला घालणे आनुवंश शास्त्रज्ञांना शक्य झाले आहे. मानवाच्या शरीर रचनाशास्त्र, शरीर विज्ञानशास्त्र व त्याच्या मेंदूच्या आकारात फार बदल न करता, मेंदूच्या अंतर्गत रचनेत थोडासा बदल करून कुशाग्र बुद्धिमत्तेच्या सुपरमॅनला जन्म देणे तांत्रिकदृष्ट्या आता अवघड राहिलेले नाही. मानवी हक्कांचे रक्षण करणाऱ्या नीतीवाद्यांना भीती वाटते, की जैवतंत्रज्ञानाचा वापर करून सुपरमॅनला जन्म देण्यात येईल व त्याला निर्भय सैनिक व आज्ञाधारक नोकर म्हणून गुलामासारखे वागवण्यात येईल.

असे पेचप्रसंग निर्माण होऊ नयेत म्हणून डीएनएची गोपनीयता खुली करण्यासाठी सर्व नीतीवाद्यांचा, समाजाचा, राजकीय नेत्यांचा व मानवी हक्कासाठी झगडणाऱ्या जगातील सर्व संघटनांचा तीव्र विरोध आहे; कारण हे निसर्गाच्या विरुद्ध आहे. आता प्रत्येक व्यक्तीचा हक्क जपला पाहिजे, हे सगळ्या जगाने मान्य केलेले आहे. प्रत्येक देश आपल्या नागरिकांना वैद्यकीय सुविधा देण्याचा प्रयत्न करत आहे. राष्ट्रीय आरोग्यविमा, राज्यघटना, सामाजिक संघटनांनी प्रत्येक व्यक्तीला वैद्यकीय सुविधा मिळाली पाहिजे, हे मान्य केले आहे व त्यासाठी अनेक देशांतील सरकारने प्रामाणिक प्रयत्न सुरू केलेले आहेत. आजारी रुग्णांचा इलाज करणे, साथीच्या रोगावर नियंत्रण मिळवणे, स्वच्छता राखणे, प्रत्येकाच्या आरोग्याचे संवर्धन करणे

हे राष्ट्रीय कार्य आहे आणि त्या त्या शासनाची जबाबदारी आहे, हे मान्य करून त्याप्रमाणे जगातील प्रत्येक देश प्रयत्न करत आहे.

जैवतंत्रज्ञानाने जर व्यक्तीच्या जैविक क्षमता वाढवण्याचा प्रयत्न केला, तर आपण या सुविधा सर्वांना देऊ शकणार आहोत काय? या सर्व बाबी खर्चिक आहेत, म्हणून या सुविधा कोणताही देश सर्वांना देऊ शकणार नाही. मग ज्या लोकांकडे पैसे आहेत, ते या वैद्यकीय तंत्राचा फायदा घेतील आणि अशा प्रकारे या संशोधनामुळे परत खास लोकांचा वर्ग निर्माण होईल. समाजात भेदभाव निर्माण होऊन समाजाचे विभाजन होईल.

आधुनिक जगाने आता सर्वांना समान हक्क दिले आहेत. इतिहासात पहिल्यांदाच सर्वांनी सामाजिक समानतेला मान्यता दिली आहे. नवीन संशोधनाने परत आपण विषमता आणणार आहोत काय? ऐतिहासिक काळापासून काही लोक स्वत:ला उच्च आनुवंशिकतेचे मानतात. इतरांना कमी लेखतात व स्वत:ची फसवणूक करून घेतात. एखाद्या मजुराच्या घरात जन्मलेल्या मुलाचा आणि राजघराण्यात जन्मलेल्या राजकुमारचा बुद्ध्यांक सारखाच असतो, हे अनेक प्रयोगानंतर सिद्ध झालेले आहे. जर आपण नवीन खर्चिक संशोधनाने डीएनएत बदल करून मानवाच्या आनुवंशिक क्षमतेत वाढ करण्याचा प्रयत्न केला, तर या सुविधांचा फायदा अतिश्रीमंत लोक घेतील आणि गरिबाला ते शक्य होणार नाही व समाजात विषमता निर्माण होईल, म्हणून कृत्रिमपणे जैवअभियांत्रिकीच्या साह्याने मानवाच्या आनुवंशिकक्षमतेत वाढ करण्याच्या संशोधनाला समाजाचा, नीतीवाद्यांचा, राजकीय शक्तींचा, मानवतावादी संघटनांचा तीव्र विरोध आहे. हे नैसर्गिक निवडीच्या सिद्धान्ताच्यादेखील विरोधात आहे. याप्रमाणे प्रयत्न करणे म्हणजे मानवी संस्कृतीचा व मानवाच्या अस्तित्वाचा विनाश आहे. कायदा प्रत्येकाला ओळख आणि वैयक्तिक स्वातंत्र्य मिळाले पाहिजे यासाठी आग्रही आहे. जगातील सर्व सरकारे प्रत्येक नागरिकाला आरोग्य आणि समानता मिळाली पाहिजे या भूमिकेत आहेत. सर्व शैक्षणिक संस्था समाजात प्रत्येकाने न्याय व नीतीने वागले पाहिजे, हे ध्येय साध्य करण्यासाठी प्रयत्न करत आहेत, म्हणून सर्वांनाच जैविकतंत्रज्ञानामुळे येणाऱ्या कठीण समस्येकडे लक्ष देणे आवश्यक आहे.

नवचैतन्य प्राप्ती (रिजनरेशन):

आनुवंशशास्त्रज्ञ अनेक लुप्त झालेल्या सजीवांना पुनरुज्जीवित करण्याच्या प्रयत्नात आहेत. उदा. - डायनोसॉर, महाकाय हत्ती (मॅमॉथ), निअँडरथल

मानव इत्यादी. रशिया, जपान आणि कोरियाच्या काही शास्त्रज्ञांनी सैबेरियातील लोप पावलेल्या आयाळ असणाऱ्या महाकाय हत्तींच्या (मॅमॉथ) जिनोमचा नकाशा तयार केलेला आहे. त्यांनी त्याच्या पुनरुज्जीवनाचे नियोजन केले आहे. ते सध्याच्या हत्तीची अंडी हत्तीणीच्या गर्भाशयातून मिळवणार, त्याच्यातील केंद्रक काढून टाकून त्यात महाकाय हत्तीचे द्विसूत्री डीएनए आराखडा टाकणार. सदर अंडी सरोगेट मदर म्हणून निवडलेल्या हत्तिणीच्या गर्भाशयात रोपण करणार. २२ महिन्यानंतर लुप्त झालेल्या महाकाय हत्तीचा जन्म होईल. अशा पद्धतीने ५,००० वर्षांपूर्वी सैबेरियातून लुप्त झालेल्या महाकाय हत्तीला नवचैतन्य प्राप्ती मिळू शकते. हार्वर्ड विद्यापीठातील अमेरिकन आनुवंशशास्त्रज्ञ प्रोफेसर जॉर्ज चर्च यांनी निअँडरथल मानवाच्या जिनोमचा आराखडा तयार केलेला आहे. निअँडरथल ३०,००० वर्षांपूर्वी या जगातून लुप्त झाले.

जॉर्ज चर्च यांनी निअँडरथलला नवचैतन्य प्राप्त करून देण्याचे ठरवले आहे. आराखड्याप्रमाणे निअँडरथलचा डीएनए मानवाच्या केंद्रक काढून टाकलेल्या अंड्यात टाकून सरोगेट आईच्या गर्भाशयात गर्भाची वाढ करून निअँडरथलच्या बाळाला जन्म देणे सहज शक्य झालेले आहे. निअँडरथलला पुनरुज्जीवित करण्याची खालील कारणे सांगितली जात आहेत. आधुनिक मानवाच्या मेंदूचा निअँडरथलच्या मेंदूशी तुलनात्मक अभ्यास करता येऊ शकतो आणि आपल्या मेंदूतील कोणत्या भागाच्या विकासामुळे जाणिवांची जाणीव (शहाणपणा) निर्माण झाली ते ठरवता येईल. काही तज्ज्ञांचे म्हणणे आहे, की निअँडरथलचे अस्तित्व आपल्यामुळे संपले म्हणून त्यांना नवचैतन्य प्राप्त करून देणे आपले कर्तव्य आहे. निअँडरथल शरीरपिंडाने मजबूत असतात. त्यांना पुनरुज्जीवित केल्यामुळे अनेक भांडवलदारांना आनंद होईल. कारण त्यांना हलके काम करण्यास नोकर मिळतील; परंतु त्याला पुनरुज्जीवित करण्याने अनेक सामाजिक व राजकीय प्रश्न निर्माण होऊ शकतात. म्हणून सर्व निसर्गवादी, नीतीतज्ज्ञ, मानवी हक्क संघटना, कायदा व राजकीय शक्तींचा या संशोधनास विरोध आहे.

अजैविक अवयव (बायोनिक लाईफ):

सेंद्रीय व असेंद्रिय कृत्रिम अवयवांचे रोपण करणे हासुद्धा जैविकअभियांत्रिकीचा एक भाग आहे, ज्याला सायबॉर्ग इंजिनीअरिंग म्हणतात. आपण सर्व जण यांचा उपयोग करतो. उदा. : चष्मा, कानातील श्रवणयंत्र, हृदयातील पेसमेकर, मोबाइल फोन, संगणक इत्यादी. माशा, झुरळ अशा कीटकांच्या शरीरात इलेक्ट्रॉनिक यंत्र

बसवून त्यांच्या हालचालीवर नियंत्रण करता येते. असे कीटक शत्रूच्या कार्यालयात पाठवून अत्यंत गोपनीय माहिती मिळवता येते. डोळ्यांच्या संवेदनशील पडद्याचे (रेटिना) आंधळ्या माणसाच्या डोळ्यांत रोपण केल्यानंतर अंधांना दिसते. जेस सुल्लीवान या अमेरिकन वीजतंत्रीचे (इलेक्ट्रिशियन) २००१मध्ये अपघातात दोन्ही हात खांद्यापासून तुटले. त्याला कृत्रिम हाताचे रोपण केलेले आहे. तो त्याच्या इच्छेनुसार हातांची हालचाल करू शकतो.

काही क्रांतिकारक संशोधनामुळे मानवाचा मेंदू संगणकाशी जोडून त्याच्या मनातील विचार वाचता येऊ शकतात. अनेक संगणक जसे इंटरनेटने एकमेकांशी जोडता येतात, तसे अनेकांचे मेंदू एकमेकांशी जोडता येऊ शकतात. अनेकांचे मेंदू एकमेकांशी जोडल्यास एकाची स्मरणशक्ती दुसऱ्याला आपोआप प्राप्त होईल. ज्यांचे मेंदू एकमेकांशी जोडलेले आहेत, त्यांची स्मरणशक्ती प्रत्येकाला प्राप्त होईल. दुसऱ्याने अभ्यास करून मिळवलेले ज्ञान जणू काही त्याचेच ज्ञान आहे, असे त्याला अभ्यास न करता जसेच्या तसे आठवेल. मग वैयक्तिक ओळखीचे काय होईल? व्यक्तीच्या मनावर याचे काय परिणाम होतील? असे संशोधन म्हणजे मानवाच्या व्यक्ती स्वातंत्र्यावर घाला नाही काय? भविष्यातील जैवतंत्रज्ञानाची क्षमता मानवाच्या भावनाच नाही, तर त्याची जैविक जात बदलण्याची आहे. अशा संशोधनांना समाजाच्या सर्व स्तरांतून तीव्र विरोध आहे. ३०,००० ते २५,००० वर्षांपूर्वी ज्या मानवाला निसर्गात कुठेही महत्त्वाचे स्थान नव्हते, आफ्रिकेतील एका कोपऱ्यात तो जगण्यासाठी धडपड करत होता, नंतरच्या हजारो वर्षांत मात्र तो मानव या पृथ्वीचाच मालक बनला. पर्यावरणाला आणि सर्व सजीवांच्या जगण्यासाठी तो तापदायक बनला. त्याने पर्यावरण, प्राणी आणि वनस्पतींचा प्रचंड नाश केला व सर्वांचे जगणे अवघड केलेले आहे. तो स्वतःला सर्वांत महान, शक्तिशाली, सर्व सजीवांचे कल्याण करणारा भाग्यविधाता समजत आहे.

दुर्दैवाने अभिमान वाटावा असे मानवाने काहीही केलेले नाही. सगळीकडे सत्ता प्रस्थापित केली. अन्नधान्याचे उत्पन्न वाढवले, शहरे बांधली, मोठमोठी साम्राज्ये उभी केली. जगात दळणवळण व व्यापाराचे अतिजलद जाळे निर्माण केले; परंतु जगातली वेदना, दुःख, व्यथा, गरिबी, विषमता, उपासमार तो नष्ट करू शकला नाही. एकंदरीत मानवाची शक्ती वाढली असली, तरी समाजातील प्रत्येक व्यक्तीचे कल्याण तो करू शकला नाही. प्राण्यांची तर त्याने प्रचंड दुर्दशा केली आहे. मागील काही दशकांत त्याने दुष्काळ, प्लेगसारख्या अनेक संसर्गजन्य आजारावर मात केली. देशादेशांतील युद्धे थांबवून काही अंशी मानवाच्या परिस्थितीत सुधारणा

घडवून आणली; परंतु सर्वांचे कल्याण तो करू शकला नाही. दिवसेंदिवस वाढत चाललेले त्याचे बेजबाबदारपणे वागणे त्याच्याच भवितव्यासाठी घातक ठरत आहे.

भवितव्य : कृत्रिमपणे जनुक व डीएनएची शस्त्रक्रिया करून आनुवंशिकतेत बदल करणे शक्य झाल्यामुळे मानवाला आनुवंशिक आजारावर नियंत्रण मिळवता येईल व निकोप प्रजेची उत्पत्ती करता येईल. जगातील सर्व सजीवांची उत्पत्ती उत्क्रांतीच्या प्रक्रियेने झालेली आहे. याचे ज्ञान फक्त मानव प्राण्यालाच आहे. 'ज्या सजीवांची प्रजननक्षमता जास्त आहे, त्यांचीच नैसर्गिक निवड होते,' हे उत्क्रांतीचे मूलतत्त्व फक्त माणूसच जाणतो. जर जैविक उत्क्रांतीवर नियंत्रण करायचे असेल व उत्क्रांतीला योग्य दिशा द्यायची असेल, तर प्रजननक्षमतेनुसार नैसर्गिक निवड या तत्त्वात मानवाला हस्तक्षेप करून बदल करावा लागेल. अधिक जननक्षमतेवरून नैसर्गिक निवड याऐवजी सांस्कृतिक विकासाच्या प्रगतीनुसार गुणांची निवड अशी नवी दिशा जैविक उत्क्रांतीला द्यावी लागेल. म्हणजे जैविक उत्क्रांती व सांस्कृतिक विकास हातात हात घालून पुढे जाईल. भविष्यातील सुप्रजननाचे उद्दिष्ट 'संपूर्ण मानव जातीचे व पर्यावरणाचे कल्याण' हे असेल. पुढील पिढ्यांच्या समृद्धीसाठी भरभराटीसाठी आणि विकासासाठी जी आनुवंशिकता योग्य असेल, त्याचेच संवर्धन करावे लागेल. तेच सामाजिक सौख्याचे, सलोख्याचे व समृद्धीचे असेल.

चांगल्या प्रजेची निपज करण्यासाठी प्रांतवाद, वंशभेद, धर्मवाद, पंथभेद, आर्थिक विषमता, पूर्वग्रहदूषित राजकारण असे अनेक अडथळे आहेत. या अनेक प्रकारच्या वादामुळे व विषमतेमुळे इतिहासात अनेक वेळा मानव आपल्या भाईबांधवांसोबत पशुतुल्य, घातक, विध्वंसक आणि अत्यंत क्रूरपणे वागला आहे. प्रत्येक मानवी समूहाच्या रक्तात प्रांतवाद भिनलेला आहे. टोळीतील या गुणामुळे प्राचीन काळी त्याचे संरक्षण झाले असले, तरी हाच गुण आज त्याच्या अस्तित्वासाठी धोकादायक ठरत आहे. सांस्कृतिक विकासामुळे व तंत्रज्ञानामुळे जग एखाद्या खेड्यासारखे लहान झाले आहे. प्रांतवाद, वंशवाद, वर्णवर्चस्व, अंधश्रद्धा, जातीयवाद, धर्मवाद, या भिंती मानवी कल्याणासाठी कालबाह्य झालेल्या आहेत, म्हणून अशा प्रकारचे वाद दूर सारावे लागतील.

आज जग अत्यंत गुंतागुंतीच्या, भीतीदायक व नाजूक राजकीय परिस्थितीतून जात आहे. आक्रमकपणा व विध्वंसक वर्तन आता कालबाह्य झालेले आहे. त्यामुळे समाजा-समाजातील, धर्मा-धर्मातील, प्रांता-प्रांतातील वाद व देशा-देशांतील संघर्ष मानव जातीसाठी आत्मघातकी ठरत आहेत. कोणत्याही समुदायाने

अन्य समुदायाशी संघर्ष करणे म्हणजे स्वतःला संपवणे, असेच ठरत आहे. यात कुणाचाही फायदा होणारा नाही.

आता प्रत्येकानेच सामाजिक आणि सांस्कृतिक हिताची जाणीव ठेवून पृथ्वीवर मानवाचे अस्तित्व कायम राहील याची दक्षता घेतली पाहिजे. अत्यंत जाणीवपूर्वक प्रत्येकाने एकमेकांचा व पर्यावरणाचा आदर केला पाहिजे. समजूतदारपणे व युक्तीने समाजातील अन्याय्य व वाईट गोष्टी टाळल्या पाहिजेत. एकमेकांना समजून घेतले पाहिजे. मानवाची हुशारी व सृजनशीलता, सर्वांचे कल्याण करण्याचे उद्दिष्ट यशस्वीपणे तडीस नेईल, याबद्दल जाणीवपूर्वक प्रयत्न करावे लागतील.

वरील सर्व बाबींचा विचार करता आज आपली सर्वांत मोठी गरज आहे भिन्नभिन्न मानवी समूहातील विविधतेचा स्वीकार करण्याची. प्रांतवाद, विषमता, वर्णद्वेश, वंशभेद, शोषण, अंधश्रद्धा या प्रवृत्तींना गाडून टाकण्याची, विनाकारण अशा प्रवृत्तीचे लाड पुरवू नयेत. अन्य कुठल्याही समुदायाचे नुकसान न करता प्रत्येकाची सामाजिक ओळख टिकवली पाहिजे. आपण या सर्व सामाजिक गरजांची पूर्तता केली, तर मानवाची भरभराट झालेल्या समंजस जगाच्या निर्मितीकडे आपण झेप घेऊ. या सामाजिक गरजा पूर्ण केल्या नाहीत, तर मात्र एकमेकांचा संहार करून कल्पनेपेक्षाही भयानक अशा दुःखात व रानटीपणाच्या खोल दरीत आपण कोसळू आणि यातून संपूर्ण मानवजातीचे व सजीवसृष्टीचे अस्तित्व धोक्यात येईल.

अनेक शास्त्रज्ञांच्या मते लोकसंख्यावाढ, अणुयुद्ध, पृथ्वीचे वाढणारे तापमान (ग्लोबल वॉर्मिंग), कृत्रिम बुद्धिमत्ता व नैसर्गिक स्रोतांचा होणारा बेसुमार वापर यामुळे मानवासह संपूर्ण सजीवसृष्टी धोक्याच्या उंबरठ्यावर उभी आहे. मानवाच्या अस्तित्वाला धोका निर्माण झाला आहे. जगत्‌विख्यात ब्रिटिश भौतिकशास्त्रज्ञ स्टीफन हॉकिंगने मे २०१७मध्ये सांगितले, की पुढील १०० वर्षांत होणारे हवामानातील बदल, लोकसंख्या वाढ, संसर्गजन्य रोगांचा प्रसार, उल्कापात इत्यादी मोठमोठी संकटे पृथ्वीवर निर्माण होऊन मानव जातीचे अस्तित्व धोक्यात येईल. याहीपुढे जाऊन स्टीफन हॉकिंग सांगतो, की आपल्याला नष्ट व्हायचे नसेल, तर येत्या १०० वर्षांत पृथ्वी सोडून दुसऱ्या ग्रहावर वस्ती करावी लागेल. मंगळावरील विषारी माती, गोठवून टाकणारी थंडी, श्वास घेण्यास योग्य नसलेली हवा - यामुळे तिथे वस्ती करता येणार नाही. पृथ्वीसारखे विपुल पाणी, जमीन व शुद्ध हवा असणारा दुसरा ग्रह आपल्या सूर्यमालेत नाही. असा ग्रह आपल्या सूर्यमालेच्या बाहेर शोधावा लागेल. तो शोधण्यास शेकडो वर्षे लागतील. जर असा ग्रह सापडलाच, तर तिथे पोहोचण्यासाठी अवकाशातून मार्ग काढणे फार मोठे

आव्हान असेल. तेवढेच मोठे आव्हान अवकाशयान तयार करणे व सुरक्षितपणे प्रवासी पाठवणे असेल. सर्व सुरक्षेची काळजी घेऊन अवकाशप्रवासी पाठवले व त्यांचा वाटेत मृत्यू झाला नाही, तर त्यांना नवीन ग्रहावर पोहचण्यासाठी एवढा प्रदीर्घ काळ लागेल, की कदाचित त्यांची दुसऱ्या जातीत उत्क्रांती झालेली असेल. यावरून आपल्या लक्षात येईल, की स्टीफन हॉकिंगने सांगितलेला पर्याय किती कठीण आहे. कदाचित पुढील संशोधनानंतर भविष्यात हे शक्यही होईल; परंतु या पद्धतीने पृथ्वीवरील संपूर्ण मानवजात आपण परग्रहावर पाठवून त्यांचे रक्षण करू शकणार आहोत काय? नक्कीच नाही. या पद्धतीने फार तर काही व्यक्ती पाठवून परग्रहावर मानवजातीची पेरणी करणे शक्य होईल, एवढेच.

पृथ्वीवर ओढवलेले संकट मानवाच्या अतिहव्यासामुळे निर्माण झाले आहे. संपूर्ण मानव जातीचे संरक्षण करायचे असेल, तर निसर्गाचे संवर्धन करणे, लोकसंख्या वाढ रोखणे, नैसर्गिक स्रोतांचा काटकसरीने वापर करणे समूहा-समूहातील संघर्ष टाळणे व प्रत्येक व्यक्तीचे कल्याण करणे, हे पर्याय निवडून मानवाच्या अस्तित्वाला निर्माण झालेला धोका आपण टाळू शकतो. अशा प्रकारे पृथ्वीचा जैविक गोल धोक्याबाहेर ठेवून मानवासह सर्व सजीवसृष्टीचे रक्षण करू शकतो.

आधुनिक मानव या सर्व प्रश्नांवर विचार करून तोडगा काढण्यास सक्षम आहे. माझे व माझ्या समुदायाचे कल्याण या सीमित नजरेने पाहिले, तर त्याचा विनाश अटळ आहे. ज्ञानेश्वरांच्या उक्तीप्रमाणे ‘हे विश्वची माझे घर’ समजून प्रत्येकाला जगाच्या कल्याणासाठी झटावे लागेल. जगातील प्रत्येक माणूस सुखाने, समाधानाने जगेल याची काळजी घेण्याचे दायित्व आपल्या प्रत्येकाचे आहे. आपणच ठेवलेले आपले वैज्ञानिक नाव - शहाणा माणूस (होमो सेपियन्स) - आपल्या वर्तनाने आपण दुप्पट शहाणे असल्याचे आपल्याला सिद्ध करावे लागेल. आत्तापर्यंत उत्क्रांतीच्या प्रत्येक टप्प्यावर आलेल्या अनेक अडचणींवर आपल्या पूर्वजांनी अत्यंत हुशारीने, सहजपणे मात केलेली आहे. निश्चितपणे आपल्या बौद्धिक कौशल्याने व शहाणपणाने वर्तमानातील व भविष्यातील येणाऱ्या प्रत्येक अडचणीवर सहजपणे मात करून जगाचे कल्याण करूया. असामान्य बुद्धिमत्ता, विज्ञान व तंत्रज्ञानातील प्रगतीमुळे आपणच आपले भाग्यविधाते आहोत. आपल्याच हातात स्वत:चे व सजीवसृष्टीचे भवितव्य अवलंबून आहे, म्हणून आपले वर्तन संपूर्ण जगाच्या कल्याणासाठी हितकारक असले पाहिजे.

संदर्भ ग्रंथ यादी

1) **The Course of Evolution**
By : J. Marvin Weller Professar of Geophysical Sciences
Emerits University of Chicago
Mc Graw Hill Book Company New York.

2) The Meaning Of Evolution
By : George Gaylord Simpson
Oxford & IBH Publishing Co. Calcutta, New Delhi.

3) Evolution of the Vertebrate
By : Colbert E. H., New York, March 1969

4) The Evolution of Man
By : Gabriel Word Lasker
Wayne State University

5) Man in Nature
By : Marston Bates
University Of Michigan
Prentice - Hall of India (Private) Limited, New Delhi

6) Evolution
Edited by Mark Rideley
OXford Readers

7) Evolution
Monroe W. Strickberger - Second Edition
Jons And Barlett Publishers, Sudburg Masachusetts
Bosten, London, Singapore.

8) Cell Biology, Genetics, Malecular Biology, Evolution & Ecology
By : P. S. Verma, V. K. Agrawal
S. Chand & Co. Limited

9) Organic Evolution
By : Veer Bala Rastogi
Publisher - Kedar Nath Ram Nath Meerut

10) Organic Evolution
By : Dr. N. Arumugam

Publisher : Saras Publication, 114/35, GARP
Camp Road, Periavilai, Kottar P. O. Nagercoil
Kanyakumari Dist 629002

11) Sapiens A Brief History of Humankind
By : Yuval Noah Harari
Vntage Books London.
Published by Harvill Secker in 2014

12) Homo Dews
A Brief Hisroty of Tommorrow
By Yuval Noah Harari
Published by Harvill Secker in 2016

13) Wikipedia Free Encyclopedia

१४) भूगोल कोश
एल. के. कुलकर्णी
राजहंस प्रकाशन, प्रा. लि. पुणे

आकृत्या / चित्रे

लेखक परिचय

बालन उमाजीराव गोरे

एम. एस्सी. बी. एड्.

जन्म : १९५० कलंबर (बु.) ता. लोहा, जिल्हा नांदेड

वनस्पतीशास्त्रात पदव्युत्तर पदवी घेऊन ते कंधार जिल्हा नांदेड येथील श्री शिवाजी कॉलेजमध्ये अध्यापनाच्या कार्यात रुजू झाले. जीवशास्त्र शिकवण्याचा त्यांच्या पाठीशी दांडगा अनुभव आहे. विद्यार्थ्यांना वैद्यकीय प्रवेशासाठी आवश्यक असलेल्या पूर्वपरीक्षेची तयारी जादा तासिका घेऊन वर्षानुवर्षे ते करीत आले आहेत. त्यामुळेच महाविद्यालयातील अनेक विद्यार्थी वैद्यकीय प्रवेशास पात्र ठरले व नंतर तज्ज्ञ डॉक्टर म्हणून देशाच्या वेगवेगळ्या भागांत कार्यरत आहेत. अध्यापनाशिवाय विज्ञान प्रदर्शन, शिक्षक-पालक सुसंवाद मेळावा, परीक्षा विभाग असे विविध शैक्षणिक उपक्रम त्यांनी महाविद्यालयात यशस्वीरीत्या राबवले व त्याचा फायदा त्यांना प्रभावी अध्यापनासाठी झाला. त्यामुळे ते विद्यार्थीप्रिय शिक्षक झाले. त्यांना वाचन, लेखन व भ्रमंतीची विशेष आवड आहे. ते जुलै २००८मध्ये सेवानिवृत्त झाले.

www.ingramcontent.com/pod-product-compliance
Lightning Source LLC
LaVergne TN
LVHW090323051026
849518LV00005B/1860
9789347138843